Jean Pütz

ICH HAB' DA MAL WAS VORBEREITET

Jean Pütz

ICH HAB' DA MAL WAS VORBEREITET

Ein Glückspilz packt aus
Meine Biografie

FBV

Bibliografische Information der Deutschen Nationalbibliothek:
Die Deutsche Nationalbibliothek verzeichnet diese Publikation in der Deutschen Nationalbibliografie.
Detaillierte bibliografische Daten sind im Internet über http://dnb.d-nb.de abrufbar.

Für Fragen und Anregungen:
info@finanzbuchverlag.de

1. Auflage 2017

ein Imprint der Münchner Verlagsgruppe GmbH
Nymphenburger Straße 86
D-80636 München
Tel.: 089 651285-0
Fax: 089 652096

Koautor: Reinold Rehberger
Redaktion: Dr. Annalisa Viviani
Korrektorat: Hella Neukötter
Umschlaggestaltung: Isabella Dorsch
Umschlagabbildung: ullstein bild - Teutopress
Satz: inpunkt[w]o, Haiger (www.inpunktwo,de)
Druck: GGP Media GmbH, Pößneck
Printed in Germany

ISBN Print 978-3-95972-090-8
ISBN E-Book (PDF) 978-3-96092-156-1
ISBN E-Book (EPUB, Mobi) 978-3-96092-157-8

Weitere Informationen zum Verlag finden Sie unter

www.finanzbuchverlag.de

Beachten Sie auch unsere weiteren Verlage unter www.m-vg.de

Inhalt

KAPITEL NULL

Liebe Leserin, lieber Leser,

ich könnte plakativ mit meinem mir zugewiesenen Spruch beginnen: »Ich hab' da mal was vorbereitet.«

Aber so einfach mache ich es mir nicht. Denn die Vorbereitung zu diesem Buch dauerte etwa zehn Jahre. Natürlich fand ich mich nicht für so wichtig, dass meine Autobiografie überhaupt jemanden interessieren würde. Als die Pensionierung am Horizont sichtbar wurde, glaubte ich, bald in Vergessenheit zu geraten. Das ist leider vielen meiner Kollegen widerfahren, denen ich im Laufe meines Lebens begegnet bin. Obwohl sie – was ihre journalistische Arbeit betrifft – Pioniere waren. Ich denke da zum Beispiel an Alexander von Cube, Hans Ahlborn vom Fernsehen oder Dieter Thoma, Klaus Jürgen Haller und Michael Franzke vom Hörfunk. So ist es mir immer noch ein Rätsel, weshalb das Sprichwort »Aus den Augen, aus dem Sinn« offenbar auf mich nicht zutrifft.

Ich sehe das mit einem lachenden und einem weinenden Auge. Mit einem weinenden deshalb, weil ich immer wieder gegen meinen Willen von der Boulevardpresse hervorgekramt werde. Mit einem lachenden, weil ich gelegentlich noch in Diskussionen oder von mir produzierten Beiträgen meine Überzeugungen öffentlich darlegen kann. Lebenslang bin ich ein Überzeugungstäter. Niemand kann mich daran hindern, mich öffentlich entweder über Schönes zu freuen oder über zeitgeschichtliche Entwicklungen, die mir gegen den Strich gehen, zu ärgern. Bei allem geht es mir darum, auf Zusammenhänge hinzuweisen, die mir für künftige Entwicklungen bedeutsam erscheinen.

Letzteres ist auch der Grund dafür, weshalb ich es als Verpflichtung empfinde, mein persönliches Schicksal mit der Zeitgeschichte zu verknüpfen und dieses für die Nachwelt festzuhalten. Ehrlich gesagt, auch um meinen Kindern und Kindeskindern die Begründung dafür zu liefern, dass dieser eigenartige Vater und Großvater mit dem Schnäuzer nicht nur im stillen Kämmerlein arbeitete, sondern mit der Öffentlichkeit ein lustvolles Spiel trieb. Alle sollen wissen, dass es heute möglich ist, sich mit Vernunft, Glück und persönlichem Ehrgeiz ein Leben aufzubauen, das in den vorherigen Jahrhunderten unmöglich gewesen wäre. Ich hoffe, es wird mir in diesem Buch gelingen, davon eine Andeutung zu vermitteln.

Das führt unweigerlich zu der Frage: Was ist überhaupt Glück? Natürlich spielt dabei auch der Zufall eine wesentliche Rolle. Eines der lesenswerten Bücher des Nobelpreisträgers Jacques Monod trägt den Titel *Zufall und Notwendigkeit*. Ich gehe nicht so weit wie er, der Biochemiker und Genforscher, der den göttlichen Einfluss völlig verneint. Aber es ist schon faszinierend, wenn man bedenkt, dass das Geschehen der Erde im Universum nur einen winzig kleinen Zufallsmoment darstellt. Das Geschehen im unendlichen Weltraum wurde und wird nur von drei Grundkräften in perfekter Selbstorganisation geprägt: der Gravitation, das heißt der Schwerkraft, der elektromagnetischen Kraft, die uns unmittelbar umgibt, sowie der Kernkraft. Menschen, die an Gott glauben, sehen darin das Genie des Schöpfers. Der sogenannte moderne Mensch glaubt, er könne alles planen, vergisst aber, dass sein Gehirn auch Bestandteil dieses Zufallsprinzips ist. Am Anfang war das Chaos, oder – wie es der geniale Hoimar von Ditfurth in seinem Buch *Am Anfang war der Wasserstoff* formulierte – unter dem Einfluss der universellen Kräfte entstand eine gewisse Ordnung. Und genauso bildeten sich auch die Gehirnzellen, die dem Homo sapiens die Möglichkeit gaben, seinen eigenen winzig kleinen Kosmos zu schaffen. Dass er sich dabei völlig überschätzt, könnte einmal sein Schicksal bedeuten. Schon das Alte Testament warnt vor dieser Aussicht, indem es vom Turmbau zu Babel berichtet. Dort ist von dem Versuch der Menschen, Gott gleichzukommen, ebenfalls die Rede sowie von einer grandiosen Sprachverwirrung, die schließlich das Projekt scheitern lässt.

Diese faszinierende Geschichte hat mich dazu gebracht, intensiv darüber nachzudenken, wie etwas Ähnliches verhindert werden kann. Meine Antwort – und die finden Sie vielfältig in diesem Buch – lautet: Das von Menschen geschaffene Wissen muss für jedermann zugänglich sein! Auch für solche Bürger, die diese Einsicht nicht besitzen. Wissen darf niemals nur Herrschaftswissen sein. Dieses wurde zu einem Leitmotiv, das mich letztlich zum Wissenschaftsjournalismus geführt hat.

Aber es gibt noch einen weiteren Grund, weshalb ich meine Biografie geschrieben habe. Das Motto »bad news are good news« geistert inzwischen schon durch alle Kulturen und gibt die Richtung vor: Nur schlechte Nachrichten finden jene Aufmerksamkeit, die sich die Medienmacher erhoffen. Sie bringen Auflage und Quote, meist anders als die »guten« Nachrichten. Doch ist das die ganze Wirklichkeit, oder gibt es nicht doch noch etwas ganz anderes, Verstecktes – und damit auch Gefährliches – bei diesem Hype um die »bad news«?

Es geht um die Demokratie. Aus der Soziologie wissen wir, dass das Prinzip der selbsterfüllenden Prophezeiung eine Art Naturgesetz darstellt. Das ist hier der Fall. Der Amerikaner Robert K. Merton definierte den Begriff der »self-fulfilling prophecy« und erklärte mit dieser Theorie eine unbewusst ablaufende Verhaltensänderung bzw. -steuerung, die dazu führe, dass sich Befürchtungen oder Erwartungen tatsächlich erfüllten. Auf diese Weise funktionierten zum Beispiel auch Prophezeiungen von Wahrsagern, wie auch Horoskope, denn die Voraussage, man werde in den nächsten Tagen einen Unfall haben, könne manchen Zeitgenossen so verunsichern, dass er tatsächlich einen Unfall provoziert. Übertragen auf den Staat heißt das, dass eine einigermaßen glaubwürdige, auf niederen Instinkten basierende Meldung schon ausreicht, um Unsicherheit oder gar Panik auszulösen. Das ist die große Gefahr, die der Populismus und das, was man postfaktisch nennt, mit sich bringen. Ich will ein wenig dagegenhalten, und zwar indem ich Sie darauf aufmerksam mache, dass wir in eine Zeit hineingeboren worden sind – zumindest in Mitteleuropa –, die noch nie solche fantastischen Chancen für jedermann mit sich gebracht hatte. Mir ist bewusst, dass ich im Mittelalter ein Leibeigener gewesen wäre und in der beginnenden Industrialisierung zu den geschundenen Proletariern gehört hätte. Mein persönliches Schicksal begann zwar mit schrecklichen Erlebnissen im Zweiten Weltkrieg, aber danach brachte mir die Demokratie Chancen, die mir sonst verwehrt geblieben wären. Auch das verstehe ich unter Glück. Deshalb fühle ich mich verpflichtet, den Untergangsprophezeiungen – ob sie nun religiösen oder politischen Ursprungs sind – etwas entgegenzusetzen. Bundespräsident Frank-Walter Steinmeier brachte es kürzlich auf den Punkt mit den Worten, dass »nur die Vernunft unsere Demokratie retten« kann. Diesem Prinzip fühle ich mich verpflichtet, auch wenn es schwerfällt, diesen Begriff zu definieren. Wenn man die Parlamentsdebatten verfolgt, dann nimmt jeder Redner sozusagen die Wahrheit als Voraussetzung für vernünftiges Handeln für sich in Anspruch.

Wie finden wir aus diesem Dilemma heraus? In den 60er-Jahren verpflichteten sich viele Wissenschaftler dem sogenannten kybernetischen Denken. Das heißt, man entscheidet sich für eine These und verfolgt dann intensiv die daraus resultierenden Folgen nach dem Prinzip von Ursache und Wirkung. Ein Beispiel dafür ist die sogenannte Technologiefolgenabschätzung, die mir in meiner journalistischen Tätigkeit sehr wichtig war und ist. Gleiches sollte eigentlich auch bei politischen Beschlüssen im Vordergrund stehen, nicht nur kurzfristig, indem man dem Volk aufs Maul schaut, sondern über die Legislaturperiode hinaus in die Zukunft. Aber wer kontrolliert das?

Meines Erachtens müssen hier Wissenschaftsjournalisten eine wichtige Rolle spielen. Bei der Entwicklung der Demokratie hat die Wissenschaft eine bedeutende Funktion. Ich halte es für besonders wichtig, darauf hinzuweisen, dass zu den Aufgaben des Wissenschaftsjournalisten auch zählt, unter Einbeziehung aller sozialer und naturwissenschaftlicher Gesetzmäßigkeiten dafür zu sorgen, dass Zusammenhänge und langfristige Folgen den Bürgern immer wieder bewusst gemacht werden. Allerdings gebe ich zu, ein Moralist zu sein, denn Wissenschaft hat nur dann eine Daseinsberechtigung, wenn sie dem Menschen dient. Dabei ist mir bewusst, dass es sehr schwer ist, zum Beispiel bei der Grundlagenforschung, diesem Anspruch immer gerecht zu werden. Es sind letztlich die Handelnden, also diejenigen, die die Ergebnisse in die Praxis umsetzen, welche die Verantwortung dafür tragen. Aber nicht nur sie allein, auch die Zivilgesellschaft kann sich dem nicht entziehen. Deshalb ist Transparenz unbedingt erforderlich. Dafür wiederum müssen wir Journalisten sorgen. Konkret gesagt heißt das, dass dafür freie Medien unabdingbar sind. Sollten diese eingeschränkt werden, ist dies das erste Anzeichen für einen beginnenden irrationalen und despotischen Staat.

Ich bin bekannt für meine Vorliebe für einen Medienverbund. Dies resultiert aus der Einsicht, dass bei der Vermittlung von Wissen möglichst viele Eingangstore in unser Bewusstsein genutzt werden sollten. Alle

Sinne, die uns die Welt erschließen, müssen angesprochen sein. Hören allein reicht nicht aus, auch Sehen nicht. Beides kann aber verstärkt werden durch die Schrift, sprich Gedrucktes. Insofern ist für mich beispielsweise das Begleitbuch ein ganz bedeutendes Medium. Nicht umsonst habe ich meinen Zuschauern der »Hobbythek« auch kostenlos schriftliches Material zur Verfügung gestellt. Immerhin wurden über zwanzig Millionen »Hobbytipps« als schriftliches Begleitmaterial angefordert. Dabei war mir klar, dass eine Sendung bestenfalls nur motivieren kann, etwas tiefer in die Materie einzudringen. Das Lernen und Erwerben aller Kenntnisse bleibt dabei eine individuelle Angelegenheit. Im Zusammenhang mit der »Hobbythek« meinte ich auch, den Tastsinn ansprechen zu müssen. Also dem Begreifen im wahrsten Sinne des Wortes den Vorzug zu geben. Mein Credo: Erstmaliges Begreifen ist erstklassige Unterhaltung. Die »Hobbythek« war für mich sozusagen ein trojanisches Steckenpferd, um Zuschauer für wissenschaftliche und technische Fragen zu interessieren, die sich selbst für nicht schlau genug einschätzen. Diesem Ziel dienten auch etwa 70 aus den jeweiligen Sendungen hervorgegangene Bücher. Eine verkaufte Auflage von über fünf Millionen Exemplaren bestätigte meine Hoffnung.

Auch mit diesem Buch möchte ich mich der Innovation nicht verschließen. Weil es mir vor allem um die Verknüpfung mit der Vergangenheit geht, das heißt mit der Geschichte von Technik, Wissenschaft und Politik, finden Sie hier die Wegweiser ins Internet. Dabei nutze ich die heutigen technischen Möglichkeiten, indem ich sogenannte QR-Codes an bestimmten Stellen platziere, die Sie mit Ihrem Smartphone öffnen können. Sie befinden sich dann sofort im Netz genau an der Stelle, die Hintergrundinformationen in Form von Texten, Filmen, Grafiken usw. liefert. Ich hoffe, dass mit dieser Innovation das Lesen unterhaltender gestaltet werden kann. Jetzt bleibt mir nur noch, Ihnen viel Spaß beim Lesen dieses Buches zu wünschen.

Ihr
Jean Pütz
im Sommer 2017

Dank

Erstens bei meiner Familie – das heißt bei meinem Sohn Jörn und meiner ersten Ehefrau Karin für deren liebevolle Geduld mit mir. Ich hoffe, dass mein Enkel Joel – wie es scheint – in meine Fußstapfen treten will.

Zweitens bei meiner Ehefrau Pina, die mir ein zweites Leben ermöglichte, indem sie mir zwei wundervolle Kinder geschenkt – meinen Sohn Jean Adrian und vor allen Dingen mein Töchterchen Julie Josephine, das dieses Jahr eingeschult wird – und meinen Übergang von der Pflicht eines verantwortlichen Redakteurs zur Kür eines freien Journalisten begleitet hat, der sich mit Lust an der Gestaltung der Gesellschaft beteiligen kann.

Drittens danke ich meiner langjährigen Sekretärin Christel Bora, einer der dynamischsten Frauen in meinem Leben. Sie begleitet mich seit meinen WDR-Tagen und nimmt mir noch heute mit großer Routine und Zuverlässigkeit lästige Tagesarbeit ab.

Viertens danke ich meinem Koautor Reinold Rehberger, der mich bei diesem Buch engagiert und hochprofessionell unterstützte. Als langjähriger Redakteur bei renommierten Magazinen wie *natur* und *Wirtschafts-Woche* sitzt er thematisch genau an der Nahtstelle meines Themas. Mir schien, als ich mich an das Projekt machte, dass ich als Fernsehmann mit Sachbucherfahrung unbedingt Unterstützung brauchte, denn mein Leben ist ja nicht nur eine Faktensammlung. Meinem schreibenden Kollegen, der auch eine Reihe zeitgeschichtlicher Bücher veröffentlicht hat, ist es gelungen, dem Ganzen jene erzählerische Note zu geben, die die Fakten lesbar macht – vor allem auch dann, wenn es um die zeitgeschichtliche Einordnung und damit auch um gewissenhaftes Recherchieren geht.

Schließlich danke ich noch Dr. Paul Breuer, der mich bei diesem Vorhaben mit nützlichen Hinweisen unterstützt hat.

SPURENSUCHE

Der Schauplatz heißt Remich. Das Kleinstädtchen mit seinen 3 500 Einwohnern in Hanglage am linken Moselufer ist für das luxemburgische Tourismusbüro die »Perle der Mosel«. Jenseits der Brücke liegt der saarländische Landkreis Merzig, und zehn Kilometer flussaufwärts eine Gemeinde, deren Namen zumindest jedem europäischen Grenzbeamten geläufig ist: Schengen.

In Remich wuchs ich auf, behütet, aber nicht betüttelt, von meiner Familie. Ich bin ein Kind der Liebe und erinnere mich voller Dankbarkeit an meine liebevollen Eltern. Mein Vater war sehr streng, und meine Mutter vermittelte mir vor allem bleibende Werte. Dazu gehörten Zielstrebigkeit, Nächstenliebe, Geduld, Fleiß, Zuversicht, Ordnung, Sauberkeit und Gottesfurcht. Manchmal, das gebe ich gerne zu, ging sie mir mit ihrem tiefgläubigen Katholizismus auf die Nerven. Trotzdem ziehe ich noch heute aus meiner christlichen Erziehung wichtige Impulse – auch wenn ich, nicht zuletzt von meiner großen Neugier getrieben, in ziemlich unkatholischer Weise häufig über die Stränge schlug.

Remich »Perle der Mosel« (Imagefilm)
https://binged.it/2uEVzjf

Bis auf die Zeit meiner Kölner Geburt und die unbequemen ersten Nachkriegsjahre im Sauerland und Rheinland war das Winzer-, Arbeiter- und Pendlerdorf meine Heimat. Hier ging ich in die von Nonnen geführte »Spellschoul« (Kindergarten), wo wir uns mehr in der Kirche als am Sandkasten oder in der Spielecke aufhielten, und hier empfing ich meine ersten Eindrücke vom Leben.

Meine Mutter erzählte mir später häufig die Geschichte vom Matrosenanzug, den sie mir zu Weihnachten schenkten: Das Kleidungsstück faszinierte mich derart, dass ich es gar nicht mehr ausziehen mochte. Selbst beim Sackhüpfen im Kindergarten wollte ich es unbedingt anbehalten.

Trotz meiner starken Bindung an die Familie muss ich als Kind, aus welchen Gründen auch immer, große Ängste entwickelt haben. Im Alter von drei Jahren – kurz vor Kriegsanfang – unternahmen Großmutter und Mutter mit mir einen Ausflug an die belgische See. Dort, in der Nähe von Ostende, war Drachensteigen eine beliebte Freizeitbeschäftigung. Dabei handelte es sich nicht um diese Lenkdrachen, die ich später in der »Hobbythek« gezeigt und deren Bauanleitung ich geliefert habe, sondern um die Version mit langem Papierschwanz und Leine. Einer dieser Drachen muss mich damals wohl so erschreckt haben, dass ich mich nicht mehr beruhigte und einen Schreikrampf bekam. Da es – zum Glück – noch keine Tranquilizer gab, steckte man mich im nächsten Krankenhaus ins Senfbad. Das schien die einzige Möglichkeit, mich zu beruhigen. Nun, ich habe es, Gott sei Dank, unbeschadet überlebt. Obwohl, man weiß ja nie – ein leichter Dachschaden könnte ja geblieben sein ...

Grenzlandschicksale

Die Vermutung, dass es sich bei meiner Familie und mir um »Grenzlandschicksale« handeln könnte, ist nicht ganz abwegig. Gleich zwei Generationen haben dieses erfahren: Mein Luxemburger Großvater mit französischen Vorfahren heiratete meine Kölner Großmutter und mein Kölner Vater meine Luxemburger Mutter.

Eine solche Konstellation muss zwangsläufig jeden fantasiebegabten Jungspund neugierig machen. In meinem Fall beschränkte sich dieses aber nicht nur aufs rein Familiäre. Da gehörte die große Politik mit dazu. Denn sie produzierte in jener aus den Fugen geratenen Zeit jede Menge Erklärungsbedürftiges. Was zum Beispiel ist ein Erbfeind? Oder: Wie wurden die Menschen mit den Psychosen und Katastrophen um sie herum fertig? Diese Fragen beschäftigen mich bis zum heutigen Tag.

Großvater Joseph-Peter Pütz: gefallen für Kaiser Wilhelm II. Das Erste, was ich mit der Existenz meines deutschen Großvaters verband, sind Worte wie »Schlacht«, »gefallen«, »Krieg«, »Tod«. Für einen 6-/7-Jährigen, der solches zum ersten Mal hört, sind das schreckliche Wörter. Schlacht! Wurden da etwa Menschen geschlachtet, so wie ich es bei unseren eigenen Hausschlachtungen, diesem blutrünstigen Spektakel, in Remich schon ein paarmal gesehen hatte? Und was heißt »fallen«? Es fallen doch nur Bauklötze um!

Die grausame Realität, die später in mir die kindlichen Bilder ablöste, ließ mich nicht ruhen. Ich wollte der Sache auf den Grund gehen: Was geschah tatsächlich zwischen Juli und November 1916 am kleinen nordfranzösischen Flüsschen Somme in der blutigsten »Schlacht« des Ersten Weltkriegs – und, das Wichtigste: Wo war mein Opa geblieben, der ja dort gewesen sein soll? Die Historiker berichten, dass britische und französische Soldaten auf deutsche Truppen trafen – insgesamt drei Millionen Mann –, von denen 1,1 Millionen »fielen«. Doch über meinen Großvater, den Arbeiter Joseph-Peter Pütz aus Köln, 33 Jahre alt, schrieben sie nichts. Was meine Familie schon bald erfuhr, war bloß die schreckliche Gewissheit, dass der Großvater nicht mehr lebte. Diese Botschaft brachte irgendwann im Spätherbst 1916 der Postbote ins Haus, der Brief trug den Vermerk »verschollen, vermutlich gefallen«. Wo er begraben liegt, stand nicht dabei.

Schlacht an der Somme, Erster Weltkrieg (Doku-Film)
http://bit.ly/2u1gZVJ

Eine Reise ins Totenreich

Noch lange Zeit nach dem entsetzlichen Verlust sprach man in der Familie darüber. Es wurden Theorien aufgestellt und wieder verworfen. Die Diskussionen in der Familie, so anstrengend und ausweglos sie auch schienen, wollte ich auf meine Art beenden, indem ich herauszufinden anstrebte, was sich tatsächlich abgespielt hatte. Möglicherweise beschleunigte dafür auch noch eine persönliche Überlegung die Sache, nämlich die Horrorvorstellung, dass mein über alles geliebter Vater plötzlich selbst keinen Vater mehr hatte, und zwar weil dieser – einfach so – abgeknallt, in die Luft gesprengt oder von einer Granate zerfetzt worden war.

Dieses Kapitel meiner Familiengeschichte bedrückt mich bis zum heutigen Tag. Und für meinen Vater, so denke ich, muss das doch schrecklich gewesen sein! Und dass dann auch noch seine Mutter, meine Großmutter Anna, im selben Jahr starb, machte das Ganze noch viel schlimmer: »Vollwaise«, was ist das? Wie kann man damit leben?

Mit diesen Gedanken im Kopf schwang ich mich auf mein rostiges Fahrrad und radelte über Thionville, Verdun, die Maas entlang Richtung Sedan und von dort aus weiter an die Somme. Es ging von einer Jugendherberge zur anderen und von einem Katastrophenort zum nächsten.

Kaum eine Reise in meinem Leben hat mich mehr bewegt – und geprägt – als jene 320 Kilometer lange Strecke zwischen Remich und der Gegend von Amiens im Sommer 1951. Zunächst vermittelten mir wunderschöne Landschaften mit duftenden Feldern und holprigen Straßen ein Gefühl von Freiheit und Abenteuer. Doch je näher ich meinem Ziel kam, desto beklemmender wurde die Tour. Ich traf auf freundliche und hilfsbereite Menschen, denen ich als junger Luxemburger willkommen war. Dass ich ausgerechnet nach Amiens wollte, stieß jedoch auf Unverständnis. Keine Antworten, keine Erklärungen. Ich hatte den Eindruck, die Menschen wollten mit ihrem Schweigen die ganze Sache, die auf so brutale Weise schon vor Generationen auch in das Leben ihrer eigenen Familien eingegriffen hatte, vergessen machen. Stattdessen gaben sie mir den Tipp, lieber durch die Picardie und an die Nordsee zu radeln, das wäre für einen 15-jährigen Jugendlichen doch viel interessanter.

Was ich schon bald auf dem Weg vor Verdun sah, verschlug mir fast den Atem. Gräberfelder, so weit das Auge reichte. Aber nicht nur das. Ich kam an Schützengräben vorbei, die eigentlich Massengräber waren. Davor allerdings wurden die Besucher rechtzeitig durch Schilder gewarnt: Da im und nach dem Krieg Bestattungen entweder zu gefährlich oder nicht möglich waren, ließ man die verschütteten Toten einfach in ihren Erdlöchern liegen. Aufgesteckte Bajonette ragen seither wie kleine rostige Mahnmale aus der Erde in den Himmel. Ein grauenhafter Anblick. Rund 80 000 Soldaten sollen auf diese Weise zugeschüttet worden sein.

Ich war sprachlos über diese geballte Wucht von Tod und Zerstörung. In diesem Augenblick wurde mir schlagartig klar, warum jeder Wochenschau-Film die tatsächlichen Dimensionen dieses Massensterbens noch nicht einmal annähernd darstellen kann. Dies alles, die vielen Denkmäler und das gespenstische Beinhaus mit seinen Schädel- und Knochenbergen, lieferten mir lebensprägende Eindrücke. Dazu gehörte auch der Gedanke, dass unter jedem der weißen Holz- oder hellen Betonkreuze auf diesen schier endlosen Gräberfeldern ein toter Mensch liegen sollte. Engländer, Franzosen, Deutsche, Australier, Kanadier, Neuseeländer, Marokkaner und so weiter. Auch mein Opa musste dieses Schicksal erlitten haben.

Gräberfelder (Foto)
http://bit.ly/2eQ2rGk

Beispiel Verdun, die »Blutmühle«

So bezeichneten deutsche und französische Soldaten das weite Terrain mit seinen Festungen, Bunkern, Stellungen und Gräben rund um die Stadt. Die »Blutmühle« begann sich am 21. Februar 1916 um 7.15 Uhr zu drehen. Es war ein neunstündiges Trommelfeuer aus 400 deutschen Batterien. Danach ging es zwischen Deutschen und Franzosen hin und her, und das gegenseitige Morden schien nicht mehr aufzuhören. Exakt 300 Tage später war Schluss, die »Blutmühle« hörte auf, sich zu drehen – unentschieden.

Verdun gehörte bis 1552 als Freie Reichsstadt zum Heiligen Römischen Reich Deutscher Nation und hieß im Mittelalter Wirten. Mich überraschte die Ruhe, die über dem Schlachtfeld lag, und ich fragte mich, was die Menschen in einer so friedlichen Landschaft damals im Sommer 1914 dachten, als plötzlich das Inferno über sie hereinbrach. Was hatte dieser tage-, oft sogar wochenlange, unaufhörliche Kanonendonner mit ihnen gemacht – dieser unbeschreibliche Krach rund um die Uhr, der zur brutalen Erkennungsmelodie des industrialisierten Krieges mit all seinen Möglichkeiten zur millionenfachen Vernichtung menschlichen Lebens werden sollte und der in dieser Gegend, die ich gerade mit meinem Fahrrad bereiste, Dutzende von Dörfern verschwinden ließ?

Und mein Opa? Den fand ich nicht. Auch nicht an der Somme. Tagelang suchte ich nach ihm, dann gab ich auf. Wenig später, in Verdun, betete ich für ihn am Beinhaus von Douaumont.

Auch wenn dieser Ausflug in die Hölle nicht das gewünschte Ergebnis brachte – eines hatte er jedoch bewirkt: Ich wurde noch neugieriger auf den Homo sapiens. Was treibt ihn an, was lässt diese »Krone der Schöpfung« zum Monster werden und was zur Marionette verkümmern? Wie konnten 1914 in Deutschland Millionen Menschen blindlings, Lemmingen gleich, ihrer adelig-dekadenten Führungsclique in den Untergang folgen und einen ganzen Kontinent in Blut und Elend ertränken? Und wie konnte, gerade mal eine Generation später, das Volk von Beethoven, Goethe und Schiller, einem Psychopathen und Massenmörder wie Hitler hinterherlaufen? Meine Suche nach Antworten auf all diese Fragen ist immer noch nicht beendet. Doch war sie zumindest einer der Auslöser für mein späteres Soziologiestudium.

Beinhaus Fort Douaumount (Video)
https://binged.it/2u1gwTp

Eine ganz andere Frage beschäftigte mich später ebenfalls: Woran starb im selben Kriegsjahr 1916 meine Großmutter Anna, die Ehefrau des Gefallenen? Infolge einer Krankheit oder aus Gram über den Tod ihres geliebten Mannes? Auf jeden Fall waren mein Vater, damals zehn Jahre alt, und sein Bruder Willi, acht, plötzlich Vollwaisen.

Mein Luxemburger Großvater Jean Mohr – 60 Jahre zu früh auf der Welt

Ein solch schreckliches Schicksal blieb meinem Luxemburger Großvater Jean Mohr erspart. Nicht nur, weil er damals nicht in den Krieg ziehen musste – Luxemburg wurde zwar von den deutschen Truppen überrollt, aber nicht, wie im Zweiten Weltkrieg, besetzt. Jean Mohr (1884–1932) vermochte auch sonst dem Leben meist nur die guten Seiten abzugewinnen. Er war das, was man unter einem Bonvivant versteht, und er pflegte diese Lebensart auch aufs Nachhaltigste. Leider habe ich ihn nie kennengelernt.

Wein, Weib und Gesang waren sein Lebenselixier, aber als Kunstmaler und Anstreicher ging er auch einem ordentlichen Beruf nach. Doch damit konnte er sich und seine Familie mehr schlecht als recht ernähren, auch wenn seine impressionistischen Arbeiten es durchaus mit denen bekannter Meister aufnehmen konnten. Dass er dann auch noch im kleinen Theater von Remich als besonders humorvoller Kabarettist und Laienschauspieler auftrat und damit das kulturelle Leben seiner kleinen Heimatgemeinde mit großen Einfällen bereicherte, rundet das Bild eines ungewöhnlichen Mannes ab: ein Universalgenie, doch angesichts heutiger medialer Möglichkeiten leider 60 Jahre zu früh geboren. Mit seinem Talent wäre ihm, vermute ich mal, zumindest eine Karriere als Entertainer sicher gewesen.

Mit welch sinnlichem Potenzial mein Großvater ausgestattet gewesen sein musste, zeigte sich auch noch nach seinem Tod. Als ich, vielleicht grademal 13 Jahre alt, den Dachboden inspizierte, fiel mir eine verschlossene große Kiste auf. Ich öffnete sie und staunte nicht schlecht über den Inhalt: lauter erotische Bücher, darunter ein Werk über Valeria Messalina, die dritte Frau des römischen Kaisers Claudius, eine der verführerischsten Frauen der Antike. Der Anblick dieser lebensprallen Römerin erregte mich ungemein. Erstmals sah ich einen nackten Busen – wenn auch nur abgebildet. Natürlich war das eine Sünde. Deshalb habe ich das auch wenig später gebeichtet. Bei der Schilderung meines ersten Ausflugs in die Gefilde der Unkeuschheit hörte der Herr Pfarrer ruhig und aufmerksam zu.

Dieser Zufallsfund prägte meine sexuelle Entwicklung. Plötzlich fühlte ich mich viel reifer. Die von meiner Religion empfohlene und gelebte Prüderie konnte ich jedoch, je älter ich wurde, beim besten Willen nicht nachvollziehen – und auch nicht nachleben. Wenn der Herrgott Sex tatsächlich so gnadenlos verdammt hätte, sagte ich mir als junger Mann, hätte er diese wunderbare Sexualität niemals geschaffen. Schließlich, und das kommt noch hinzu, ist sie es, die für die Vielfalt des Lebens sorgt.

Als Jean Mohr vor dem Ersten Weltkrieg wieder einmal mit seinen lebenslustigen Freunden nach Köln fuhr, um dort Karneval zu feiern, beeindruckte ihn nicht nur das ausgelassene Treiben mit seinen vielen Prunksitzungen und opulenten Umzügen, sondern auch die 16-jährige Juliane Dresbach. Sie war ein kölsches Mädchen und wurde seine große Liebe. Nur wenig später gelang es ihm, sie in sein Moselstädtchen zu locken und zwei Jahre später zu heiraten. Vielleicht wäre die Übersiedlung des Mädchens nicht so schnell vonstattengegangen, wäre Juliane nicht arbeitslos gewesen. Und so fand sie Arbeit als Haushaltshilfe bei einer wohlhabenden Remicher Familie. Juliane lebte sich rasch in ihre neue Umgebung ein und sprach auch schon bald perfekt und ohne fremden Akzent luxemburgisch. Dass ihr Name Juliane der Übersetzung zum Opfer fiel und sie fortan Julie hieß, wurde nicht nur von der Familie als Zeichen gelungener Integration gewertet. Julie hatte in Köln noch 13 Geschwister und war eine couragierte, moderne Frau, die die Ärmel hochkrempelte, die aber gelegentlich auch die Hosen anhatte.

Großmutter Julie brachte 1913 meine Mutter zur Welt. Ihr zweites Kind, die Tochter Julia, starb als 16-Jährige nach einer nicht erkannten Blinddarmentzündung in einer Nonnenschule. Die schamhaften Ordensfrauen waren der Ansicht, die Schmerzen hätten etwas mit der Menstruation zu tun, dabei war es ein lebensgefährlicher Blinddarmdurchbruch, der den Körper vergiftete. Jede Hilfe kam zu spät, und Antibiotika gab es noch nicht.

Das war ungefähr zu der Zeit, als meine Großmutter Julie in der Machergasse 11 ihr Geschäft für Tapeten, Farben, Waschmittel, kosmetische Artikel und Bodenbeläge betrieb. Sie hatte diesen kleinen Drugstore Jahre zuvor in der Unterstadt kurzerhand eröffnet, weil die Einkünfte ihres umtriebigen Ehemanns nicht ausreichten, um die Familie kontinuierlich zu ernähren.

Die legendäre Cavalcade von Remich

Großvater Jeans größte Leistung hieß »Cavalcade«. Das ist jener Karnevalsumzug, der in den Zwanzigern erstmals über das Remicher Kopfsteinpflaster rollte. Daran nahmen viele Wagen und fast alle Vereine der Kleinstadt teil: Kirchenchor, Turnverein, Fußballverein, Feuerwehr. Auch meine Männerblaskapelle »Harmonie Municipal de la Ville de Remich« marschierte mit. Mein Großvater hatte die Idee mit dem Umzug schon vor dem Ersten Weltkrieg aus Köln mitgebracht und kopiert. Noch heute gibt es die »Cavalcade«, und noch immer lockt sie bis zu 10 000 Zuschauer an. Dann befindet sich ganz Remich im Ausnahmezustand.

Cavalcade de Remich (Video)
http://bit.ly/2tFyewu

Für mich hatte Großvaters Kölner Karnevalimport zur Folge, dass ich als Jugendlicher häufig am Rosenmontag nach Köln musste, um mit meiner Agfa Clack die Motivwagen zu fotografieren – Vorlagen für Remich, wo fünf Wochen später, mitten in der Fastenzeit, am Sonntag Laetare, die »Cavalcade« stattfand. Außerdem brachte ich auch noch einige Sprüche mit, die ich bei Kölner Büttenreden aufgeschnappt hatte. Diese wurden dann von den Remich-Jecken übernommen. Weil mir dieser Kulturaustausch so glatt gelang, bewunderten mich meinen Remicher, worauf ich sehr stolz war. Noch eine Bemerkung zur »Cavalcade«: Der Verzögerungseffekt beim Ideentransfer hatte zwei Vorteile: Es war noch genügend Zeit, um die eine oder andere original Kölner Kreation zu kopieren, und weil die »Cavalcade« zudem am »Freudensonntag« stattfand, konnte auch die katholische Kirche nichts dagegen haben. Dann hatten wir, meine Blaskapelle und ich mit Hütchen und Posaune, unseren großen Auftritt.

Nichts ging Jean Mohr über das gesellige Leben. Er sprühte vor Humor und Lebenslust. Regelmäßig traf er sich mit seinen Freunden in einer der zahlreichen Weinlokale unten an der Mosel. Einem guten Tropfen war er nie abgeneigt. Vergessen waren die Zeiten, als sich um 1899 die Reblaus in den Moselweinbergen breitmachte und ganze Ernten vernichtete. Viele Winzer standen damals vor dem Ruin. Die Not war groß, und in manchen Familien wurde gehungert. Einzig der Elbling, diese unverwüstliche, reblaus- und mehltauresistente Weißweinrebe, die einst von den Römern mitgebracht worden war, konnte überleben. Dass es dann schon kurz danach mit diesem bedeutenden Wirtschaftszweig wieder aufwärtsging, ist auch dem Schweizer Rebenforscher Hermann Müller-Thurgau zu verdanken. Er züchtete 1882 in der Rheingauer Forschungsanstalt Geisenheim die nach ihm benannte Rebsorte. In Luxemburg heißt sie Riesling-Silvaner, sie ist, was Klima und Bodenbeschaffenheit betrifft, nicht so anspruchsvoll und liefert hohe Erträge. Außerdem schlossen sich die Mosel-Winzer zu Kooperativen zusammen, die sich rasch als solides Fundament für den schon bald einsetzenden wirtschaftlichen Aufschwung erweisen sollten.

Das alles war jetzt, 20 Jahre nach der Reblaus, in den verräucherten Spelunken und an den Wirtshaustischen kein Thema mehr. Und so drehte Jean Mohr, der mittlerweile den Status eines »heimlichen Bürgermeisters« des Kanton-Hauptstädtchens Remich genoss, fleißig seine Runden. Meist wurden die Abende lang, manchmal sogar so lang, dass ihn später meine Momie zu Hause fragte: »Huesche röm gedronk?«, was so viel wie »Hast du wieder getrunken?« heißt. Jeans Antwort: »Fra, du kannscht zwar riesche, dat ich getrunk hun, aber net wievill!«

Für mich blieben mein Bopa und dessen Art, das Leben anzunehmen und zu meistern, immer ein Vorbild. Bis heute. Damit meine ich nicht nur seine Vielseitigkeit, sondern auch sein Talent, Menschen zu begeistern. Genau das hat mir von Anfang an imponiert, und vielleicht habe ich das eine oder andere von ihm geerbt. Früher sagten sogar einige der alten Remicher, welche die beiden Jeans kannten, ich sei ein Klon von ihm. Ich glaube nicht, dass sie damit nur den Schnäuzer meinten.

Als mein Bopa Jean Mohr mit 49 starb, an Leberzirrhose, wie es hieß, kam kein Mensch auf die Idee, über die Todesursache nachzuforschen. Die Diagnose klang vor dem Hintergrund seines regelmäßigen und mitunter heftigen Weinkonsums ziemlich plausibel. Jedenfalls dachten das nicht wenige aus dem Familien- und Freundeskreis. Mich hat diese Perspektive immer sehr beunruhigt. Mein Gedanke war: Wenn ich so viel vom Bopa geerbt haben sollte und wenn ich tatsächlich ein Klon von Jean Mohr bin, dann könnte ich bestimmt auch die Veranlagung für Leberzirrhose in mir tragen. Das war auch der Grund für meinen sparsamen Umgang mit Alkohol und meinen Gang zur regelmäßigen Vorsorge. Als dann auch noch mein Kumpel Jeannot, der mit mir im Musikorchester spielte, sich nach einem dieser Weinfeste in voller Montur in eine Straßenpfütze gelegt und versucht hatte zu schwimmen, wurde mir endgültig klar, dass Saufen nicht unbedingt zum Lebensinhalt gehören muss; doch ein Gläschen in Ehren konnte und kann mir niemand verwehren.

Ich arbeitete schon als Wissenschaftsjournalist, als ich mich Jahre später daran erinnerte, dass der Bopa in seinem ganzen Leben sehr viel mit Farbe zu tun hatte – entweder im Geschäft, wo er für Kundschaft die Ölfarben anrührte, oder beim Malen selbst. Als ich dann in seinem früheren Atelier einen ungewöhnlich schweren Sack mit weißem Pulver fand, das ich als Bleiweiß identifizierte, ahnte ich: Opa Jean und Leberzirrhose? Warum nicht Bleivergiftung? Denn inzwischen wusste ich längst, wie giftig Blei ist und dass dieses sich mit verheerenden Folgen im Körper und vor allem in den Knochen ablagert.

Nun wollte ich der Sache mit wissenschaftlichen Methoden auf den Grund gehen. Also nahm ich die Gelegenheit wahr, als die Familiengruft mal wieder aus traurigem Anlass geöffnet werden musste, um ein kleines Stück Knochen vom Bopa mitzunehmen. Das war auch relativ einfach, denn seine Überreste lagen inzwischen in einer Urne, nachdem sein Sarg völlig zerfallen war und Platz gebraucht wurde. Die Analyse im Labor eines der naturwissenschaftlichen Institute der Kölner Universität bestätigte meine Theorie: enorme Konzentration von Bleiwerten. Und so lag es hauptsächlich wohl doch am Blei und nicht an den Reben, dass Jean Mohr so früh sterben musste. So erleichtert ich über dieses Ergebnis auch war – als Freifahrtschein nahm ich es nicht. Vielmehr lebte ich weiter nach meinem Motto, auch am nächsten Tag lustvoll, aber ohne Reue zu leben.

Zweiter Weltkrieg und ein deutsch-luxemburgisches Familienschicksal

Die Familienbande brachten es mit sich, dass mein Vater in der Brauerei seines Onkels in Köln als Braumeister arbeitete. Der Onkel hieß – wie mein Luxemburger Opa – ebenfalls Jean, jedoch mit Nachnamen Pütz. Er gehörte zum Kölner Brauerei-Adel. Mit seiner Kölsch-Brauerei »Em rude Bräues« (Im roten Brauhaus) brachte er es zu beträchtlichem Wohlstand. Das Bier, das im dazugehörenden Gasthaus nebenan ausgeschenkt wurde, werteten die Gäste schon damals mehr als »Appetitanreger«, und Ohm Schäng, wie der Großonkel genannt wurde, war der Meinung, dass er das Bier auch deshalb braue, damit die Leute in seiner Gastwirtschaft mit der anerkannt guten Küche mehr essen sollten.

»Em rude Bräues« war vor allem während des Zweiten Weltkriegs die Adresse für die luxemburgische Kolonie in Köln. Gäste wie zum Beispiel der Schauspieler René Deltgen (1909–1979), der an den Städtischen Bühnen Köln engagiert war, kamen dort gerne vorbei. Für die Luxemburger, die keine »Volksgenossen« waren und demzufolge auch keinen Anspruch auf Lebensmittelkarten hatten, gab es dort trotzdem immer etwas zu essen. Dafür sorgte mein Vater, auch wenn dieser von Humanität geleitete Service nicht ganz ungefährlich war. Und so landete er einmal für zwei Wochen im Knast, weil er ein schwarz geschlachtetes Schwein gekauft hatte, um daraus schmackhafte Speisen für die ohne Essensmarken ausgestatteten Gäste zu zaubern.

Mein Vater, der Vollwaise, war von Ohm Schäng und seiner Frau, die wir »die Tant« nannten, schon lange vor dem Zweiten Weltkrieg an Kindes statt angenommen worden. Ihre beiden eigenen Söhne waren zuvor an der damals grassierenden unheilbaren Tuberkulose gestorben. Deshalb suchten Ohm und Tant in der Familie nach einem geeigneten Stammhalter und Erben. Ihre Wahl fiel auf meinen Vater. Doch auch dieser war an TB erkrankt, hatte aber gute Aussichten, sie zu überleben, zumal seine neuen Eltern alles unternahmen, um den Adoptivsohn zu retten. So fuhr die Tant mit ihm sogar für ein ganzes Jahr nach Davos: Dort wurde Josef Pütz zwar geheilt, kehrte jedoch mit großen Flecken auf der Lunge wieder nach Köln zurück.

Nachdem Ohm Schäng viel zu früh (1929) an den Folgen eines Herzinfarkts starb, musste mein Vater, der gelernter Schneider war, Braumeister und folglich technischer Leiter werden. Offenbar waren die Gesundheitsvorschriften für Lebensmittelbetriebe damals noch nicht so streng, denn niemand wusste, ob Josef Pütz nun tatsächlich komplett von der Tuberkulose geheilt war. Die Tant hatte in der Zwischenzeit die Geschäftsleitung für Brauerei und Restaurant übernommen. Ihr Lieblingsplatz war der »Beichtstuhl«, jene traditionelle kölsche Kneipeneinrichtung, von der aus man die Totalkontrolle über Kellner und Gäste hat.

Die Familie und Hitler

Doch schon nach wenigen Jahren wendete sich für die Familie das Blatt. Der Grund war meine Mutter. In sie hatte sich mein Papa verliebt. Die Tant verfolgte diese Liaison mit kaum verhohlener Ablehnung. Denn Elli war Luxemburgerin und kam daher für die leidenschaftliche Hitler-Verehrerin als »Schwiegertochter« überhaupt nicht infrage. Nachdem mein Vater seine Elli trotz mehrfacher eindringlicher Warnungen der Tant 1935 heiratete, war die Beziehung endgültig gestört. Das war für das junge Glück insofern unkomfortabel, als es von nun an eine Art Wochenendehe führte – die jedoch funktionierte. Und so wurde ich zwar im September 1936 in Köln geboren, wuchs aber in Luxemburg auf.

In Köln hatte mittlerweile die Tant ihren Adoptivsohn Josef still und heimlich enterbt. Mein Vater hatte von dieser Gemeinheit nichts mitbekommen, er fühlte sich nach wie vor als Miteigentümer des kleinen Betriebs.

Inzwischen, 1939, war der Krieg ausgebrochen. Die deutsche Wehrmacht besetzte in den Morgenstunden des 10. Mai 1940 auch das neutrale und unbewaffnete Luxemburg, um die Maginot-Linie der Franzosen zu umgehen. Aus dem Großherzogtum wurde ein »Gau«, und Nazi-Funktionäre, allen voran der NSDAP-Gauleiter Gustav Simon, den Hitler aus dem benachbarten Gau Koblenz-Trier zum Chef der Zivilverwaltung in Luxemburg gemacht hatte, spielten sich als Herren über Leben und Tod auf. Bereits ein Jahr später – ab Oktober 1941 – begann die Deportation aller 683 luxemburgischen Juden, deren man habhaft werden konnte, in die Vernichtungslager, 93 Prozent von ihnen wurden ermordet.

Als Kind hatte es mich erschüttert, als unser Lehrer vor der Klasse in Tränen ausbrach. Mit gebrochener Stimme berichtete er uns, dass im Nachbardorf Wiltz sieben Lehrer vor den Augen der Kinder von der Wehrmacht erschossen worden waren, weil sie sich an einem Generalstreik gegen die Zwangsrekrutierung junger Luxemburger in eben diese Wehrmacht beteiligt hatten. Auch ohne die Zwangsrekrutierung steckten noch viel zu viele Luxemburger in dieser schrecklichen großdeutschen Uniform, um als Mitläufer oder Mörder ihr Land zu verraten. Dennoch: Zum Glück funktionierte, wie der Generalstreik zeigte, auch der Widerstand, die Résistance. Jedoch zu einem hohen Preis. Denn jeder, den die Nazis erwischen konnten, wurde entweder auf der Stelle erschossen oder kam ins KZ. Selbst zwei Tanten von mir – sie betrieben einen Zeitungskiosk und einen kleinen Buchladen in unserer Straße – wurden eines Morgens aus dem Bett geholt und wenig später auf direktem Weg ins Konzentrationslager Buchenwald gebracht. Wie durch ein Wunder haben sie überlebt.

Mein lebenslanges Trauma: der schlimmste Bombenangriff auf Köln

Die Tant war schon zwei Jahre tot, als in Köln das »Rude Bräues«, Am Blaubach 85, in Schutt und Asche versank. Es war am 28. Juni 1943, am Tag vor Peter und Paul, als Mutter und Großmutter mich mit dem Zug nach Köln brachten. Dort erwartete uns mein Vater – er hatte gerade Betriebsferien –, und auch mein Bruder Heinrich befand sich schon in Köln, in einem Kinderheim in Königsforst. Danach sollte es für alle mit dem Zug nach Tirol in die sogenannte Sommerfrische gehen. Ich war noch nicht einmal sieben Jahre alt. Meine Großmutter fuhr gleich nach der Ankunft wieder nach Luxemburg zurück. Sie habe »so ein komisches Gefühl gehabt«, wie sie später sagte. Dieses war berechtigt, denn schon wenige Stunden nach ihrer Abreise begann ein infernalischer Luftangriff auf die Stadt – eingeleitet von einem markerschütternden, lang anhaltenden Sirenengeheul im Dauerton. Es war einer der schlimmsten Schläge, den Köln in diesem Krieg erlebte und der in mir, wenn ich daran zurückdenke, noch immer ein Gefühl von Angst und Schrecken erzeugt.

Ausgerechnet gegenüber unserem Brauhaus stand der städtische Wasserturm (heute zu einem Luxushotel umgebaut) mit seinen Hunderttausenden von Litern. Wir hatten riesige Angst, in unserem Keller abzusaufen, falls der Turm getroffen würde. Keller besaßen wir in der Brauerei genügend – vier Etagen tief in der Erde, aber das nutzte nichts, wenn man darin ertrank. Mein Vater schien geahnt zu haben, wie verheerend diese

Angriffe sein würden. Die Alliierten hatten das bereits neun Monate zuvor in Lübeck durchexerziert: erst Sprengbomben, dann Luftminen, deren Druckwelle die Häuser abdeckte. Danach flogen Brandbomben mit ihren Phosphorkanistern – heute »Napalm« genannt – in die geöffneten Häuser und entfachten eine flächendeckende Feuersbrunst. So war es auch in Köln.

Ich spüre das Beben der Wände und höre dieses höllische Krachen und das Pfeifen noch heute. Es musste eine unvorstellbare Bombenlast sein, die gerade auf die Stadt niederprasselte. So ging es ohne Pause. Immer wieder heftige Erschütterungen des gesamten Gemäuers und Detonationen. Ich zitterte am ganzen Körper.

Etwa eine halbe Stunde nach dem Bombardement – die Ertrinkungsgefahr war vorüber, weil der Wasserturm glücklicherweise nicht getroffen wurde – warf die »Nachhut« dann ihre Phosphorbomben. Diese paar Minuten Pause zwischen den Brand- und den Phosphorbomben nutzten wir, um an den sichersten Ort unserer erreichbaren Umgebung zu flüchten. Und das war die unterste Stelle des vier Etagen tiefen Brauhauskellers, der Eiskeller. Er war hermetisch abgeschlossen und hatte seine Funktion längst verloren. Denn seit der Erfindung der Eismaschine durch Carl Linde brauchte man das aus dem eigenen Weiher herantransportierte Eis – es hielt bis in den Sommer – hier nicht mehr zu lagern.

Dieser Ortswechsel rettete uns das Leben. Denn mein Vater wählte ganz bewusst diesen Aufenthaltsort, der uns vor den giftigen Dämpfen schützte, die, wenn sie in die Lunge kommen, sich sofort in Phosphorsäure verwandeln und sie zerfressen. Für uns war es überlebenswichtig, die nächsten Stunden in diesem möglichst isolierten Raum zu verbringen. Als wir ihn betraten, blickte ich in die angstvollen Augen zweier Erwachsener. Sie hießen Levien – Mutter und Sohn – und waren auf der Flucht vor der Geheimen Staatspolizei (Gestapo) mit ihren Spürhunden. Meine Mutter hatte die beiden Juden schon seit einiger Zeit dort unten versteckt. Der Sohn war zum Katholizismus konvertiert und Priester geworden.

Kaum waren wir im Eiskeller angekommen, krachte es plötzlich wieder heftig: Brandbomben fielen, so ging es eine Zeit lang Schlag auf Schlag. Mein Vater sagte: »Wir gehen hier nicht eher raus, bevor sich nicht alles verzogen hat.« Um mir das Einschlafen trotz der Detonationen und der

Angst zu ermöglichen, flößten mir meine Eltern ein wenig von dem dort gelagerten Champagner ein.

Nach zwölf Stunden – die Bombardierung hatte inzwischen aufgehört – wagten wir den Ausstieg aus unserem »Bunker«. Mein Vater bahnte uns durch die leichten, nur aus aufgeschichteten Ziegelsteinen bestehenden Durchbrüche einen Weg. Damit waren die Keller, der damaligen städtischen Bauweise entsprechend, voneinander getrennt. Nun mussten wir nur noch den Ausgang finden. Doch einen Aufgang nach oben gab es nicht, weil unser Brauhaus völlig in Trümmern lag. Also bahnten wir uns einen Weg durch das Kellersystem unter unserer Straße. Noch waren die Giftschwaden nicht restlos verflogen; ihre Nachwirkungen verätzten mir die Augen, sodass ich eine schwere Bindehautentzündung bekam und noch heute darunter leide.

Die Rückkehr an die Oberfläche war der reinste Horror. Alle Treppenaufgänge waren zugeschüttet, in den Gängen lagen die Leichen. Ein Bild werde ich nie vergessen, es war diese kräftige Frau in ihrem blauen, weiß gepunkteten Kleid, die vor mir lag und über deren aufgequollenen Körper ich hinwegklettern musste. Es waren vielleicht 60 Menschen, die sich in das Kellersystem geflüchtet hatten, doch überlebt haben nur wir fünf: meine Eltern und ich sowie die beiden Flüchtlinge. Die anderen kamen ums Leben, weil sie vermutlich dachten, in einer Falle zu sitzen, und deshalb beim Versuch, dort wieder herauszukommen, genau in die Phosphorschwaden liefen.

Am Ende fand mein Vater dann doch einen Ausgang in einem Haus am Perlengraben. Aber auch dieses Haus war von den Bomben getroffen worden, und in seinen Trümmern glühten Hunderte von Briketts. Sie lagen direkt unter der Steintreppe, die wir nehmen wollten und nun heißer war als eine Ofenplatte. Da schnallte sich der Vater Bretter unter die Schuhe und trug mich und meine Mutter ins Freie. Von den beiden Versteckten habe ich übrigens nie mehr etwas gehört.

Was wir nun sahen, überbot alle Vorstellungen, und vielleicht war es auch ein riesiges Glück, dass ich mit meinen sechs Jahren noch nicht alles genau mitbekam und begriff, was sich nur ein paar Meter von uns entfernt wenige Stunden zuvor abgespielt hatte. Doch das, was ich sah, prägte sich für alle Zeiten in mein Gedächtnis ein. Überall Leichen. Sie lagen auf dem geschmolzenen Asphalt, teilweise völlig verkohlt. Die Stellung von Armen und Beinen deutete auf einen heftigen Todeskampf in ihren letzten Minuten hin. Es war der totale Albtraum! Auch Pferde aus Fuhrunternehmen aus der Nachbarschaft lagen verkohlt oder mit aufgequollenem Körper auf der Straße.

Köln, getroffener Dom (NS-Wochenschau)
https://binged.it/2vadj9b

Trotz dieser grauenerregenden Bilder empfand ich es als angenehm, wieder an der Oberfläche gelandet zu sein. Endlich wieder Luft und Sonne, auch wenn es übelst stank. Die Umgebung war nicht mehr wiederzuerkennen. Über die Leichen und die Pferdekadaver wölbte sich als seltsamer Kontrast ein wunderschöner Sommerhimmel. Und von dem einst stolzen »Roten Bräuhaus« stand nur noch der Türrahmen. Da schrieb mein Vater mit einem Stück Kalkstein auf die Trümmer: »Wir leben noch. Die Pützens.« In diesem Moment gingen ihm trotz der Apokalypse möglicherweise die kölschen Weisheiten durch den Kopf: »Et kütt, wie et kütt!«, »Wat fott es, es fott!« oder »Et hät noch immer jot jejange«. Diese Sätze wurden später auch zu meinem Lebensmotto.

Doch an all das habe ich in den Mittagsstunden dieses 29. Juni 1943 bestimmt nicht gedacht. In meinem kleinen Kopf drehte sich alles. Leichen, Kadaver, Trümmer. Wie kann ein 6-Jähriger mit so etwas überhaupt fertigwerden? Unwillkürlich schleicht sich mir diese Frage auch heute noch bei fast jeder »Tagesschau« ins Gemüt. Ein Kriseninterventionsteam gab es weder damals auf der Hohen Straße von Köln noch heute in Aleppo oder Homs. Und so stieg ich mit meinen Eltern über die Steinhaufen im komplett zerstörten Zentrum. Wir gingen über die Hohe Straße – oder das, was davon übrig geblieben war – in Richtung Dom. Wir wollten zum Bahnhof, nichts wie weg aus dieser Hölle! Unterwegs warnten uns entgegenkommende Leute, wir sollten vorsichtig sein, der linke Turm des Doms könne bald einstürzen. Das beeindruckte aber meine fromme Mutter nicht. Sie wollte unbedingt zum Beten in den Dom. Doch weil auch im Innenraum große Schäden entstanden waren, ließ man uns nicht rein.

Das riesige Loch, das die Bombe ins Mauerwerk des linken Turms gerissen hatte, konnte jedoch innerhalb kürzester Zeit mit Ziegelsteinen von den Feuerwehrleuten wieder zugemauert werden. 30 Jahre lang sah man die beschädigte Stelle, und jedes Mal, wenn ich daran vorbeikam, erinnerte sie mich an eine perfekt präparierte Zahnplombe – aber auch an die größte Katastrophe während meiner Kindheit. Auch an anderen Stellen hatte der Dom Treffer erhalten. Es ist mutigen und tatkräftigen Kölnern zu verdanken, dass ihre Kathedrale nicht einstürzte.

Zerstörtes Köln (Foto)
http://bit.ly/2vLyKua

Bei dem in die Stadtgeschichte als »Peter-und-Paul-Angriff« eingegangene Bombardierung warfen über 600 Maschinen der Royal Air Force 839 Tonnen Sprengstoff ab, das sind u.a. 25 000 Phosphorbomben und 275 000 Stabbrandbomben. Die Bilanz: 4 377 Tote, 10 000 Verletzte und 230 000 Obdachlose. Einer davon war mein Vater.

Mein Vater, der Pechvogel

Das Schicksal hat es nicht besonders gut gemeint mit ihm. Mit zehn Jahren Vollwaise, dann Tuberkulose, anschließend gegen seinen Willen die Schneiderlehre, danach die harte Arbeit in der Brauerei, dann das schäbige Verhalten seiner Großtante, die ihn wegen der Heirat mit meiner Mutter enterbt hatte, die Rückkehr nach Luxemburg, wo er als »Preuße« zunächst keine Arbeit fand und später in einem Kieswerk und anschließend in der Genossenschaftskellerei arbeitete. Schließlich noch die resolute Schwiegermutter. Doch das Schlimmste in all jenen Jahren war das Heimweh nach seinem Kölle.

Nikolaus Josef Pütz wurde am 9. Februar 1906 in Köln-Mülheim geboren, mitten in der Session und 17 Tage vor Rosenmontag. 30 Jahre später war er die Jungfrau des Kölner karnevalistischen Dreigestirns – 1935 für die Session 1936/37 designiert. Die kölsche Jungfrau wird traditionell aus den Reihen der Ehrengarde betreut. Ich stelle mir die Sprüche vor, die »Josefa« im September 1936 aushalten musste, nachdem ich auf die Welt kam: »Die Kölner Jungfrau hat gerade einen Sohn geboren!«

Mein Vater war die letzte männliche Jungfrau. Dann verbot Hitler diese Männerrolle, in der reinen Männergesellschaft »Kölner Karneval«. Ihm waren Männer in Frauenkleidern ein Graus, und außerdem roch die ganze Sache für ihn nach Homosexualität. Dann musste bis zum Krieg noch zweimal eine Frau die Jungfrau spielen und für die Komplettierung der aus Jungfrau, Prinz und Bauer bestehenden Regentschaft sorgen. Nach dem Krieg wurden diese Anordnungen wieder rückgängig gemacht – mit einer Ausnahme: Es blieb bei den weiblichen Funkenmariechen, denn niemand tanzt anmutiger als die Regimentstöchter mit Dreispitz, Röckchen und Stiefelchen.

Dennoch begleitete ein schaler Beigeschmack den Kölner Karneval in die Nachkriegsära. Die Jecken mochten sich nicht mehr gerne daran erinnern, wie sie unmittelbar nach der »Reichskristallnacht« 1938 mit ihren Umzügen auf ekelhafte Weise die Juden verhöhnten.

Für meinen nach dem Krieg in Remich lebenden Vater waren der Kölner Karneval und die Rolle, die er damals dabei spielte, der Höhepunkt seines Lebens. Und so wundert es auch nicht, dass er in den Nachkriegsjahren mit großer Wehmut und Bitterkeit von Luxemburg aus das bunte Treiben in seiner Vaterstadt verfolgte. Und jedes Mal, wenn dort mit »Kölle Alaaf!« am 11.11. die Session am Heumarkt eröffnet wurde, schien es ihm besonders schwer ums Herz zu sein. Wenn er im Radio den Karnevalsklassiker »Ich möch ze Fooß noh Kölle jonn« hörte, bekam er Tränen in die Augen. Der Komponist des Lieds, Willi Ostermann, stammte wie mein Vater aus Mülheim, und dieses einzigartige Liebesbekenntnis zu Köln feierte ausgerechnet in Vaters »Jungfrau-Zeit« Premiere. Dieses Wissen darüber hat ihn im fernen Luxemburg bestimmt sehr aufgewühlt. Ob ihn dabei aber auch noch die unterschwellige Ablehnung beschäftigte, die ihm durch einige der Oberjecken widerfuhr – etwa nach dem Motto »Früher warst du Jungfrau, aber was bist du jetzt – ein Arbeiter?« –, vermag ich nicht zu beurteilen. Vielleicht war es beides. Dabei wurde Josef Pütz 1937 in allen Festschriften als Bierbrauer präsentiert, neben dem Inhaber der Getreidemühle Teutonia, Hermann Münchow (Prinz) und dem Kaufmann Werner Nolte (Bauer).

Natürlich hat mich das Schicksal meines Vaters berührt. Aber zudem auch die unselige Geschichtsvergessenheit des Festkomitees, das einfach zur Tagesordnung übergegangen war. Und genau das habe ich dem

Kölner Karneval lange Zeit übel genommen. Erst als in den Achtzigern einige aufgeklärte Karnevalisten sich der Sache in angemessener und ehrlicher Weise annahmen, habe ich mich mit dieser wunderbaren Institution versöhnt. Später kam dann auch noch der *Kölner Stadt-Anzeiger* mit einer hochanständigen und grundsoliden Aufbereitung dieser Geschichte. Viel wichtiger war mir aber, dass mein Vater seinen Frieden fand. Friedel Haumann, der damalige Präsident der Ehrengarde, den ich über diesen speziellen Fall informierte, sagte dann schon bald zu mir: »Jung, dinge Vater, dä kütt!« Und so wurde er dann 1987, zum 50. Jubiläum seiner »Jungfrauschaft«, Gast des Kölner Festkomitees. Zwei Tage lang durfte er mit dem Dreigestirn umherziehen und wurde überall aufs Herzlichste begrüßt. Diese kurze Zeit in seiner Stadt Köln hat ihm gutgetan. Ob die beiden Kölner Karnevalstage ihn aber für das Leben zuvor entschädigt haben, weiß ich nicht. Auf jeden Fall war er ein herzensguter Papa, der immer für seine Familie da war.

Dass er sein ganzes Leben lang Pech hatte, tut mir noch heute in der Seele weh. Ich weiß: Was das Leben mir schenkte, das hat es meinem Vater rotzfrech verweigert. Dabei war er, der Nichtakademiker, ein hochintelligenter Mensch, der viel zu selten die Chance erhielt, aus seinen Talenten etwas zu machen. Einzig die Braumeisterprüfung könnte etwas über die Potenziale aussagen, da er diese mit der Note 1 bestand. Darauf war er bis in seine letzten Tage sehr stolz. Und familiär? Da hatte er es später im luxemburgischen Remich gleich mit zwei Frauen zu tun, der Ehefrau und der Schwiegermutter. Beide pflegten ein inniges Verhältnis zueinander. Ich wäre an seiner Stelle bei einer solchen Konstellation sofort weggerannt, denn Wurmfortsatz zu sein, war nie mein Ding. Seine Situation war anders, er liebte seine Kinder, sodass eine solche Option für ihn nie infrage kam.

1992 ist er dann nach einem Schlaganfall gestorben – ganz einsam und allein zu Hause auf der Couch. Meine Mutter lag damals im Krankenhaus, und ich war gerade auf dem Rückflug von Japan nach Köln; ich sah ihn nicht mehr lebend. Noch zwei Jahre zuvor konnte ich ihn im letzten Augenblick retten: Der Diabetiker hatte, weil er sich zweimal am Tag selbst gespritzt hatte, einen Insulinschock erlitten. Ich war gerade im Studio mit der Fertigstellung der Aufzeichnung meiner ersten Moderation der neuen Sendereihe »Bilder aus der Wissenschaft« beschäftigt, als meine Schwester Marianne anrief: »Unser Papa liegt im Sterben.« Ich ließ sofort alles stehen und raste in zweieinhalb Stunden von Köln nach Remich. Dort sah ich das Malheur, ich vermutete Unterzuckerung und flößte ihm, bevor der Hausarzt eintraf, etwas Zuckerwasser auf die Zunge. Innerhalb kürzester Zeit kam er wieder zu sich – und da war auch schon der schlafmützige Hausarzt da. Meine Freude über den medizinischen Erfolg war so groß wie der Ärger über den lahmen Doktor.

Die Nachkriegszeit

Nach 1 573 Tagen war für die Luxemburger der Zweite Weltkrieg zu Ende. Die Amerikaner erreichten das kleine Land im September 1944. Doch für meine Familie und mich war damit der Krieg noch nicht vorbei. Nachdem in Remich die ersten Geschütze zu hören waren, sollte auch meine Familie evakuiert werden. Elf Mal wechselte das kleine Nest mit seiner strategisch wichtigen Moselbrücke später den Besitzer.

Meine Familie kam der Zwangsevakuierung zuvor. Wir fuhren nach Wenden. In dem kleinen sauerländischen Kaff lebte Irene Müller, eine luxemburgische Busenfreundin meiner Mutter. Sie war mit einem Zahnarzt verheiratet. Mit Sack und Pack ging es also im Zug von Nennig Richtung Koblenz. Doch schon kurz vor Trier, in Konz-Karthaus, dort, wo die Saar in die Mosel mündet und die Saar- mit der Moselbahn zusammenkommt, gerieten wir unter Fliegerbeschuss und mussten schleunigst in einen nahen Bunker flüchten. Dieser bekam zwar einen Volltreffer, doch außer einem kräftigen Durchschütteln, viel Schutt und Staub, spürten und sahen wir zum Glück nichts. Als wir wieder rauskamen, war der Zug total zerstört und unser gesamtes Gepäck verschwunden.

Es dauerte drei Tage, ehe wir in Wenden bei Olpe eintrafen. Nun wohnten wir bei Irene Müller. Übrigens: Mein Vater wurde wegen seiner Tuberkulose nie von der Wehrmacht eingezogen – vielleicht war es *der* Glückstreffer in seinem Leben! Das Röntgenbild von einst trug er stets bei sich, um sich, falls erforderlich, damit »auszuweisen«.

Noch einmal verspürte unsere fromme Mutter das Bedürfnis, sich beim heiligen Antonius zu bedanken. Antonius von Padua ist jene Kirchenfigur aus dem 13. Jahrhundert, die u.a. als Schutzpatron der Bäcker, Schweinehirten, Bergleute und Reisenden fungiert. Dass Antonius dann auch noch für das Wiederauffinden verlorener Gegenstände zuständig ist (und daher scherzhaft »Schlampertoni« heißt), wusste unsere Mutter natürlich – und auch wir glaubten in diesem Augenblick an ein Wunder. Es war ein paar Tage vor Heiligabend, als der Paketbote in Wenden vor der Tür stand und sagte: »Ich habe ein großes Paket für Sie mit Ihrer Adresse.« Der spitze Freudenschrei meiner Mutter klingt mir noch heute im Ohr: »Das gibt es doch nicht, dem heiligen Antonius sei Dank, stellt Euch vor, unser schöner selbst geräucherter Schinken und mein wertvoller Persianer sind da drin!« Dann öffnete sie das Paket, und der schöne Schinken rollte aus dem Pelzmantel. Und auch meine Knickerbocker samt Baskenmütze tauchten auf. Nun war Weihnachten 1944 gerettet. Die verloren gegangenen Koffer hatte der Paketbote allerdings nicht dabei.

Wir wohnten nicht lange bei Irene Müller. Denn nachdem die Alliierten Anfang März 1945 die Brücke von Remagen eingenommen hatten, rasselten ein paar Tage später amerikanische Panzer auch durch Wenden. In unsere Fenster hängten wir weiße Tücher, wir »kapitulierten« gerne. Dennoch hatte die Befreiung für uns die unangenehme Konsequenz, dass wir das schöne Zahnarzthaus verlassen mussten, weil es von den Amerikanern als Offiziersdomizil benötigt wurde. Bürgermeister Josef Nicklas nahm uns in seinem Haus auf.

Dann kamen die Amerikaner und wollten unseren Vater als Kriegsgefangenen mitnehmen. Da er aber nachweisen konnte – der mitgeführten Röntgenplatte sei Dank –, dass er nicht im Krieg war, und er ihnen sogar plausibel machen konnte, dass er auch mit den Nazis nichts gemein hatte, wollten sie ihn sogar zum Bürgermeister machen. Doch dieses mochte er nicht.

Es war alles in allem eine völlig neue Zeit angebrochen. Selbst die Ängste waren nicht mehr vorhanden, die uns durch die Hinterlassenschaft der unseligen Goebbels-Propaganda in den zurückliegenden Monaten quälte, als ständig von »Kinder fressenden Negern« die Rede war. Die Amerikaner benahmen sich ganz anders, als von einigen vielleicht befürchtet. Sie verschenkten Süßigkeiten und Kaugummi, und nachdem mir ein dunkelhäutiger Soldat eine Tafel Schokolade schenkte, waren alle rassistischen Bedenken wie weggeflogen. Nie in meinem Leben schmeckte mir Schokolade so gut wie in diesen Februartagen des Jahres 1945.

Der Winter 1945 war besonders heftig. Unaufhörlich fiel Schnee, die Kälte kroch in die Häuser. Gott sei Dank konnten wir – auch weil es im Sauerland genügend Wälder gab – unseren Raum heizen. Dafür diente der historische Küchenherd mit dem langen Ofenrohr. Wo wir dieses Gerät herhatten, weiß ich nicht. Vermutlich hatte man es uns, den Flüchtlingen, geschenkt. Auf jeden Fall sorgte das Monstrum für angenehme Wärme.

Kommunion im Sauerland

Für uns Jungs war das eine abenteuerliche Zeit mit vielen Verlockungen – aber auch mit sehr vielen unüberlegten »Heldentaten«. Dabei hatte es uns ganz besonders die Munition angetan, deren sich deutsche Soldaten auf ihrem Rückmarsch entledigt hatten und die nun überall im Wald herumlag. Wir entnahmen das Pulver aus den Patronen, hielten einen Nagel an das Zündhütchen und schlugen mit einem Hammer darauf, dass es ordentlich rumste. Einmal hatte einer der Jungs die Hülse nicht richtig entleert und wurde von der Stichflamme so schwer verletzt, dass er fast erblindete.

Wir nahmen die modernen Zeiten vorweg und probierten alles aus, was Amerika zu bieten hatte. Zum Beispiel die Zigaretten. Weil wir noch einen Schlüssel hatten, konnten wir in unser früheres Haus, die jetzige Offizierswohnung, einsteigen. Dort hatten die Amerikaner Zigarettenstangen regelrecht gestapelt. Wir brauchten uns nur zu bedienen. Meinem Vater, dem Nichtraucher, brachte ich bei dieser Gelegenheit ein ganz besonderes »Geschenk« mit: ein lederner Kulturbeutel. Doch das fand Pütz senior nicht so gut und verlangte von mir, dass ich ihn zurückbringe. Bei den Zigaretten, von denen er nichts wusste, verhielt sich das etwas anders: Die verschenkten wir an Freunde und Bekannte, was unsere Beliebtheit ungemein förderte – für Flüchtlinge auf der ständigen Suche nach Anerkennung kein schlechtes Gefühl.

Doch eines Tages kam alles ans Licht. Nachdem wir wieder einmal im Wald gepafft hatten – diesmal besonders viel –, hat es mir ausgerechnet beim anschließenden Kommunionsunterricht in der Kirche die Sicherung rausgehauen. Weil man keinen Gemeindesaal zur Verfügung hatte, fand der Unterricht in der Kirche statt. Und so standen wir alle um den Altar versammelt, als sich plötzlich ein unbändiger Drang in meinem Hinterteil bemerkbar machte. Ich lief so schnell ich konnte durch das lange Kirchenschiff nach draußen, aber da passierte es schon. Mir blieb nichts anderes übrig, als mich schleunigst nach Hause zu verdrücken. Dort angekommen, roch meine Mutter sofort, was passiert war, und geriet fast außer sich, als sie meine schönen, modischen Knickerbocker sah, in deren Falten sich die Exkremente versammelt hatten. Dafür bekam ich zur Strafe acht Tage lang nur bitteres, aus Maismehl gebackenes Vollkornbrot. Damit nahm meine Nichtraucherkarriere ihren Anfang. Die Knickerbocker hatte mir übrigens meine Mutter verpasst. Sie zog mich gerne als »Luxemburger« an – mit ebenjenen Beinkleidern samt dazugehörender Baskenmütze –, was mich gelegentlich zu einer Zielscheibe von Spott machte.

Der Weiße Sonntag, und damit die Kommunion, waren am 8. April 1945. Geschenke gab es nicht, aber immerhin gelang es meiner Mutter, mir einen schönen Anzug schneidern zu lassen. Einen kleinen, aber unvergesslichen Wermutstropfen erhielt die Feier allerdings, denn das Lämmchen aus Biskuitteig, das meine Mutter mir backen wollte, geriet außer Form, weil sie einfach zu wenig Mehl hatte. Für alle Beteiligten war das eine ziemlich traurige Angelegenheit, und Mama tat mir sehr leid. Zur Feier des Tages gab es »gute Butter« und Muckefuck. »Richtiger« Kaffee war Mangelware, und wir hätten ihn uns ohnehin nicht leisten können.

Eines Tages hörten wir, dass bald ein Lastwagen von Wenden ins Rheinland fahren würde. Also packten wir unsere Siebensachen und fuhren mit. Was wollten wir auch im Sauerland? Es war Sommer, und so konnte man im offenen Lkw fahren. Zwar wollte mein Vater noch immer nach Köln, aber nach dorthin hatten wir jetzt keinen Kontakt, also ging's zunächst einmal über Wipperfürth an der Sieg entlang nach Oberlaar bei Troisdorf. Dort wohnte Onkel Heinrich. Er war der Schwager meiner Großmutter. Gegenüber den bisherigen Wohnverhältnissen stellte die Situation dort in der Lindenstraße 15a eine beachtliche Verbesserung dar: Wir bekamen die kleine Mansarde mit einem kleinen Bad sowie einer Schlafküche. Den Herd, jenes »historische« Exemplar, das uns in Wenden treue Dienste geleistet hatte, führten wir in unserem »Umzugsgut« mit.

An seinem neuen Einsatzort heizten wir den Herd mit Briketts. Doch gab es diese nirgendwo zu kaufen. Zum Glück – der Winter 1946/47 war zu allem Überfluss auch noch verdammt kalt – fanden wir eine relativ bequeme und ziemlich ergiebige »Bezugsadresse« direkt vor unserem Haus. Dort führte die stark befahrene rechtsrheinische Bahnstrecke Ruhrgebiet–Siegburg–Linz am Rhein vorbei. Die Züge mussten auf den provisorischen, auf Doppel-T-Trägern liegenden Gleisen besonders langsam fahren. Das Schritttempo der schweren Dampflok reichte aus, um sich an der Überführung auf die Waggons zu schwingen, wovon viele mit Briketts voll beladen waren. So ließ sich das begehrte Heizmaterial abräumen. Meine Kumpels hoben mich, das Leichtgewicht, hoch auf den schleichenden Zug, dann turnte ich an den offenen Wagen entlang und warf die schönen »Union«-Briketts herunter. Unsere Beute teilten wir redlich untereinander auf. Zu Hause im Keller bekam ich angesichts meiner immer größer werdenden selbst gebauten Brikettwand fast orgiastische Gefühle. Dennoch gingen wir sparsam mit diesem Schatz um. Meine Mutter wickelte vor dem Zubettgehen die im Ofen glühenden Briketts in feuchtes Zeitungspapier, damit die Glut bis zum nächsten Morgen hielt.

Kohlenklau, »fringsen« (Foto)
http://bit.ly/2varT0k

Es war mir eine große Freude, mich mit der Beschaffung des begehrten Brennstoffs durch meine Geschicklichkeit und Schnelligkeit nützlich zu machen. Dieses Gefühl der Bestätigung, das sich rasch einstellte, war mir wichtig, auch den Ortsansässigen gegenüber, soweit diese es mitbekamen. Denn als Flüchtlingskind ist man, wie gesagt, mehr auf Anerkennung angewiesen als sonst. Das zeigte sich auch bei anderen Gelegenheiten – etwa wenn wir mit liegen gebliebener Munition im Wald herumhantierten. Dann war ich immer bei den Ersten und hatte auch keine Angst.

Rückblickend war es eine verrückte Zeit. Meine Oberlaarer Freunde und ich waren nicht die Einzigen, die auf Brikettklau angewiesen waren.

Das war Volkssport. Wir taten das, was Millionen Menschen in jenen Monaten machten, um zu überleben, wir gingen »fringsen«. So hieß die vor allem an Rhein und Ruhr praktizierte Beschaffungsmethode bei überlebenswichtigen Gütern wie Nahrungsmittel und Brennmaterial. Namensgeber dieses ulkigen Verbs war der beliebte Kölner Kardinal Joseph Frings (1887–1978), der diese Form des Mundraubs in seiner Silvesterpredigt 1946 ausdrücklich legalisiert und das siebte Gebot damit vorübergehend außer Kraft gesetzt hatte, indem er von einer »lässlichen Sünde« sprach. Spätestens dann waren auch bei meiner Mutter alle Zweifel hinsichtlich der moralischen Bewertung dieses Vorgangs geschwunden. Ich könnte mir sehr gut vorstellen, dass der heutige Papst Franziskus dies genauso sehen würde. Diese sehr flexible und humane Interpretation zugunsten der Behebung eines bedrohlichen Missstands ist übrigens auch einer der Gründe dafür, weshalb ich nie mit der katholischen Kirche gebrochen habe, obwohl sie sich in vielen anderen Dingen wie zum Beispiel bei der »Keuschheit« oder dem Beichten immer weiter von der Wirklichkeit entfernt.

Joseph Kardinal Frings (Foto)
https://binged.it/2tFMQvz

Welche skurrilen Züge der Überlebenskampf nach Kriegsende hatte, als Lebensmittelkarten längst nicht ausreichten, zeigt auch das Beispiel meiner Mutter. Beim Hamstern musste sie für einen Sack Kartoffeln ihren Ehering beim Bauern lassen.

Mittlerweile war auch das erste Carepaket aus den USA bei uns eingetroffen. Geschickt hatten es entfernte Verwandte. Viele Tabletten kullerten beim Auspacken plötzlich auf den Tisch. Es waren Vitamin-C-Pillen. Ein Segen in einer Zeit, in der es kein frisches Obst gab. In diesen Monaten – Frühjahr 1946 – arbeitete mein Vater bei der Kleinbahn Siegburg–Zündorf als Zugschaffner. Seine Zeit beim »Rhabarber-Schlitten«, so nannte der Volksmund das Bähnchen, fanden wir toll, denn wir durften kostenlos mitfahren. Ich stand immer vorne neben dem Fahrer. Selbstverständlich wollte ich später auch Lokomotivführer werden. Im Sandkasten spielten wir die Kleinbahn nach – wir bauten Haltestellen, Lok und Waggons aus Bakelit und anderem Material. Unsere Fantasie war grenzenlos.

Fantasie und Neugier waren auch bei der Entwicklung kindlicher Sexualität im Spiel. »Nein, untenrum habe ich gar nichts«, sagte ich zu meinem Freund Dieter, der das genau wissen wollte. Auf jeden Fall hatte seine Mutter, eine echte Schönheit, wie wir durchs Schlüsselloch beobachten konnten, einen eindrucksvollen Busen.

Zu dieser Zeit gingen wir in Oberlaar zur Schule. Um Brot zu bekommen, stellten wir uns schon um 5 Uhr beim Bäcker an, obwohl der erst um 7 Uhr öffnete. Mein Bruder Heinrich und ich wechselten uns dabei ab. Auch im bitterkalten Winter 1946/47 standen wir Schlange. Unter den von unserer Mutter zusammengenähten Wehrmachtsklamotten bibberten wir ganz schön. Ich erinnere mich an einen dieser furchtbaren Winterstürme, die ein Jahr später tobten, als der Rhein fast zugefroren war. Einmal waren mein Bruder und ich ganz allein in der Wohnung, weil unsere Eltern nach Köln zu einer Karnevalssitzung gefahren waren. Da tobte der Sturm und drückte so an die mit Eisblumen übersäten Fenster, dass wir panische Angst bekamen. Wir fürchteten, gleich würde uns alles um die Ohren fliegen. Heinrich und ich machten uns gegenseitig Mut. In diesen Stunden standen wir Todesängste aus.

Der »Wohlstand« wuchs in Oberlaar in bescheidenem Umfang. Erst sparten wir für eine Kaffeemühle, deren Design an eine Granathülse erinnerte, dann schafften wir uns eine Bottich-Waschmaschine der Marke Miele an. Sie erleichterte unserer Mutter die Tagesarbeit, auch wenn das Konstrukt manchmal nervte. Denn um sie zum Laufen zu bringen, brauchte es einen Kondensator. Fast hätte unsere Mutter buchstäblich der Schlag getroffen, als sie mit dem Schukostecker hantierte. Der war damals noch nicht so ausgereift. Trotzdem: Es ging aufwärts. Onkel Heinrich, der bei der Speisewagengesellschaft Mitropa beschäftigt war, brachte gelegentlich das eine oder andere gute Stück mit, das übrig geblieben war.

Zwischenzeitlich war ich Schüler des Siegburger Gymnasiums. Dort gefiel es mir überhaupt nicht. Auch hier wurde ich schikaniert, und so war ich froh, als es schon nach wenigen Wochen wieder nach Luxemburg ging. Eigentlich saß die gesamte Familie bereits auf gepackten Koffern – retour nach Remich –, als ein entscheidendes Ereignis eintrat: Unsere Schwester Marianne Elisabeth erblickte am 12. August 1948 in Köln das Licht der Welt – ein Zeichen dafür, dass Liebe überall ihren Weg findet, selbst durch Trümmer und in bitterer Not. In diesem Fall war es nicht nur die unbändige gegenseitige Anziehung unserer Eltern, sondern auch deren Vertrauen in sich selbst und in die gemeinsame Zukunft, die auf uns abstrahlte.

Zurück in Luxemburg: glückliche Kindheit?

1949 kamen wir wieder nach Remich zurück. Zuvor hatte uns die Großmutter geschrieben, wie furchtbar es 1947/1948 gewesen sei, als die Mosel unvorstellbares Hochwasser führte und unten an der Promenade die ersten Etagen der Wohnhäuser in den Fluten versanken. Das komplette Warenlager unseres Drugstores war zerstört.

Mit dem Baby Marianne im Arm der Mutter fuhr die fünfköpfige Familie zunächst mit dem Zug. Es ging rechtsrheinisch bis nach Linz. Dort begann die französische Zone. Nun mussten wir aussteigen und wurden bis auf die Unterwäsche gefilzt. Dann ging es weiter nach Koblenz und von dort moselaufwärts bis nach Cochem. Weiter kamen wir nicht, weil der Kaiser-Wilhelm-Tunnel, der mit über 4 205 Metern damals längste deutsche Tunnel, von den Soldaten bei deren Rückzug zugeschüttet worden war. Stattdessen ging es mit einem Motorschiff die Mosel weiter hoch bis nach Bulley. Für diese Passage zahlte meine Mutter mit einem geerbten Schmuckstück. Von Bulley aus sollte eine Bimmelbahn bis Trier fahren. Um sie nicht zu verpassen, verbrachten wir die ganze Nacht im Bahnhof Bulley. Meine Mutter, mit dem Säugling, zwei kleinen Buben und Gepäck, erreichte, dass wir bevorzugt behandelt wurden. Von Trier aus ging es weiter auf einer wiederhergestellten Zugtrasse – vorbei an der Stelle, an der wir fünf Jahre zuvor von Tieffliegern bombardiert worden waren – bis nach Nennig. Obwohl das Dorf Remich gegenüberliegt, war es noch eine Ewigkeit entfernt. Denn um nach Nennig zu gelangen, mussten wir erst die Grenze des Saarlands passieren, das von 1947 bis 1957 französisches Protektorat mit eigener Regierung war. Wir waren aber noch immer nicht am Ziel, die Moselbrücke zwischen Nennig und Remich lag gesprengt im Wasser, und daher waren wir froh, dass wir einen Fischernachen auftreiben konnten, mit dem wir bei Nacht und Nebel die letzten Meter einer abenteuerlichen Reise absolvierten.

Nun waren wir für unsere luxemburgischen Landsleute »Preußen« – Angehörige eines gerade untergegangenen Reiches, in dessen Namen unsagbare Verbrechen begangen worden waren. Was aber hatten wir damit zu tun? Wir waren doch diese kölsche-letzeburger Familie, die niemandem etwas zuleide getan hatte und die nichts anderes wollte, als in Ruhe und Frieden zu leben. Jetzt waren wir fast eine Großfamilie: Großmutter, Eltern, mein Bruder und ich sowie die gerade ein Jahr alte Schwester Marianne und der Rest der luxemburgischen Verwandtschaft.

Auch sonst hatte sich einiges verändert. Mein Vater war als Deutscher zunächst monatelang arbeitslos und dann als Arbeiter im Kieswerk Heim, unten an der Mosel, beschäftigt. Später kontrollierte er in der Genossenschaftskellerei Cooperative Caves de Wellenstein die Spülmaschinen. Meine Mutter Elli und Großmutter Julie kümmerten sich zwischenzeitlich um das Geschäft. Für Botengänge und kleine Besorgungen war ich zuständig. Schon dieser kleine Job wurde zu einer Schule fürs Leben: Großmutter Julie brachte mir bei, wie man mit fremden Menschen umzugehen habe, denn schließlich seien sie es, die dafür sorgten, dass man abends etwas im Topf habe. Also: Immer freundlich sein, wenn die Tür aufgeht und jemand das Geschäft betritt. Das galt auch für den Fall, dass, wenn wir nach Hause kamen, wir selbst die eigene Ladenklingel auslösten. Dann riefen wir laut »Wir sind es!«, und die Großmutter brauchte in der Küche das Kartoffelschälen nicht zu unterbrechen.

Genossenschaftskellerei Cooperative Caves de Wellenstein, Arbeitsplatz Pütz sen. (Foto)
https://binged.it/2eQ0OIK

Rasch merkte ich, dass auch Kundenkontakt nach eigenen Gesetzen funktionierte. Freundlichkeit und Verbindlichkeit war die eine Seite; die andere war Flexibilität. Das galt vor allem dann, wenn wir mit Waren zu den Kunden kamen. Dabei spürte ich, dass das Geschmeidige, das von mir allseits erwartet wurde, nicht unbedingt zu meinem Charakter gehörte. Und es dauerte auch nicht lange, bis ich merkte, dass ich niemals zum Herdentier werden wollte, wenngleich ich mich als Menschenfreund sah.

Ich war vielleicht zehn, zwölf Jahre alt, als der Zirkus kam. Auf der Moselwiese schlug er sein Zelt auf. Während der Vorführungen wurde immer das gleiche Liedchen gespielt. Die Melodie geht mir auch heute noch nicht aus dem Kopf – inzwischen weiß ich auch längst, dass es das »Ständchen« von Jonny Heykens ist. Das aber ist nicht das Einzige, was ich mit diesem Auftritt verbinde. Viel wichtiger ist jenes süße Mädchen, das plötzlich in der Arena auftrat und in das ich mich auf der Stelle verliebte. Und das in zartem Knabenalter. In dieser Sekunde ahnte ich: Wie schön muss Liebe sein! Für dieses Gefühl hätte ich damals gerne auf die elektrische Eisenbahn verzichtet, die meine Eltern mir zu Weihnachten versprochen hatten.

Jonny Heykens: »Ständchen« (Musik)
https://binged.it/2tFiSbc

ABENTEUER SCHULE

Am Ende war es nun doch noch eine erfolgreiche Zeit, auch wenn es anfangs für meine Eltern und die Lehrer überhaupt nicht danach aussah. Dass zum Schluss alles klappte und »Friede, Freude, Eierkuchen« herrschte, hatte auch etwas mit Glück zu tun; oder anders ausgedrückt: Ich fand zum richtigen Zeitpunkt die richtigen Lehrer am richtigen Ort. Sie gaben mir die entscheidenden Impulse. Und sie weckten in mir Potenziale, die ich gar nicht zu besitzen glaubte. Denn mein Selbstbewusstsein war, bedingt durch die Kriegserlebnisse sowie die folgenden Kindheits- und Jugendjahre, alles andere als besonders ausgeprägt.

Der Vorletzte boxt sich durch

Schon das Thema war Herausforderung genug: »Wie stelle ich mir meine Zukunft in zehn Jahren vor?« Was ich dann, am Ende des 8. Schuljahrs in der École Primaire Supérieure Remich im Aufsatz zu Papier brachte, überraschte wegen seiner Kühnheit den Lehrer Pierre Maas, während es für mich eher nur ein Traum war: »Ich werde Ingenieur sein, eine Familie haben und mit einer Frau gemeinsam leben, die sich sorgend um unsere beiden Kinder kümmert.« Hinter diesem Satz verbirgt sich ein kompletter Lebensentwurf, dessen erster Teil jedoch zum damaligen Zeitpunkt keine Aussicht auf Realisierung zu haben schien. Meine Noten für den Übertritt an weiterführende Schulen waren einfach hundsmiserabel.

Die dramatischen Flüchtlingsjahre zuvor standen unter keinem guten Stern. Nach der Einschulung noch an der École Primaire in Remich (1942) ging es, bedingt durch den Lauf der Weltgeschichte, mit der ganzen Familie auf Wanderschaft. Die Volksschulen in Wenden (Sauerland) und Oberlaar (Rheinland), aber auch das Gymnasium in Siegburg und die Oberprimärschule in Remich waren keine Stationen, die man als Hort der Sicherheit, Ruhe oder Inspiration hätte bezeichnen können. Zumal ich, der kleine Jean, mit einem viel zu großen Bündel an traumatischen Erlebnissen wieder in seine Heimat zurückgekehrt war.

In Mutters Geburtsort hatte ich sofort ein großes Problem. Da in der Familie nur luxemburgisch und deutsch gesprochen wurde, beherrschte ich kein Französisch. Innerhalb eines halben Jahres hatte ich diese wunderbare Sprache dann zum Glück gelernt. Das verdanke ich einem pensionierten Lehrer aus der Rue Neuve (Neue Weg), der mit mir geduldig alle Wörter und grammatikalischen Feinheiten so lange paukte, bis sie saßen – und zwar alles auf Französisch. Kein einziges deutsches Wort fiel während dieser Zeit an seinem Wohnzimmertisch. Mein Nachhilfelehrer praktizierte eine pädagogische Methode, die ganz anders war als das, was ich bislang in der Oberprimärschule mitbekommen hatte.

Die Lebensumstände sowie die eigene, aus den Kriegserlebnissen mit ihren Todesgefahren und -ängsten gespeiste Lethargie waren es, die mir eine glanzvolle Schülerkarriere fürs Erste vermasselten. Hinzu kam, dass das Lehrpersonal in der luxemburgischen Volksschule didaktisch nicht auf dem neuesten Stand zu sein schien. Auch Schulmeister Maas wirkte nicht gerade inspirierend. Mit dem viereckigen Lineal wurden die damals üblichen »Pouten« verabreicht, so hießen die schmerzhaften Hiebe auf die Handinnenfläche. Auch wurden ganz ordentlich Ohrfeigen verteilt. Einmal war ich gerade noch kurz zuvor beim Friseur, der mir eine wundervolle Tolle gedreht hatte. Durch den Schlag an den Kopf geriet das Kunstwerk außer Façon, und das trotz Haarfestiger! Ich hatte mal wieder nicht aufgepasst. Alles in allem war diese Schulzeit kein Zuckerschlecken. Besonders fies fand ich auch die ständigen Hänseleien, denen ich mich wegen meiner deutschen Herkunft ausgesetzt sah. Das Schimpfwort »Preiß« hatte sich im Volks-Wortschatz gehalten – kein Wunder, Bismarck, der »Eiserne Kanzler«, hätte das Großherzogtum schon damals, Mitte des 19. Jahrhunderts, allzu gerne in sein neues, großes deutsches Reich einverleibt.

Hinzu kam: Einige der Mitschüler glaubten, sie könnten mir, dem etwas Schmächtigen, immer auf der Nase herumtanzen. Ein Ergebnis dieser insgesamt unbefriedigenden Situation war, dass ich unter den acht Schülern meiner Klasse bei der Notengebung den 7. Platz belegte.

Die Oberprimärschule besaß dennoch eine interessante Note, weil hier eine mehr oder weniger deftige Truppe übrig geblieben war, denn diejenigen, die ein bisschen schlauer zu sein schienen, waren schon vorher, nach dem 6. Schuljahr, aufs Gymnasium nach Luxemburg-Stadt abgewandert. Insgesamt waren wir mit 21 Schülern, verteilt auf drei Klassen, zeitweise in einem Raum untergebracht. Folge: Die räumliche Enge wie auch die ganz spezielle Schülerstruktur provozierten parallel zum Unterricht unangenehme Situationen. Es kam häufig zu Konflikten, weil uns die Älteren zu beherrschen versuchten. »Mobbing« existierte zwar im damaligen Wortschatz noch nicht, dennoch stand diese fiese Anmachtour in der Remicher Schule, wenn auch unsichtbar, mit auf dem Stundenplan. Und dabei besaß ich überhaupt keine guten Karten. Ich war »Preuße«, galt als »Schwächling« und lag mit meinen Noten fast am Ende der Rangliste – eine äußerst schwierige Konstellation! Dass dieses ein Teufelskreis war, wurde mir erst viel später bewusst: Was nutzt der ganze Grips, wenn man gemobbt wird? Man verliert den Mut, man lernt nichts mehr und wird faul.

Diese Umstände waren mir von Anfang an nicht geheuer und nervten mich, je länger sie meinen schulischen Alltag dominierten. Irgendwann wurde mir klar, dass ich diesen Zustand beenden musste, und so nahm ich in der Stadt Luxemburg heimlich Boxunterricht, um mich gegen künftige Attacken zu wehren. Es dauerte auch nicht lange, da durfte der stämmige Nico Reinhardt mit der edlen Kunst der Selbstverteidigung Bekanntschaft machen: »Junge, fass mich nicht mehr an, ich kann boxen!«, warnte ich ihn nach einem erneuten Anrempler. Nico und seine Kumpanen reagierten mit Hohngelächter auf meinen durchaus ernst gemeinten Hinweis, und schon hatte der spätere Dirigent des Luxemburger Militärmusikcorps eine blutende Nase. Seinen feixenden Kumpels gefror das Grinsen im Gesicht, und ich hatte von nun an meine Ruhe. Dieser durchschlagende Erfolg führte dazu, dass ich mich von da an ganz auf die Schule konzentrieren konnte. Und es war der Kick für alles Spätere, so etwas wie die Bestätigung meiner Persönlichkeitsstruktur: Ich bin zwar mein Leben lang ein friedlicher Mensch, vielleicht sogar Pazifist, aber das bedeutet nicht, dass ich mir alles gefallen lasse. Ich wehre mich, wenn ich angegriffen werde, und ich kann auch gewinnen. Zum ersten Mal überkam mich ein Gefühl von Selbstbewusstsein.

Bock auf alles, nur nicht auf die Schule

Das war auch der Augenblick, als ich plötzlich Freunde bekam. Einer von ihnen war Jeannot Wiltz. Der ging schon eine Klasse höher und wohnte ebenfalls in der Machergasse. Jeannot ergriff nicht nur für mich Partei, wenn es mal wieder brenzlig wurde, er spielte auch wie ich im Männer-Blasorchester »Harmonie Municipale Concordia«. Jeannot spielte Klarinette, während ich mit großem Vergnügen die Dritte Posaune blies. Jeannot war in dieser Phase mein bester Kumpel.

Das kleinstädtische Leben mit seinen Vereinen und Abwechslungen hatte mich längst gepackt. Schade, dass das mein großartiger Großvater Jean Mohr nicht mehr erleben durfte! Vielleicht hätte er verständnisvoll hinter seinem Schnäuzer geschmunzelt, wenn er gehört hätte, dass sein Enkel im Kirchenchor vor die Tür gesetzt worden war, weil der quirlige Junge mal wieder »so unruhig« gewesen war. Aber es gab zum Glück ja noch die städtische Musikkapelle. Auch der Fußballverein lockte – allerdings durfte ich dort nur zeitweise mitspielen, weil ich oft bei der Garten- und Feldarbeit gebraucht wurde. Dann musste Gießwasser über einen halben Kilometer von der öffentlichen Waschstelle herangeschleppt werden – keine schöne Freizeitbeschäftigung für einen 12-Jährigen.

Trotzdem blieb noch etwas Zeit für Streiche aller Art. Dafür bot ein Kleinstädtchen die ideale Bühne. Man kannte die privaten Verhältnisse bis ins Detail, man wusste, wen man wie ganz besonders ärgern konnte, und man ahnte auch schon, wie das Publikum auf Derartiges reagieren würde. So klauten wir dem Kaplan die Blumentöpfe an der Fassade und karrten sie vom Oberen Neuen Weg runter an die Mosel. Dort stand schon seit Jahr und Tag unser schmuckloser Musikpavillon, der nun über Nacht buchstäblich aufblühte. Doch statt sich über diese Verschönerungsaktion zu freuen, regte sich fast die ganze Kleinstadt über diesen Streich auf, während wir uns darüber freuten und uns fast schieflachten. Der Herr Kaplan fand dieses jedoch nicht so lustig und quittierte die Tat kurz darauf im obligatorischen Religionsunterricht mit einer ordentlichen Ohrfeige.

Das allmähliche Herantasten an die Welt der Erwachsenen führte mitunter zu seltsamen Episoden. Als ich mitten in meiner aktiven Messdienerzeit von der Pubertät heimgesucht wurde, sah ich endlich die Chance gekommen, mich auszuprobieren. Und welcher Termin hätte sich dazu nicht besser geeignet als der Karneval? Da in Remich dieser großartige Brauch in seiner alemannischen Variante gefeiert wurde, also mit Masken, war die Idee geradezu verführerisch, Frauen zum Tanz aufzufordern. Im Schutze der Anonymität blieb es folgenlos, wenn man der Dame aus Versehen mal auf den Fuß trat. Und so nutzte ich diese Möglichkeit, ohne je eine Tanzschule besucht zu haben, um mich als Tänzer aus- und weiterzubilden. Mein tänzerisches Können kam mir noch oft bei der Suche nach einer Partnerin zugute. Ich wurde zwar kein Salontänzer, aber die Damen schätzten meine einfühlsame Führung.

Währenddessen plätscherte meine Schulkarriere wie eines dieser vielen Rinnsale links und rechts der Mosel vor sich hin. An meinem vorletzten Platz im Schüler-Klassement hatte sich auch am Ende der Oberprimärschule nichts geändert. Ich hatte, wie man heute sagen würde, »keinen Bock« und lernte so wenig wie nur möglich. Bis eines Tages mein Vater, der von den schulischen Eskapaden seines Sprösslings nicht besonders begeistert war, sich drohend vor mich stellte und die entscheidende Sätze fallen ließ: »Du müsstest es jetzt eigentlich begreifen, das Leben ist hart, und du musst später selbst für dich sorgen. Was willst du denn werden – möchtest du denn mit der Schippe arbeiten?» Die Schippe! Dieses Gerät hatte ich bereits bei der ungeliebten Gartenarbeit kennengelernt – eine Horrorvorstellung.

Und wieder half mir der Zufall auf die Sprünge. Mein deutscher Cousin Peter aus Eschmar bei Oberlaar, der als Schlosser arbeitete, hatte schon vor vielen Jahren einen Satz fallen lassen, der mich seither nicht mehr losgelassen hatte: »Elektrizität wird man niemals erklären können«, sagte er. Für mich war das mehr als nur dahergeplappert. Ich überlegte von nun an, was ich tun könnte, um diesem grandiosen Geheimnis auf die Spur zu kommen.

Wie elektrisiert an den Limpertsberg

Zum Glück führte die staatliche Handwerkerschule, die École des Arts et Métiers am Limpertsberg in Luxemburg, Elektromechanik auf dem Lehrplan. Ich war einer von 32, die dort wenig später, im Frühjahr 1951, die Aufnahmeprüfung bestanden.

Für meine Eltern wurde ich jetzt zu einem veritablen Kostenfaktor. Da das von einer Dampflokomotive gezogene Bimmelbähnchen »Jangeli«, das morgens und abends jeweils anderthalb Stunden von und nach Remich brauchte, eben aus diesem Grund als Transportmittel nicht infrage kam, sollte ich dort ins Internat. Meine neue Adresse hieß nun – Nomen est omen – Institute Saint Jean. Es wurde von Monsignore Alphonse Turpel geleitet, lag im Vorort Bel Air und war von der Schule noch einmal 40 Gehminuten entfernt. Weil mittags im Internat gegessen wurde, bedeutet das ein Fußmarsch-Tagespensum von etwa zehn Kilometern. Und weil dort alles so ordentlich, gesittet und besinnlich war, begann der Tag im Internat damit, dass wir erst einmal in der hauseigenen Kapelle beteten.

Was ich auf der Handwerkerschule erfuhr, war exakt das Gegenteil dessen, was ich in meiner bisherigen Schulzeit erlebt hatte. Der Unterricht – vormittags die Theorie und nachmittags in den Lehrwerkstätten – bedeutete einen 9- bis 10-Stunden-Tag; und abends, im Internat, warteten dann noch die Hausaufgaben. Es war eine einzige Maloche! Aber das machte mir alles nichts aus, denn ich war hochmotiviert und wollte wissen: Wie ist das eigentlich mit der Elektrizität, wird man die wirklich nie erklären können? Ich las alles, was mir zu diesem Thema in die Finger kam, ich bastelte und experimentierte. Das Hineinknien in diese völlig neue Welt wurde belohnt: Bei dem 60 Punkte umfassenden Notensystem lag ich immer bei 57, 58 Punkten, das war eine 1+, denn mit 55 Punkten schon gab es eine 1. Also nicht mehr, wie früher in der Oberprimärschule, vorletzter Tabellenplatz, sondern Rang 1, manchmal auch nur Platz 2. Dann schnitt mein Freund Robbie Hilger besser als ich ab.

Zwischen Logarithmen, Ellen und Martine Carol

Mit Robbie verbindet mich bis zum heutigen Tag eine große Freundschaft; mit ihm unternahm ich in den Ferien auch große Radtouren bis in die Schweiz und an die Nordsee. 2 000 Kilometer radelten wir gemeinsam durchs Land – immer auf der Suche nach neuen Eindrücken. Als ich wieder nach Hause kam, trug ich einen angedeuteten Vollbart, was die Familie allerdings nicht gut fand. »Wenn du den nicht abnimmst, kommst du nicht mehr an unseren Tisch«, hieß es. Und so nahm ich für zwei, drei Tage am Katzentisch Platz. Dann fiel mir zum Glück mein Opa mit seinem wunderschönen Schnäuzer ein. Mein Kompromissvorschlag wurde akzeptiert, und seither trage ich dieses schöne Stück, auch wenn ich mich später, nur einmal, während der Kölner Ingenieurprüfung vorübergehend von ihm trennte. Die Herren Bauräte dort wussten zwar, wie ein Transformatorenhaus funktioniert, nicht aber, wie ein fescher Mann aussieht.

Die Touren mit Robbie Hilger waren die Schritte in die Welt der Erwachsenen. In der Rüdesheimer Drosselgasse hatte ich ihn einmal vorübergehend aus den Augen verloren – er war wohl kurz mit einem Mädchen im Weinberg verschwunden, während ich mich ein paar Tage später auf Langeoog in ein Mädchen aus Ochtrup rettungslos verknallte. Es war eine wunderschöne platonische Schwärmerei, die später jedes Mal durch die Briefe, die aus dem Münsterland zu mir nach Luxemburg kamen, angeheizt wurde. »Hör mal, ich hab' die große Liebe gefunden!«, berichtete ich später Pierre Federspiel, einem anderen Freund, und fügte in altkluger Manier hinzu: »Wer die Liebe nicht kennt, kennt das Leben nicht.«

Dabei hatten wir – Ellen und ich – außer Knutschen und Petting im Zelt nichts weiter veranstaltet. Mir hatte es auch genügt. Ich war von ihr gefangen, von ihrem Gesicht, ihrer Figur, ihren schönen blonden Zöpfen, ihrem Lachen. Ein umwerfendes Gefühl, das ich versuchte, mit meinen Briefen an sie in Worte zu fassen. Endlich konnte ich außer technischen Zusammenhängen auch menschliche Befindlichkeiten analysieren und artikulieren. Es waren kleine Romane, die nach Ochtrup gingen, oft versehen mit der Bitte, diesen Brief doch erst abends zu lesen, da sei sie, so hoffte ich, gewiss in der richtigen Stimmung. Zum selben Zeitpunkt lag ich mit ihrem Brief im Bett und träumte mich in die schönsten Dinge. Ich war sehr romantisch und emotional; dazu passte auch die Lektüre. In Schillers »Lied von der Glocke« fand ich jene Stelle, die meinen Gefühlen am nächsten kam:

Sieht er die Jungfrau vor sich stehn
Da fasst ein namenloses Sehnen
Des Jünglings Herz, er irrt allein,
Aus seinen Augen brechen Tränen,
Er flieht der Brüder wilder Reihn
Errötend folgt er ihren Spuren
Und ist von ihrem Gruß beglückt,
Das Schönste sucht er auf den Fluren,
Womit er seine Liebe schmückt.

Fantasie beflügelt. Ich hatte das Gefühl, in einer spannenden Zeit angekommen zu sein, die jeden Tag eine neue Herausforderung bescherte. Es war nicht nur das Mädchen aus Ochtrup – alles war plötzlich dermaßen neu und Erfolg versprechend, dass die ohnehin schon reichlich vorhandene Lebenslust immer größer wurde. Mein größter Antrieb war die immense Neugier, Leidenschaft an allen Fronten. Vorbei die dunklen Tage in der Oberprimärschule. Jetzt war ich in eine Umgebung eingetaucht, die meine Neugier befriedigte und in der ich mich entfalten konnte. Dazu passte das sperrangelweit aufgerissene Fenster mit dem Blick auf die Welt und ihre atemberaubenden Möglichkeiten.

Literatur, Musik und Film – alles präsentierte sich voller Leichtigkeit und Unbeschwertheit, dass es eine Freude war, morgens aus dem Bett zu hüpfen. In den Fünfzigern, so schien es, befand sich das Verknöcherte und Fragwürdige auf dem Rückzug. Wir fühlten uns als Kinder der Moderne, die ihr Leben selbst in die Hand nahmen. Und jeden Tag gab es etwas Neues. In den Kinos liefen auf einmal Streifen wie »*Lola Montez*« mit der faszinierenden Martine Carol. Sie war die Vorgängerin von Brigitte Bardot und ein Megastar. Obwohl die Lichtspielhäuser wie auch die für die sittliche Entwicklung der Bevölkerung zuständigen Behörden strikt darauf achteten, dass das Prädikat »Freigegeben ab 18 Jahren« eingehalten wurde, empfanden wir diese staatlich festgesetzte Altersgrenze als

Zumutung und ignorierten sie. Aufgebrezelt und aufgeblasen marschierten wir vom Internat ins Kino. Dann ließen wir die »Küchenkater« links liegen – so nannten wir das weibliche Personal der Internatsküche, mit dem man sich nicht erwischen lassen durfte.

Die Luxemburger Bordelle lagen in der allseits bekannten »Vulle Gaass«, der »Vögelgasse«, mitten im Bahnhofsviertel, und für die fromme Internats- und Schulleitung damit in einer absoluten No-go-Area. Als die älteren Schüler des Technikums, die ebenfalls im Internat wohnten, eines Tages sozusagen als ganz spezielle, vorgezogene Reifeprüfung den Puffbesuch beschlossen, wollten sie daraus eine große Nummer machen. Auch wir von der Handwerkerschule – von denen die meisten noch nicht ganz trocken hinter den Ohren waren – sollten sie dabei begleiten. Neugierig wie ich war, schloss ich mich der Expedition an. Ich wollte wissen, was passieren würde. Und so schlichen wir uns in die »Vulle Gaass«. Während einige fleißig das Terrain sondierten und die erforderlichen Verhandlungen aufnahmen, rannte ich nach kurzer Zeit wieder davon. Es stank so entsetzlich nach Urin, dass ich fast keine Luft mehr bekam. Doch am meisten war ich von dem lieblos-billigen Drumherum geschockt, das meinem ersten Bordellbesuch ein unerwartet schnelles Ende bereitete und ich mir damit jede Menge Hohn und Spott meiner Mitverschwörer einhandelte. Gleichzeitig fühlte ich mich in meiner Skepsis bestätigt. Denn ich war noch sehr von meiner Religion geprägt und hatte bestimmt auch eine ganz andere Vorstellung von Sexualität als meine älteren Kumpels vom Technikum, die lockere Sprüche klopften und für die ich nun ein Feigling war.

Wie eine Binsenweisheit dem ganzen Leben die Richtung gibt: Über Ursache und Wirkung

Das war das Faszinierende an der Handwerkerschule: Es kam nicht mehr nur darauf an, was einer im Arm, sondern was er im Kopf hatte. Diese

Erkenntnis bestätigte mich und forderte mich zugleich heraus. Uns wurde alles gelehrt, was wir später als Elektromechaniker – heute heißt diese Berufssparte »Mechatroniker« – beherrschen mussten. Dabei erledigten wir im 3. Schuljahr auch einige spektakuläre externe Aufträge wie zum Beispiel die Ausstattung der Motorräder der luxemburgischen Polizei mit Martinshorn und Funk.

Mit Camille Dischbourg hatten wir einen genialen Lehrer. Mir brachte er das logische Denken bei. Sein Kernsatz, an die gesamte Klasse gerichtet, lautete: »Denkt daran: Wenn es eine Wirkung gibt, gibt es immer eine Ursache. Und wenn ihr etwas verändern wollt, dann müsst ihr die Ursache verändern!«

Dischbourg war ein didaktisches Ass, weil es ihm gelang, mit einem einzigen Satz in mir eine Art Urknall auszulösen: Ursache – Wirkung. Diese Kausalität klingt mir seither jeden Tag in den Ohren. Ich lernte plötzlich Zusammenhänge begreifen – und das nicht nur in den naturwissenschaftlichen Fächern. Geschichte und Politik zum Beispiel erhielten auf einmal für mich eine neue Bedeutung. Und der Umgang mit dem Nationalsozialismus, dieser noch immer unbegreiflichen Epoche in der Menschheitsgeschichte, avancierte für mich zur Reifeprüfung des Individuums.

Camille Dischbourg wurde mein Lehrer fürs Leben. Seine einfühlsame und zielführende Art des Unterrichts eröffnete mir zwischen 1952 und 1955 alle bis dahin verschlossen geglaubten Wissenstresore. Und er vermittelte mir das Zweitwichtigste: Selbstbewusstsein.

Unbändige Experimentierfreude

Nun wusste ich endlich, wofür und was ich lernte. Parallel dazu war es mir auch längst gelungen, mit meiner Aggressivität richtig umzugehen. Möglicherweise sorgten auch die Abläufe des Lehrbetriebs für diesen Durchbruch, denn während der drei Jahre dauernden Ausbildung boten Schule und Internat nur wenig Ablenkung und Zerstreuung. In der Schule wurde in bester dualer Manier gelernt und gearbeitet, dann wurden im Internat die Hausaufgaben erledigt. Da blieb nicht viel Zeit für andere Ablenkungen. Ich weiß nicht, was aus mir geworden wäre, wenn es schon damals die faszinierenden Unterhaltungs- und Informationsmedien Fernsehen und Computer gegeben hätte oder gar die Popmusik. Ob ich dann auch so viel Zeit und Muße zum Lernen gehabt hätte?

Diese Frage stellte sich an der Handwerkerschule nicht. Die École des Arts et Métiers wurde für mich zur ganz persönlichen Prägeanstalt. Dort und im Internat lernte ich die handwerklichen Grundbegriffe fürs experimentelle Arbeiten. Morgens Theorie und nachmittags die Werkstatt. Ich war so fasziniert von diesen Möglichkeiten, die sich plötzlich etwa beim Bau eines Detektorempfängers mit einem alten Wehrmachts-Kopfhörer auftaten, mit dem sich die Langwelle von Radio Luxemburg empfangen ließ. Ich spürte, wie der Drang nach neuen Erkenntnissen und Lösungen in mir von Woche zu Woche immer stärker wurde – auch wenn gewisse »Forschungsvorhaben« aus Sicherheitsgründen von der Institutsleitung von vornherein untersagt worden waren. Beispiel Bunsenbrenner: Den hatte ich mir ganz allein zusammengebaut. Es liegt in der Natur der Sache, dass derartige Versuche am Anfang oft nicht auf Anhieb funktionieren. Beim Bunsenbrenner brannte plötzlich der ganze Tisch. Mit einer Bettdecke löschten wir dann den Brand, und mit dem Radiergummi versetzten wir die leicht angekokelten Wände eiligst wieder in ihren ursprünglichen Zustand. Wir hatten Glück. Wäre diese Geschichte rausgekommen, wären wir vermutlich von der Schule geflogen.

Bei den Lehrern sprach sich meine Experimentierfreude herum. Auch bei Monsignore Alphonse Turpel. Er war der Internatsdirektor und ein exzellenter Inspirator in Sachen experimentelles Arbeiten. Daran änderten auch seine mitunter rustikalen Erziehungsmethoden nichts. Wenn ich mal wieder zu spät in die Messe kam, verpasste er mir einen Tritt in den Hintern. Turpel war zu diesem Zeitpunkt bereits fast 20 Jahre der Leiter von St. Jean und hatte ein Gespür für talentierten Nachwuchs. Er schien mich zu mögen, denn er erlaubte mir die Benutzung eines leer stehenden Kellerraums, aus dem ich rasch eine Bastelstube machte. Dort unten baute ich eine Schalttafel aus Marmor, versehen mit allen handwerklichen Finessen, es wurden Aussparungen gebohrt, in die ich dann die altertümlichen Messinstrumente und Kontaktleisten einfügen konnte. Ich arbeitete auch mit Strom, ich baute Gleichrichter und Graetzschaltungen. Ob Monsignore Turpel das alles mitbekommen hat, weiß ich nicht. Jedenfalls bin ich ihm noch heute für seine Unterstützung dankbar.

In der École des Arts et Métiers hatte sich mir das Fenster zur Wissenschaft geöffnet. Algebra, Geometrie sowie andere Fächer und Disziplinen wurden mir vertraut, und ich las noch mehr als früher. Zum Beispiel Abhandlungen über den Carnot-Prozess, jenes Gedankenexperiment, das zur Realisierung einer reversiblen Wärme-Kraft-Maschine zur Umwandlung von Wärme in Arbeit dient. Der aus vier Schritten bestehende Carnot-Prozess wurde Anfang des 19. Jahrhunderts von Nicolas Léonard Sadi Carnot (1796–1832) entworfen; es ist der Grundstein für die Thermodynamik. Ich war derart fasziniert, dass mich niemand mehr auf meinem Weg in die Welt der Technik aufhalten konnte. Im Fall Carnot war es sogar so, dass ich das entsprechende Buch, weil ich es für sehr wichtig hielt, einfach aus der Internatsbibliothek mitgehen ließ – vermisst hatte es vermutlich niemand.

In Luxemburg-Stadt gab es aber für mich nicht nur die glatte, reibungslose Schulzeit. Immer zu Späßen aufgelegt, auch um dem eintönigen Tagesablauf ein wenig Würze zu verleihen, konnten wir uns oft an gelungenen Kabinettstückchen erfreuen, wenngleich keines so dramatische Folgen hatte wie die Nummer mit dem Internatskaplan. Den hatten wir in sein Zimmer eingeschlossen, sodass er stundenlang nicht rauskonnte. Die folgenden hochnotpeinlichen Verhöre förderten zwar keinen Täter ans Tageslicht, trotzdem sollten wir uns bei ihm entschuldigen. Daraufhin schrieb ich den schönen Satz an Kaplan Reding: »Ich möchte mich für etwas entschuldigen, was ich nicht getan habe.« Das reichte, und ich saß gemeinsam mit meinem Freund Pierre Federspiel, der parallel die Bautechniker-Klasse besucht hatte und heute ein luxemburgischer Vorzeigeunternehmer ist (Sanitärbranche), auf der Straße. Zum Glück hielt mein Vater zu mir. An den Limpertsberg fuhr ich die letzten Monate mit dem Jangeli. Als Passagier konnte ich auch die letzte Fahrt der legendären Eisenbahn am 22. Mai 1955 mitmachen.

Maloche im Hüttenwerk

Um den Gesellenbrief zu bekommen, sah der Ausbildungsplan nach der Handwerkerschule ein halbes Jahr Betriebspraktikum vor. Dieses absolvierte ich im Hüttenwerk der Arbed-Belval in Esch-sur-Alzette. Den Tipp für diese Adresse bekam ich von unserem Zahnarzt, dessen Bruder dort Ingenieur war.

Hüttenwerk, Arbed Esch Belval (Foto)
http://bit.ly/2tFvu2e

Bei der Konfrontation mit der realen Arbeitswelt wurde mir sofort einiges klar. Dass dort zum Beispiel schwer gearbeitet wurde und dass es rußig und laut war, war die eine Seite. Die andere Erfahrung lautete, dass man gutes Geld verdienen konnte. Aus ebendiesem Grund blieb ich über das halbe Jahr hinaus noch weitere acht Monate als Betriebselektriker bei Arbed-Belval. Da spielte es auch kaum eine Rolle, wenn ich morgens schon um sechs im Betrieb sein musste. Auch die verdammte Arbeit, bei der Schraubbolzen für die Befestigung der Kabel und Leitungen in die Doppel-T-Träger hineingeschossen werden mussten, übte keine abschreckende Wirkung auf mich aus, auch wenn dabei der gesamte Eisenstaub aus den vergangenen 40 Jahren von der Decke rieselte. Genauso wenig schreckte mich klirrender Frost davor ab, wenn draußen bei minus 20 Grad die elektrischen Werkslokomotiven repariert werden mussten.

In dieser Zeit wohnte ich in Esch zunächst bei Dr. Erny Jungblut, einem Arzt, dessen Mutter eine Freundin meiner Großmutter war. Doch bei ihm gingen mir schon bald zwei Dinge gewaltig auf die Nerven: die spartanische Unterkunft und das pausenlose Bequatschen nach Feierabend von Themen, die mich damals nur am Rande interessierten, nämlich klassische Musik und Literatur. Heute sehe ich das natürlich anders, und ich bin dafür auch dankbar. Erny Jungblut hatte in mir das Interesse an Wissensgebieten geweckt, die jenseits von Kabel und Magnetschalter lagen. Irgendwann zog ich dann in eine andere Bude. Dass Erny später, noch nicht einmal 50 Jahre alt, starb, hatte mich überrascht – ich dachte: einer wie Erny, ein Arzt, der alles weiß und alles hat, was man für ein gesundes Leben braucht, der kann gar nicht sterben.

Ein Deal fürs Leben

Die groben Umgangsformen auf der Hütte animierten mich nicht dazu, dort länger als die geplanten 14 Monate zu bleiben. Der Ton, die derben Späße und die gewaltsamen Übergriffe der Arbeiter untereinander waren nicht gerade das, wonach ich suchte. Einmal hatten sie bei einem schlafenden Kollegen dessen Geschlechtsteil mittels Schnur mit der Türklinke verbunden. Der arme Mann musste danach ins Krankenhaus. Auch wie sie über die Frauen herzogen oder Sexualität interpretierten, stieß mich ziemlich ab und machte mir klar: Das ist nicht deine Welt, du musst hier raus.

Mit dieser Erkenntnis im Hinterkopf fing ich an zu büffeln. Und da Lernen auch schon damals eine Zeitfrage war, hatte ich ein Problem: Wann überhaupt wollte ich denn mein ehrgeiziges autodidaktisches Programm realisieren? Unbeabsichtigt und ohne es zu ahnen, hatte ich dafür schon die Vorarbeit geleistet. Denn mein schnelles Arbeitstempo schreckte irgendwann einmal die Kollegen auf: »Hör mal, du bist viel zu schnell, du machst uns den Akkord kaputt«, sagten sie. Meine Antwort bestand aus nur zwei Sätzen: »Ich bin halt so schnell, basta! Wenn ihr das nicht wollt, kann ich mich ja anderweitig beschäftigen.« Die Schlauen in der Truppe ahnten, was ich damit meinte. Es war ein Deal fürs Leben. Und sie sagten auch nichts, als ich eine Matratze ins Hochregallager schleppte und dort, hinter einer verdreckten Fensterscheibe, mein »Studierstübchen« einrichtete. Dieses bezog ich jeden Tag nach drei, vier Stunden regulärer Arbeit. Meine Präsenz am Arbeitsplatz dokumentierte die Stechuhr, die ich morgens und abends vorschriftsmäßig bediente, und trotzdem hatte ich kein schlechtes Gewissen wegen der scheinbar geringen Arbeitszeit, denn mein Pensum konnte ich jeden Tag erledigen. Heute würde man so etwas eine »Win-win-Situation« nennen: Die Arbeiter durften sich sicher sein, dass mein Arbeitsstil die Geschäftsleitung nicht auf neue Ideen bei der Lohnfindung brachte, während ich dort oben unentdeckt und in Ruhe Logarithmen, Geschichte und Englisch büffeln konnte. An meinem Ziel hatte sich nichts geändert: Ich wollte Ingenieur werden.

Viele Hindernisse auf dem Sprung nach Köln

Das war leichter gesagt als getan. In Luxemburg gab es keine Ingenieurschule, sondern nur das Technikum, an dem man »geprüfter Techniker« werden konnte. Darum bewarb ich mich in Deutschland an den staatlichen Ingenieurschulen von Köln und Duisburg. Weil die Kölner Nikolaus-August-Otto-Ingenieurschule als Erste antwortete und mir einen Termin nannte, tauchte aus der Versenkung plötzlich und verheißungsvoll, wie von einer geheimnisvollen Macht gesteuert, meine Geburtsstadt im Lebensplan auf.

Die Familie war über meine Pläne nur ganz vage im Bilde. Das hing auch damit zusammen, dass ich meine Ingenieursambitionen nicht an die große Glocke hing. Zwar sprach ich gelegentlich in der Familie darüber, doch war dieses Thema für meine Eltern kein Grund, um in Aufregung zu geraten. Denn offensichtlich trauten sie mir diesen Sprung nicht zu.

An diesem Punkt allerdings trennten uns Welten. Denn ich war so felsenfest vom Erfolg meiner Mission überzeugt, dass ich noch nicht einmal einen Plan B hatte. Sollte ich also die Kölner Aufnahmeprüfung nicht bestehen, würde mein Leben höchstwahrscheinlich in ganz anderen Bahnen verlaufen. Dann hätte Jean Pütz möglicherweise die folgenden 40 Jahre als Betriebselektriker in einem der vielen Eisenhüttenwerke von Arbed verbracht. Oder er hätte, wie Tausende seiner Kollegen, schon nach 20 Jahren im Gefolge der Strukturanpassungen am internationalen Stahlmarkt seinem Hüttenwerk ade sagen müssen.

Nun also Köln. Spätherbst 1955: Aufnahmeprüfung an der Nikolaus-August-Otto-Ingenieurschule. Ich nahm drei Tage Urlaub und fuhr ohne Wissen meiner Eltern nach Köln. Dort kaufte ich an der Venloer Straße einen billigen Anzug und fuhr zum Ubierring; Logis nahm ich bei meiner Tante in Ehrenfeld. Deren Adresse hatte mir einst mein Vater eher beiläufig genannt.

Bei der Aufnahmeprüfung waren unter anderem Aufgaben zu den Kirchhoff'schen Gesetzen zu lösen. Weil ich Luxemburger war und nicht so gut deutsch sprach wie die anderen – was einige ulkig fanden –, überkam mich auf einmal eine gewisse Skepsis. Hoffentlich reichte mein Wissen! Zu diesen plötzlichen Selbstzweifeln trug sicher auch die bedrohliche Zahl von 240 Bewerbern bei, die gleichzeitig mit mir auf der Prüfungsbank Platz genommen hatten. Von den 240 wurden jedoch nur 16 genommen. Die anderen 16, die am Ende in der 32-köpfigen Klasse saßen, waren die Sitzenbleiber. Mit anderen Worten: Die Nikolaus-August-Otto-Ingenieurschule war wie eine Schule organisiert; erst Jahre später übernahm man auch hier akademische Strukturen und Usancen, und die lehrenden Bauräte durften sich endlich »Professor« nennen.

»Junge, wir haben kein Geld«

Die Eindrücke aus den beiden Prüfungstagen genügten. Mit etwas Bammel fuhr ich in mein kleines Remich zurück, und schon am nächsten Tag trug ich wieder den blauen Anton in der Schmelz. Umso glücklicher war ich Wochen später über den Briefumschlag, der im Briefkasten lag. Er enthielt die Nachricht, dass ich die Prüfung bestanden hatte und nun studieren dürfe. Ich hätte vor Freude in die Luft springen können. Nun konnte ich meinen verdutzten Eltern auch voller Stolz die neue Situation beichten. Doch mein Vater entgegnete nur kühl: »Junge, wir haben kein Geld.« Meine Großmutter, die die Diskussion mitbekam, erklärte spontan: »Ich gebe dir jeden Monat 100 Mark.« Natürlich sagte sie das nicht ohne Hintergedanken. Denn als Inhaber einer Elektrowerkstatt könnte ich später ihr kleines Lädchen zusätzlich übernehmen. Doch dieses Projekt stand für mich keine Sekunde zur Diskussion. Der Philosophie meiner Großmutter (»Mach es wie die Leut, dann geht's dir wie den Leut«) vermochte ich nichts abzugewinnen. Herdentrieb war noch nie mein Ding. Zum Glück hatte ich von meinem Hüttenlohn noch einiges auf die hohe Kante gelegt, doch reichte das bei Weitem nicht bis zum Studienende. Ich ahnte, dass Köln ein ziemlich kompliziertes und teures Unternehmen werden könnte.

Zum Glück fiel meinem Vater ein, dass er wegen seines ausgebombten Kölner Anwesens noch Ansprüche aus dem deutschen Lastenausgleichsgesetz (LAG) geltend machen konnte: Der Staat hatte sich verpflichtet, allen Deutschen, die während des Zweiten Weltkriegs oder durch seine Nachwirkungen Vermögensschäden erlitten hatten, eine Entschädigung zu zahlen. In unserem Fall war es nun so, dass das komplette Anwesen verschwunden war und dass es dafür eine bescheidene Entschädigung aus dem Bundeshaushalt gab. Übrigens: Exakt an der Stelle unserer einstigen Brauerei steht heute die Gothaer Allgemeine Versicherungs AG.

Ich nahm nun die Sache selbst in die Hand und fuhr erneut nach Köln. Das Lastenausgleichsamt befand sich im Hochhaus am Hansaring, dem Gebäude der heutigen Saturn-Zentrale. Doch statt mit dem Paternoster im fünften Stock auszusteigen, fuhr ich erst mal weiter – ein solches Beförderungsmittel gab es in Remich nicht, und ich wollte unbedingt sehen, wie es dort oben, nach der letzten Etage, weiterging. Es war eine Mischung aus Mutprobe und Neugier, die mich dazu bewegte. Ich kam zwar Sekunden später nicht, wie vermutet, auf dem Kopf stehend wieder nach unten, doch ich hatte das System begriffen – faszinierend, auch heute noch, und jedes Mal, wenn ich später beim WDR am Walraffplatz das gleiche Transportmittel betrat, musste ich an diesen Augenblick denken.

Endlich kam nach wenigen Wochen der Bescheid: 150 DM monatlich aus dem LAG. Zu diesem Zeitpunkt war auch schon längst der einzig brenzlige Moment dieser Aktion überstanden: Nachdem ich mich zur Prüfung angemeldet hatte, fragte der misstrauische Kölner Hochschuldirektor Dr. Peter Schneider in Luxemburg nach, ob die École des Arts et Métiers denn überhaupt den Rang einer deutschen Berufsfachschule besitze. Ein derartiger Status war tatsächlich Voraussetzung für Köln. Schneider hatte übrigens allen Grund zur Rückfrage, denn meine Luxemburger Zeugnisse genügten auf den ersten Blick tatsächlich nicht den deutschen Anforderungen. Das schien aber seinen Luxemburger Amtsbruder nicht zu stören, denn der zeigte sich bei der Antwort ziemlich kreativ – Camille Dischbourg, der von meinem Talent und meiner Ernsthaftigkeit überzeugt war wie kaum ein Zweiter aus dem Lehrkörper, hatte ihm bei dieser kleinen Lüge dankenswerterweise assistiert.

Mit dem Studium an der Staatlichen Nikolaus-August-Otto-Ingenieurschule in Köln schlug ich das entscheidende Kapitel in meinem Lebensbuch auf. Wenngleich ich mich bisher über Langeweile nicht beklagen konnte, stellte nun diese große Stadt am Rhein für mich alles bisher Dagewesene in den Schatten. Köln war das Synonym für Lebenslust und Dynamik; anfangs ein Moloch, der so viele Eindrücke schenkte, dass mir oft fast schummrig wurde. Doch das Wichtigste von allem: Das Historismus-Gebäude am Ubierring Nummer 48 wurde zur Startrampe in mein persönliches Universum, das tatsächlich unendlich zu sein schien, wie sich mit der Zeit immer mehr herausstellte.

Jede Menge Leichtigkeit, Humor und Überraschungen – genau der richtige Kosmos

Köln, das bedeutet: der sicht- und hörbar unkomplizierte Umgang miteinander, der im jährlich wiederkehrenden Wahnsinnsspektakel Karneval mit dem Dom als eindrucksvoller Kulisse seinen Höhepunkt findet. Wer sich mit offenen Sinnen in dieser einzigartigen Umgebung bewegt, wird dieses Gefühl sein Leben lang nicht mehr los: Köln ist weit mehr als eine Ansammlung von Häusern an Stromkilometer 692 – es ist *meine* Stadt geworden!

Nun gab es auch bereits in den späten 50ern im Rheinland nicht nur Gefühlswelten. Business as usual auch hier. Im westdeutschen Alltag glänzten Kölner Namen und Institutionen weit über die Grenzen der Stadt hinaus: Ein Kölner – Konrad Adenauer – regierte vom nahen Bonn aus den jungen deutschen Staat. Das kreative Schlitzohr, dem es gelungen war, den Parlaments- und Regierungssitz in die Nähe seines Wohnorts Rhöndorf zu platzieren, stellte damit auch die Weichen für das politische Klima in der zweiten deutschen Demokratie. Ich bin mir sicher, dass ohne Bonn, dem speziellen Kleinbiotop, einiges in der Tagespolitik der Bundesrepublik Deutschland trotz aller Richtungskämpfe der frühen

Jahre nicht so einfach verlaufen wäre. Es war hier vieles kleiner, familiärer, vertrauter. Bezeichnend dafür ist der Umgang Adenauers mit einem Thema, das schon damals die Gemüter erregte. Als ihm einer seiner Zuträger flüsterte, der Herr Bundesminister Dr. Heinrich von Brentano, 50, sei »vom anderen Ufer«, konterte der 80-Jährige: »Solange der mich nit anfasst, isset mir ejal« – eine extrem souveräne Reaktion zu einer Zeit, in der geifernde Hysteriker überall das Sittenwächtertum betrieben und es im Strafgesetzbuch noch den Paragrafen 175 gab. Als Adenauer im Frühjahr 1967 starb, ging ich am Tag des Pontifikalrequiems zum Dom, um Abschied von meinem rheinischen Kanzler zu nehmen.

Beerdigung Konrad Adenauers 1967, Köln (Film)
http://bit.ly/2eQuJR9

Rheinische Leichtigkeit und Humor besaß auch der Kölner Schauspieler Willy Millowitsch. Vor seinem Privattheater in der Aachener Straße fuhren schon Mitte der 50er-Jahre die Übertragungswagen vor, um Schwänke wie »Der Etappenhase« und »Tante Jutta aus Kalkutta« live und in Schwarz-Weiß bis in die Wohnstuben von Reit im Winkl zu übertragen – live deshalb, weil Aufzeichnungen zu diesem Zeitpunkt noch nicht möglich waren. Mit dem Schwank »Tante Jutta aus Kalkutta« gelang 1962 dem WDR ein bis jetzt einzigartiger Quotenrekord: 88 Prozent. Dass Millowitsch im November 1960 mit seinem Hit »Schnaps, das war sein letztes Wort, dann trugen ihn die Englein fort« nicht gerade die Zustimmung des Kardinals fand, ist vorstellbar, genauso wie wir dieses Lied toll fanden und während des Karnevals natürlich eifrig mitträllerten.

Dass dann schließlich kölsche Unternehmen und Marken wie Ford, Lufthansa, Klöckner-Humboldt-Deutz, 4711 oder Kaufhof zu Aushängeschildern des Wirtschaftswunders wurden – auch das gehört zu den lokalen Duftmarken jener Jahre. Ein ganzes Land befand sich im Aufbruch und eine Stadt, später häufig auch als »Zitadelle des rheinischen Kapitalismus« verspottet, spielte dabei eine nicht unerhebliche Rolle. Dann passte es auch ins Bild, dass es auf einmal in Köln einen Westdeutschen Rundfunk (WDR) gab, nachdem der nordrhein-westfälische Landtag im Mai 1954 beschlossen hatte, aus dem in Hamburg ansässigen Nordwestdeutschen Rundfunk (NWDR) auszusteigen.

Als möblierter Herr bei Frau Keilhack

Die Wunden, die der Krieg geschlagen hatte, waren noch an fast jeder Ecke sichtbar, als ich im Frühjahr 1956 am Hauptbahnhof ankam. Dort wurde gerade die Empfangshalle gebaut. Wochen der Klärung lagen hinter mir, und es war jetzt alles geritzt: Prüfung bestanden, die elterliche Genehmigung eingeholt, mit großer Freude den Malocher-Job auf der Hütte gekündigt und das Budget festgezurrt – 100 DM vom eigenen Gesparten, 150 DM aus dem deutschen Lastenausgleich und 100 DM von der Großmutter. Machte zusammen 350 DM. Das war mein Monatsbudget. Nur die Sache mit der Bude schien noch ein Problem zu sein, wenn auch nur für kurze Zeit. Die Unterkunft bei Bekannten, deren Adresse mein Vater mir mitgegeben hatte, war leider schon vergeben, weil mein Zug Verspätung hatte. »Das fängt ja gut an«, dachte ich und schlich mich wieder zum Hauptbahnhof zurück, um dort zu übernachten. Einer aufmerksamen Frau fiel mein trauriger Blick auf, und sie nahm mich mit – ohne dass sie oder ich damit irgendwelche Hintergedanken verknüpft hätten. Und so konnte ich zwei Nächte auf ihrem Sofa im Wohnzimmer schlafen. Diese unverhoffte Großzügigkeit brachte mir Köln noch näher ans Herz. Dabei war das kurzzeitige Nachtlager nicht das Einzige, was ich der wohltätigen Frau zu verdanken hatte, sie vermittelte mir bei einer Bekannten sogar noch das heiß begehrte Zimmer.

Die Dame hieß Keilhack und wohnte in Dellbrück. Doch schon bald wusste ich, dass es nur eine Notlösung sein konnte, weil wichtige Einrichtungen fehlten. So durfte ich Frau Keilhacks Bad nicht benutzen und war auf das kleine Waschbecken in der Toilette auf der berühmten Zwischenetage angewiesen. Den gesamten Kanon Körperpflege musste ich in öffentlichen Bädern erledigen, in denen abgetrennte Kabinen mit Badewannen für die Gäste bereitstanden. Auch sonst gingen mir schon bald die engen Verhältnisse in der Strundener Straße in Dellbrück auf die Nerven. Spätestens als sich Frau Keilhack mit ihren, wie ich fand, rückschrittlichen Ansichten über das Zusammenleben der Geschlechter ausgerechnet in dem Augenblick echauffierte, als mich eine Freundin mit einem Blumenstrauß in der Hand zum Tanzen abholte (»Man gibt Männern keine Blumen!«), war meine Geduld erschöpft. Dass bei Frau Keilhack

Damenbesuch strengstens verboten war, kann man sich bei derartigen Äußerungen gut vorstellen.

Dann der große Schock. Ich war gerade ein Vierteljahr in Köln, als ich plötzlich heftige Stiche im Rücken verspürte. Sollst du jetzt, wie dein Vater, auch TB haben?, schoss es mir durch den Kopf. Allein der Gedanke daran, wie auch die Aussicht, dass die Krankheit eine gewisse genetische Affinität besitzen sollte, bescherte mir ein äußerst übles Gefühl. Ausgerechnet jetzt, wo ich gerade die ersten Klausuren mit Bestnoten abgeliefert habe, sollte ich krank werden und womöglich die Hochschule verlassen – sollte die Plackerei der vergangenen Jahre umsonst gewesen sein? Mit weichen Knien fuhr ich in die Weihnachtsferien. Madame Yvonne Gretsch, eine Freundin meiner Mutter, die beim luxemburgischen Roten Kreuz in der Lungenprophylaxe arbeitete, steckte mich hinter den Röntgenschirm – und siehe da: Ich war kerngesund. Die Diagnose schlug sich sofort aufhellend auf meine Stimmung nieder. Das war auch deshalb wichtig, weil sich schon kurze Zeit danach der Karneval mit seinem furiosen Finale näherte.

Wenn ich mein Budget betrachtete, dann blieben nach Abzug der Miete von 80 DM am Ende nur noch 270 DM übrig. Auch wenn ich nicht in Saus und Braus lebte, war das eine recht bescheidene Summe. Denn ich hatte ja auch Fixkosten wie Straßenbahn, Studiengebühren und gelegentliche Bahnfahrten nach Hause. Außerdem ging ich gerne ins Kino. Mein täglich wiederkehrendes Menü aus Brot, Blutwurst, Schmand und Tomaten konnte ich zwar schon bald dank eines günstigen Umstands vergessen, doch irgendwann musste auch für Jean Pütz, den Studenten der Elektrischen Energietechnik (Starkstromtechnik), ein vernünftiges, sprich einträgliches Geschäftsmodell her. Ich wollte meinen Eltern bei der Realisierung meiner bescheidenen Privatansprüche nicht auf der Tasche liegen. Meine handwerklichen Fähigkeiten als Elektrikergeselle halfen mir dabei, dass ich während der gesamten Studienzeit finanziell Boden unter den Füßen hatte. Der Bauboom in der Stadt bescherte eine dauerhafte, überschaubare Auftragslage. Dann zog ich an den Wochenenden irgendwo zwischen Köln-Nippes und Porz Kabel durch die Wände oder installierte in Büros die gerade aufkommenden energiesparenden Leuchtstoffröhren.

Auch Spicken hat seinen Preis

Der neben mir sitzende Kommilitone Severin Berster hatte bei einigen anstehenden Klausuren erhöhten Informationsbedarf. »Severin, du kannst gerne jederzeit bei mir mal drüberschauen, wenn du mich dafür in die Postkantine mitnimmst.« Die Ingenieurschule der 50er-Jahre hatte keine Kantine. Der zum Studium freigestellte Postmitarbeiter Severin freundete sich mit meinem Vorschlag postwendend an und besorgte mir jeden Montag die Gutscheine. An der Kantinenkasse in einem Seitenflügel des Hauptpostamts in der Straße Unter Sachsenhausen – dort, wo heute ein mondänes Seniorenheim steht – stellte er mich mit dem schönen Titel »Fernmeldeaspirant FA2« vor. Dann kostete mich ein vollwertiges Essen aus Vor- und Hauptspeise plus Dessert 60 Pfennig. Severin Berster, das habe ich ihm von Herzen gegönnt, machte später als Generalbevollmächtigter und Bereichsleiter Vertrieb in der Frankfurter Konzernzentrale von Telefonbau und Normalzeit (T&N) Karriere.

Episoden wie diese sind zwar lustig, doch konnten sie nicht verhehlen, dass sich in meinem Leben schon wenig später einiges gravierend verändern sollte. Nach dem Vorexamen, das ich mit sehr guten Noten bestand, sattelte ich auf Nachrichtentechnik um. Diese Sparte schien mir technisch hoch spannend und extrem zukunftsträchtig. Wir waren in der Technologieentwicklung gerade an der Nahtstelle von quasi altertümlichem Handbetrieb zur modernen Nachrichtentechnik angekommen. Zum Examen mussten wir später ein sogenanntes Hunderter-Postamt – das war eine Kreation aus 100 Anschlüssen – mit dem Hebdrehwähler konstruieren. Der elektromechanisch angetriebene Stufenschalter machte das »Fräulein vom Amt« überflüssig.

Doch ehe es soweit war, sondierte ich ausführlich das Terrain. Durch die vielen Besuche in der Vergangenheit war mir die Stadt vertraut. In und um Köln wohnten noch zahlreiche Verwandte aus Vaters Familie. Doch diese besaßen für einen 20-Jährigen bei Weitem nicht jene Anziehungskraft wie etwa die völlig neue, atemberaubende Umgebung, bestehend aus Kultureinrichtungen und Kneipen aller Art.

Kaum zu glauben ist aus heutiger Sicht, dass in einer 32-köpfigen Technikerklasse kein einziges Mädchen saß – alles junge Herren, mehr oder weniger testosterongesteuert, und mit dem Plan, irgendwann die Welt der Technik aus den Angeln zu heben. Die mangelnde Präsenz junger Damen ließ sich später in der kleinen Kantine in der Werkkunstschule schräg gegenüber, der heutigen Kunstakademie, beheben. Auch dafür benötigte ich eine Eingewöhnungsphase. Denn ein Womanizer war ich nicht, eher der schüchterne Junge vom Land, der sich hier und da mal von einem weiblichen Wesen verführen ließ.

Mittlerweile wohnte ich mit Winfried Jungnitz bei der Familie Lützenrath in der Krüthstraße in Köln-Nippes. Jungnitz war in meiner Klasse und machte später bei Siemens in Erlangen Karriere. Herr Lützenrath, der Vermieter, hatte trotz seines relativ jungen Alters bereits schlohweißes Haar – weil er, wie er sagte, im zurückliegenden Weltkrieg als Stuka-Flieger unterwegs war. Nun war er Vertreter von Gummiwaren (Marke »R 3«), was sich schon deshalb nicht verheimlichen ließ, weil der ganze Flur voller Kisten mit Kondomen stand. Winfried Jungnitz und ich teilten uns das Zimmer, dessen monatlicher Mietpreis bei insgesamt 100 DM lag und daher erschwinglich war. Weniger komfortabel allerdings war das Wohnen. In dem Zimmer mit seinen viereinhalb Metern Länge und zwei Metern Breite standen Kästen mit ausklappbaren Betten an der Wand. Waren die Betten »ausgefahren«, ließen sie in der Mitte gerade noch Platz für einen schmalen »Gang«. Ein Vorhang zwischen den »Ruhezonen« gaukelte Intimsphäre vor, während zwei Minischreibtische die Ausstattung komplettierten.

Da ich gerade mal wieder an einem der Wochenenden als Handwerker viel zu tun hatte und meine neue Flamme aus Castrop-Rauxel – sie war die Tochter eines Direktors der dortigen Rütgers-Werke – auf dem Weg nach Köln war, bat ich Winfried Jungnitz, das Mädchen am Bahnhof abzuholen. Das ging wohl ein paarmal gut, das heißt, Jungnitz holte sie ab, und wenn danach die Freundin mit auf die Stube kam – dagegen hatten die Lützenraths nichts einzuwenden –, musste mein Mitbewohner entweder mal kurz ins Kino oder sich sonst wie die Füße vertreten. Irgendwann war es auch wohl das letzte Mal: Der liebe Winfried holte das Mädchen ab und unterhielt sich mit ihr im Brauhaus Sion, dem mit mir verabredeten Treffpunkt, so intensiv, dass sich dabei unter dem Tisch die Beine der beiden fast verknoteten. Frau Lützenrath, der ich wenig später die Situation schilderte, zeigte Verständnis für mich und meine Bitte, künftig allein das

Zimmer bewohnen zu dürfen. Und weil ich ein »so netter junger Mann« sei, brauchte ich auch nur 65 statt 100 DM zu bezahlen. Meine neue Mietsituation sollte nicht folgenlos bleiben und für mein Leben eine entscheidende Rolle spielen.

Vektorrechnung und Federico Fellini – alles für die Leidenschaft

An der Ingenieurschule lehrte auch Baurat Feld. Er war so etwas wie eine didaktische Lichtgestalt. Was gibt es Spannenderes als die Vektorrechnung? Feld brachte mir das abstrakte mathematische Rechnen bei. Die analytische Geometrie und die höhere Mathematik, mit der sich beispielsweise die berühmten Maxwell-Gleichungen lösen lassen, faszinierten mich derart, dass ich nach dem Examen später an der Universität neben einigen anderen Fächern auch noch Mathematik studierte.

Kurze Zeit später war es Feld, der uns erklärte, dass die bislang üblichen Röhren in der Verstärkertechnik bald von Transistoren als Teil der Halbleitertechnik abgelöst würden. Das war eine Revolution mit Ansage. Vieles von dem, was heute Standard ist, lugte schon damals zaghaft aus den Labors. Konrad Zuses Computer »Z1« lieferte, wenn auch schon sehr früh, das klassische Beispiel für atemberaubende Trends und Entwicklungen: Voraussetzungen für die Computertechnik und vieles andere mehr.

In diesem Klima gediehen die ersten Kölner Jahre aufs Prächtigste. Die Kombination aus Lernen und Vergnügen kam meinen Ambitionen sehr entgegen. Das lokale Umfeld bot viele Möglichkeiten, die über den engen Rahmen eines Hörsaals weit hinausgingen. Auf der Hohen Straße zum Beispiel lockte das Kino »Lux«, das die wunderbaren Neorealismus-Filme wie Federico Fellinis »La Strada« oder Vittorio de Sicas »Die Fahrraddiebe« zeigte. Auch der moderne französische Film mit seiner Nouvelle Vague (z.B. »Hiroshima, mon amour«, »Sie küssten und sie schlugen sich«, »Außer Atem«) flimmerte regelmäßig über die Leinwand. Die Filme von Claude Chabrol, Éric Rohmer und François Truffaut faszinierten mich, weil sie nicht nur lebensnah waren, sondern auch weil sie mithilfe innovativer filmischer Mittel wie häufigem Verzicht auf künstliches Licht oder dem Einsatz der Handkamera entstanden. So etwas hatten wir bis zu diesem Zeitpunkt noch nicht gesehen. Die visuelle Ästhetik der Kameraleute à la Raoul Coutard oder Néstor Almendros beeindruckte eine ganze Generation. Zum festen Programmpunkt im »Lux« gehörte auch der Colonius. Das war jener Kalfaktor, der dem Publikum nach Reklame und Wochenschau die Einführung lieferte, was für Nichtcinéasten wie mich eine herrliche Erleichterung darstellte.

Das alles war sehr amüsant und lehrreich zugleich. Für die andere beliebte Freizeitbeschäftigung gab es die Tanzschule Schulerecki in der Apostelnstraße. Das war *die* Kölner Adresse für Walzer, Tango und Schieber. Die Tanztees bei Schulerecki, samstags und sonntags, waren sagenhaft – auch weil es dort immer wieder gelang, das eine oder andere weibliche Wesen näher kennenzulernen.

Tanzschule Schulerecki, Köln (Foto)
https://binged.it/2ePThdh

IM ZUG VON TRIER NACH KÖLN: MEINE INTELLEKTUELLE GEBURTSSTUNDE

Montag, 29. September 1958. Eine Bahnreise von Trier nach Köln durch die Eifel konnte ganz schön langweilig werden. In Köln begann in dieser Woche an der Ingenieurschule das Wintersemester, und in Frankfurt am Main hatten tags zuvor in der Paulskirche die Großdenker des Landes ihren Auftritt. Letzteres war mir nicht präsent, als ich beim Umsteigen von Remich nach Köln den Zeitungsladen im Trierer Hauptbahnhof ansteuerte. Von den wenigen ausgelegten Zeitungen kam nur die *Frankfurter Allgemeine Zeitung* infrage. Ich zahlte die 30 Pfennig, klemmte mir das Blatt unter den Arm, um später im Zug die Zeit mit etwas Information zu überbrücken.

Als ich die Zeitung aufschlug, blieb mein Blick an einem langen Text mit dem Titel »Wahrheit, Freiheit und Frieden« hängen. Verfasser war der Philosoph Karl Jaspers, seit dem vergangenen Tag Träger des Friedenspreises des Deutschen Buchhandels. Seine Dankesrede war nun in der FAZ abgedruckt. Vermutlich hätte ich Landei die Seite überblättert, doch beim Wort »Frieden« in der Überschrift werde ich stutzig. Ich spürte immer noch die Nachwirkungen des Krieges, und ich wollte nun wissen, was ein großer aktueller Denker zu diesem Thema zu sagen hatte. Ohne den inneren Frieden der Staaten, sagt Karl Jaspers, könne es keinen äußeren Frieden geben, denn nur dann, wenn Argumente ausgetauscht werden können, lässt sich durch Kommunikation Gewalt vermeiden. Demzufolge gibt es Frieden nur durch Freiheit – sowohl des Einzelnen als auch, daraus abgeleitet, durch den Staat, wobei »Demokratie« als Verfassungsform allein nicht ausreicht. Freiheit, so Jaspers weiter, kann nur aus der Wahrheit entstehen. Dabei gehe es vor allem um die Art der Diskussion, die er »Denkungsart der Vernunft« nennt.

Bezogen auf die aktuelle Situation bedeutete dies: Kommunistische Regimes sind dafür nicht geeignet; und die »politisch freie Welt« ist in Wirklichkeit auch nicht frei, weil ihre Fixierung auf Prestige, also auf Produktion und Konsumtion, beruht. Dieses führt in die Leere.

Ich las den Text zwei-, dreimal. Mit jedem Mal wurde mir immer klarer, was Jaspers meinte: Jeder Einzelne von uns trägt den Schlüssel für Frieden und Freiheit in der Tasche, weil er durch sein, im Idealfall, von Toleranz geprägtes Verhalten die eigene Freiheit – wie auch jene des anderen – lebt. Mit anderen Worten: Kollektives Denken steht der Vernunft ebenso im Wege wie blasierte Oberflächlichkeit und Gier. Ich ahnte schon nach dem ersten Durchlesen, dass ich hier auf ein gewaltiges, faszinierendes Gedankengebäude gestoßen war.

Laudatio auf den Friedenspreisträger Karl Jaspers von Hannah Arendt, 1958 (Video)
https://binged.it/2u10aKo

Jaspers geht es einzig und allein um die Vernunft – und damit auch um die Freiheit des Individuums. Das bedeutet aber auch, dass Toleranz nicht mit Gleichgültigkeit verwechselt werden darf. Wurschtigkeit produziert jenes Vakuum, in das sofort jene stoßen, für die Toleranz in mehrfacher Hinsicht ein Fremdwort ist: Hassprediger und Manipulateure aller Art. In den Geschichtsbüchern wimmelt es von Beispielen. Auch während der Niederschrift dieser Zeilen, im Frühjahr 2017, spielen sich wieder unbeschreibliche Verbrechen ab, als hätten die Menschen nicht begriffen, wohin Fanatismus führt. Nicht nur, dass Aleppo jetzt so aussieht wie Köln vor 73 Jahren, Dutzende junger Männer haben sich »radikalisiert« und ziehen in einen Kampf, dessen höchstes Ziel das Abschlachten von »Ungläubigen« ist oder, falls dies nicht gelingt, als »Märtyrer« mit 72 Jungfrauen belohnt zu werden. Tolle Aussichten!

Weltpolitisch betrachtet, kamen Jaspers Anmerkungen zu einer Zeit, die alles andere als komfortabel war. Ungarn-Aufstand und Suez-Krise lagen gerade mal zwei Jahre zurück, und Deutschland war zum Zankapfel zwischen den einstigen Alliierten geworden. Träumereien deutscher Politiker von eigenen Atomwaffen nahmen ebenfalls kein Ende. Bald, im November desselben Jahres, würde dann auch noch der sowjetische Parteichef Nikita Chruschtschow mit seinem Berlin-Ultimatum kommen: Räumung West-Berlins durch die Westmächte innerhalb von sechs Monaten, andernfalls ... Einem wie mir, bei dem eine einzige Bombennacht genügte, um unbeschreibliche Todesängste in die kindliche Seele zu fräsen, konnten derartige Aussichten nicht gleichgültig sein, zumal ein atomarer Waffengang das Ende von allem gewesen wäre.

Und dann diese Rede in Frankfurt, die wie ein greller Blitz in meine noch ungeordnete, von abstrusen populistischen Ideen und sonderbaren Vorurteilen geprägte Gedankenwelt hineinschlug. Von einer auf die andere Sekunde wurde mir klar, dass es die Bürger sind, die im Umgang miteinander den Grundstein für eine politische Ordnung legen, in der Toleranz das tragende Prinzip ist; in der es niemals wieder so werden durfte, wie es jahrhundertelang ehernes Gesetz zu sein schien, als Kriege, aus unterschiedlichsten Gründen angezettelt, unzählige Menschenleben verschlangen und von einer perversen Obrigkeit zur »Fortsetzung der Politik mit anderen Mitteln« verklärt wurden. Wenn also, wie Jaspers sagte, Freiheit nur aus der Wahrheit entsteht, um zur Vernunft zu gelangen, dann müssen aber auch der Staat und die für ihn Handelnden den Bürger so akzeptieren, wie er ist. Und der Einzelne sollte diese aktive, bewusste – und nicht gleichgültige – Toleranz im Gegenzug auch leben. Das setzte die Fähigkeit voraus, in den anderen hineinzuhorchen.

Mich hat dieser Gedanke so fasziniert, dass ich schon bald danach die bewusst gelebte Toleranz zu meinem ureigenen Lebensprinzip wählte. Seither ist mir klar, dass alles, was ich unternehme, privat und beruflich, diesen Härtetest der Vernunft aushalten muss. Ich fühle mich als Teil dieser von Jaspers skizzierten Gesellschaft. An dieser Philosophie, die seit dem Herbst 1958 auch meine ist, hat sich bis zum heutigen Tag nichts geändert.

Und so schlug auf dieser Bahnfahrt durch die Eifel meine intellektuelle Geburtsstunde. In der Folgezeit individualisierte ich den Jasper'schen Ansatz und machte ihn unter dem Motto »Vernunftbegabte aller Länder, vereinigt Euch!« zu meinem persönlichen Projekt.

Vorbild Immanuel Kant

An die Vernunft glaubte auch mein anderes großes Vorbild: Immanuel Kant. Sein »Sapere aude« – »Wage es, weise zu sein« – bedeutet nichts anderes als: »Habe Mut, dich deines eigenen Verstandes zu bedienen!« Dieser Leitspruch aus dem Jahr 1784, als die modernen Wissenschaften aufblühten, hat mich ebenfalls sehr beeinflusst und ist seither nicht mehr aus meinem persönlichen Wertekanon verschwunden – zumal er auch zur anderen Erkenntnis des großen Aufklärers passt: »Handle nur nach derjenigen Maxime, durch die du zugleich wollen kannst, dass sie ein allgemeines Gesetz werde.« Die Welt kennt diesen Ausspruch als »kategorischen Imperativ«, den ich als »das kleinste Teilchen der Moral« bezeichne oder, etwas salopper: »Wenn du nicht willst, dass man dir auf den Schwanz tritt, dann tritt auch keinem anderen drauf.«

Immanuel Kant (Foto)
https://binged.it/2tLZs8F

Diese Einsicht ist die Handlungsanleitung für ein selbstbestimmtes, liberales Leben ebenso wie für die Organisation eines zivilisierten gesellschaftlichen Miteinanders. Immanuel Kant hat mir die Perspektive des vernunftbetonten Denkens aufgezeigt. Das Gedankengut des Philosophen, der unter anderem auch die *Allgemeine Naturgeschichte und Theorie des Himmels* verfasste und sich dabei mit dem Planetensystem beschäftigte, begleitet mich bis zum heutigen Tag. Kant interessierte mich so sehr, dass ich während meines späteren Universitätsstudiums ein Hauptseminar über ihn belegte.

Faszinierend für mich ist die Tatsache, dass der Königsberger Philosoph es sich durch seine Abrechnung mit allen Ismen bei den Fanatikern aller Couleur verscherzte. Schade nur, dass er mich bei der Antwort auf die Kardinalfrage des 20. Jahrhunderts, warum ein relativ zivilisiertes Volk wie die Deutschen einem Psychopaten und Verbrecher wie Hitler hinterherrennen konnte, noch immer fassungslos zurücklässt. Dieses angeblich so zivilisierte Volk hat sich selbst zu einer Masse billig-willfähriger Handlanger erniedrigen lassen.

Was sich also am vorletzten Septembertag des Jahres 1958 auf der Eifelstrecke irgendwo hinter Bitburg abspielte, war der Beginn einer neuen persönlichen Ära: Ein 22-jähriger junger Mann, der eigentlich Ingenieur werden wollte und für den ausschließlich abstrakte höhere Mathematik und theoretische Physik die Leitplanken für die angepeilte berufliche Laufbahn sein sollten, entdeckte mit einem Mal die Philosophie und damit auch die atemberaubenden Ideenkämpfe mit ihren unterschiedlichen Interpretationen und Spielregeln. Vermutlich wäre es zu dieser »Horizonterweiterung« irgendwann auch gekommen, wenn ich die *Frankfurter Allgemeine* an diesem Morgen nicht gelesen hätte. Denn dafür war alles um mich herum so neu und mit so vielen drängenden Fragen behaftet. Dass es nun aber Karl Jaspers war, der mir diese Tür in eine neue Welt öffnete, ist einer jener vielen glücklichen Zufälle in meinem Leben.

Übrigens entbehrt es nicht einer gewissen Ironie, dass die Eifelbahn seit ihrer Eröffnung am 1. Juli 1871 nicht nur für Kokslieferanten aus dem Ruhrgebiet (sie belieferten die luxemburgisch-französischen Hochöfen und Stahlwerke) und für Gemüsehändler aus Frankreich, sondern auch fürs preußische Militär von großer Bedeutung war. Truppen und Material ließen sich damit rasch Richtung Erzfeind transportieren. Helmuth von Moltke, der als großer Stratege verehrt wurde, wusste schon früh, wie man technische Innovationen für den Massenmord aktivieren kann. In seinem berühmten Aufsatz »Über die militärische Benutzung der Eisenbahnen« bot er bereits 1836, gerade ein Jahr nach der deutschen Bahnpremiere Nürnberg-Fürth, diese Möglichkeit seinem König und späteren Kaiser an. »Strategische Stecken« nannte man damals diese Eisenbahnlinien, die in den 70er- und 80er-Jahren des 19. Jahrhunderts in die strukturschwachen linksrheinischen Gebiete gelegt wurden. Dass sie damals wie heute keine volkswirtschaftliche Bedeutung zu haben schienen, verraten ihr aktueller Zustand (partiell eingleisig und noch immer nicht elektrifiziert) wie auch das Phlegma, mit dem sie betrieben werden.

Wissenschaft und Technik sind für den Menschen da – nicht umgekehrt

Nach der Rede von Jaspers waren kein Gesellschaftsmodell, keine originelle Idee oder deren Protagonisten vor meiner Neugier sicher. Später, als ich an der Universität zu Köln studierte und zu dem berühmten Soziologen-Dreigestirn René König, Alphons Silbermann und Kurt E. Scheuch pilgerte, um von ihnen zu erfahren, was Empirische Soziologie bedeutet, erhielten meine Ambitionen – vermutlich auch durch die parallel stattfindenden rasanten gesellschaftlichen Veränderungen – einen zusätzlichen Antrieb. Ich verstand mich nicht mehr nur als Tüftler, der sich mit Wollust über technische Probleme hermachte, sondern ich sah Technik auch im Kontext mit der Gesellschaft und deren Bedürfnisse. Schon bald erkannte ich: Technik und Wissenschaft müssen für den Menschen da sein und nicht umgekehrt.

Das Soziologiestudium war für mich kein Ausflug in exotisch-belanglose Gefilde. Vielmehr fand ich mich in einer der wichtigsten Auseinandersetzungen wieder, die bis zu diesem Zeitpunkt in der deutschen Sozialwissenschaft geführt wurden und die als »Positivismusstreit« in die Geistesgeschichte eingehen sollten. Im Kern ging es darum, ob die Frankfurter Schule mit ihrer »Kritischen Theorie« und der durchaus sehr kreativen Interpretation des gesellschaftlichen Handelns der Wahrheit näherkommt als etwa der »Kritische Rationalismus«, wie er in Köln gelehrt wurde, wo das Verhalten der Menschen empirisch untersucht und die Ergebnisse bei den gesellschaftlichen Analysen berücksichtigt wurden. Kurz gefasst: Die Frankfurter von Adorno bis Habermas hatten tolle Ideen, doch war der einzige Störfaktor in ihrem System der Mensch. Die Kölner überzeugten mich eher. Vor allem Alphons Silbermann, der die in Großbritannien und den USA längst erfolgreich praktizierten Methoden der empirischen Sozial- und Kommunikationsforschung in den deutschen akademischen Betrieb eingeführt hatte, kam meinem Faktenfaible sehr entgegen. So erlag ich auch nicht wie viele meiner Kommilitonen dem Zauber neuer, revolutionärer Ideen. Für mich zählten Fakten – und die Evolution.

Dennoch waren Reformen an allen Ecken und Enden dringend erforderlich. Die Gesellschaft schien nicht auf der Höhe der Zeit zu sein. Zu viel Tradiertes, zu viel Staub – nicht nur unter den Talaren. Mich trieb der Wunsch um, etwas zu tun, um dauerhaft bessere Verhältnisse zu erreichen. In den folgenden Jahren – vor allem während der berühmten 68er wie auch während meiner Arbeit danach als Wissenschaftsjournalist – verstand ich mich immer wieder als Motor für gesellschaftliche Projekte. Der Internationale Studentenbund für übernationale Föderation (ISSF) und später auch die Wissenschafts-Pressekonferenz (WPK), deren Mitinitiator ich bin und deren Credo »Wissen darf niemals nur Herrschaftswissen werden« lautet, verdanken ihren Ursprung auch den Impulsen, die ich in dieser Phase am Soziologischen Institut der Universität zu Köln erhalten hatte.

Es war ein Studium generale der ganz besonderen Art. Neben den vielen aktuellen Literaten wie zum Beispiel Albert Camus oder Jean-Paul Sartre beeindruckten mich philosophische Klassiker wie Rousseau und Voltaire. Sie kamen mir als Herolde einer aufgeklärten Welt vor, und für sie konnte ich mich – kein Wunder bei meiner Familiengeschichte – restlos begeistern.

Vor allem wenn es um die Antwort auf die spannende Frage ging: Wie verhält sich der Mensch, wenn er sich keinem Zwang ausgesetzt fühlt? Dabei entdeckte ich, dass es auch in der Natur Gesetze gibt, die nicht vom Einzelnen aus gesehen, sondern nur in der Gesamtheit erkennbar sind. Ein Beispiel aus der Wärmelehre: Selbst wenn ich in der Lage wäre, mich auf jedes einzelne Molekül zu konzentrieren und jeden einzelnen Bewegungszustand über Jahre hinweg zu messen, gelänge es mir nicht, den Energiezustand des gesamten Raums auszumachen. Allerdings reicht es, ein Thermometer in den Raum zu halten. Des Rätsels Lösung: Das Thermometer misst den durchschnittlichen Energieinhalt der Milliarden und Abermilliarden Moleküle in dem Raum in Sekundenschnelle – das ist, sozusagen, ein statistischer Mittelwert. Übertragen auf die Politik bedeutet das, dass jeder Einzelne einen großen Freiheitsspielraum besitzt und dass trotz der unterschiedlichen Interessen ein Verhaltensmuster erkennbar ist. Für die Gesellschaft ist ein solches Beispiel insofern interessant, als das Individuum in der Masse anders tickt. Die Schnittmenge von Naturwissenschaft und Philosophie führt eben oft zu überraschenden Erkenntnissen.

DIE PROPHEZEIUNG ERFÜLLT SICH: FAMILIENGRÜNDUNG MIT HINDERNISSEN

Der Medizinerball während des Karnevals war eines jener Ereignisse in Köln, dessen Strahlkraft weit über die Universität hinausragte. Schon lange vor 1959 hatte sich herumgesprochen, dass dieser Ball im Sartori neben einer urwüchsigen Fröhlichkeit extrem günstige Paarungsmöglichkeiten versprach. Und so machte auch ich mich mit einer gewissen Vorfreude auf den Weg. Der Abend war tatsächlich sehr angenehm und die Nacht danach noch viel schöner und voller Überraschungen. Als der Morgen graute, schlief Karin neben mir, diese wunderbare Frau aus Köln-Rodenkirchen, bei der es mir gelang, sie in mein Lützenrath'sches Domizil in Köln-Nippes zu lotsen.

Eine neue Welt tut sich auf

Nur wenige Tage zuvor hatte ich das Ingenieurexamen bestanden. Ich hatte schon lange in der Stadt Fuß gefasst, als dieser Montagmorgen meinem unschuldigen Leben eine unumkehrbare Wende verlieh. Doch das konnte ich noch nicht ahnen, als ich die Augen aufschlug und in das Gesicht der schlafenden jungen Frau blickte, die in dieser Nacht innerhalb von nur wenigen Stunden von der Tanzpartnerin zur geliebten Freundin geworden war. Dass sie später auch noch meine wunderbare Frau werden sollte, stand zu diesem Zeitpunkt ebenfalls noch nicht fest. Aufgrund meiner Erfahrungen glaubte ich, mich im Roulette der Gefühle auszukennen. Das heißt, ich ahnte, dass alles nicht einfach sein würde und manches unverbindlich bleiben konnte. Doch bei Karin spürte ich schon bald, dass dieses attraktive Mädchen viel mehr war als nur die Bekanntschaft für eine Nacht.

Zwei, drei Wochen später sollte ich nach Hamburg fliegen. Die Lufthansa AG war einer der vier Interessenten, die sich bei mir nach meinem Examen als potenzieller Arbeitgeber gemeldet hatten. Auf ihrer Flugwerft in Fuhlsbüttel brauchten sie einen tüchtigen jungen Elektroingenieur zur Wartung und Reparatur der schon damals in Flugzeug vorhandenen umfangreichen Elektrik und Elektronik. Gehaltsangebot: 420 DM. Um die Ernsthaftigkeit ihrer Offerte zu unterstreichen, schickten die Lufthanseaten gleich ein First-Class-Ticket für Hin- und Rückflug mit. Ein Leben wie im Film: Examen bestanden, hübsche und kluge Frau kennen- und lieben gelernt plus feinste Karriereaussichten. Eine geballte Ladung von Glück und Zuversicht. Der Himmel hing voller Geigen.

Der erste Flug meines Lebens mit der viermotorigen Super Constellation im Frühjahr 1959 (die Lufthansa führte ihre ersten Düsenmaschinen vom Typ Boeing 707 erst im Mai 1960 ein) war der absolute Gipfel des Reisens und die Senatorklasse etwas ganz Besonderes. Stewardessen im züchtigen blauen Kostüm und mit Hütchen auf dem Kopf staksten um mich herum, es wurden vorzügliche Speisen gereicht, die von einem eigens geschulten Bordkoch zubereitet wurden, und Getränke serviert. Ein mit dem Lautsprecher verbundenes Tonbandgerät sorgte für musikalische Berieselung. Das Flugzeug flog von Hamburg aus anschließend weiter nach New York mit Zwischenstopp in Shannon/Irland zum Auftanken.

Den ungewohnten Luxus konnte ich nur halb genießen, denn meine Gedanken waren ganz woanders. Sie waren bei Karin, die mich am Morgen zum Flughafen in der Wahner Heide begleitet und mir eröffnet hatte, dass sie gerade eine unruhige Nacht mit Übelkeit hinter sich hatte. Mir war schlagartig klar, dass sich da im wahrsten Sinne des Wortes etwas zusammenbraute. Einerseits wollte ich eine Familie mit Frau und

Kind – so hatte ich es ja in der letzten Grundschulklasse im Aufsatz für die vor mir liegenden nächsten zehn Jahre prophezeit und gewünscht –, andererseits fühlte ich mich dafür noch etwas zu jung. Außerdem wollte ich den Kopf frei haben für den Start ins Berufsleben. Ein denkbar ungünstiger Zeitpunkt für mögliche Vaterfreuden! Dennoch standen andere Überlegungen niemals zur Debatte. Nun war es halt passiert, und dazu musste ich stehen. Eine Mixtur aus 99 Prozent Liebe und einem Prozent Verantwortungsgefühl gaben den Ausschlag. Am 1. Oktober 1959 kam unser Sohn Jörn zur Welt – und bestätigte damit das Luxemburger Sprichwort »Fuersend Spillchen – chresdach Bildchen«, was so viel wie »Fastnachtsspielchen – Weihnachtsbildchen« heißt. Die fünfwöchige Differenz bei der Kampagnendauer zwischen deutschem und luxemburgischem Karneval ist bei dieser Rechnung berücksichtigt.

Die unerwartete Situation gab schließlich den Ausschlag bei meiner Arbeitsplatzwahl. Es gab zwar noch weitere Einladungen, doch weder die Deutsche Mikrowellen GmbH noch die WDR-Sendertechnik am Kölner Filzengraben kamen als Arbeitgeber infrage, auch wenn mich beide gereizt hätten: Die Freiburger waren mit ihren Röhren zur Erzeugung der immer wichtiger werdenden Mikrowellen (Magnetron) auf ihrem Sektor ein Pionierunternehmen, während der WDR gerade dabei war, das ganze Land mit Radio- und TV-Sendern zu bestücken. Bei der Mikrowellenfirma war es die Entfernung, die mich davon abhielt, in den Breisgau zu gehen, und beim WDR, der mich gerne eingestellt hätte, das mickrige Gehalt. Mit 370 DM im Monat konnte man schon damals keine Familie gründen.

Übrig blieb die Klöckner-Moeller GmbH (heute Eaton Industries GmbH) in Bonn. Deren Gehaltsangebot von 600 DM mit einer Option auf 700 war von allen das Beste. Aufs Jahr gerechnet lag ich damit um 1 100 DM über dem deutschen Durchschnittsjahreseinkommen von 6 101 DM (1960). Klöckner-Moeller, ein Hersteller von Leistungsschaltern und sogenannten Schützen, die als elektromagnetisch betriebene Schalter für die Industrie und Gebäudetechnik unentbehrlich sind, hatte seinen Sitz in der Bonner Weststadt, relativ leicht erreichbar mit der Köln-Bonner Straßenbahn. Die Arbeit in dem Unternehmen, das als Markenzeichen ein Windrad führte, machte anfangs großen Spaß, zumal ich in der Entwicklungsabteilung beschäftigt war. Dort kümmerten wir uns um das spätere

Erfolgsmodell »DIL 00«. Mit diesem ließen sich nicht nur mittelgroße Starkströme schalten, sondern durch spezielle Hilfskontakte auch komplexe Schaltaufgaben erfüllen. Später entstand daraus die Schaltlogik, die heute in Verbindung mit softwaregesteuerten Computern unter dem Begriff »Industrie 4.0« die Voraussetzung für die Automatik schafft.

Über Bonn nach Köln

Trotz allem stellte ich mir den Start ins Berufsleben etwas anders vor. Zum einen ärgerte ich mich maßlos, als ich dahinterkam, dass die Wirtschaftsingenieure der Firma viel mehr verdienten als wir Techniker, die jene Produkte kreierten, mit denen sie ihre Geschäfte machen und dicke Provisionen einstecken konnten. Zweitens war es die Unverfrorenheit des Direktors Herbert Franken, der sich von der Fachwelt als Autor eines Buches über elektromagnetische Schaltgeräte feiern ließ, obwohl ich große Teile des Manuskripts geschrieben hatte. Dass Franken mich mit keiner Zeile erwähnte, fand ich extrem unsouverän, und mir war klar, dass ich mich in einem solchen Umfeld fehl am Platz fühlte. Nach einem Jahr zog ich die Reißleine. Ein Freund meines Schwiegervaters, der eine Arztpraxis betrieb, schrieb mich für sechs Wochen krank – Zeit, die eigentlich ausreichen sollte, um mich für die externe Abiturprüfung im Düsseldorfer Kultusministerium vorzubereiten. In den Fächern Deutsch und Geschichte bestand noch erheblicher Nachholbedarf.

Der Kampf einer jungen Familie

Mit meinem Einstieg bei Klöckner-Moeller waren die materiellen Voraussetzungen für die Gründung einer Familie erfüllt. Dagegen blieb die Wohnungssuche weniger erfolgreich. In ganz Köln waren Wohnungen, wie sie selbst unseren bescheidenen Bedürfnissen entsprochen hätten,

Mangelware. Und so blieb uns nichts anderes übrig, als in das pompöse Haus nach Schweizer Stil des Schwiegervaters einzuziehen. Um das eigene Gewissen zu beruhigen, hatten wir zuvor noch geheiratet, auch um unserem Kind den Makel des unehelich Geborenen zu ersparen.

Was in anderen Familien kein Thema gewesen wäre, wuchs sich in unserem Fall leider zu einem mittleren Drama aus. Da ich als mittelloser Jungingenieur nicht den Erwartungen der wohlhabenden Schwiegereltern entsprach, kam es ständig zu Reibereien. Meine katholische Konfession schien für die evangelischen Schwiegereltern ebenso ein Hindernis zu sein wie der vorgesehene Namen ihres Enkelsohns. Denn ich wollte den Kleinen, der Familientradition folgend, Jean nennen. Dieses war aber für den »Bopi« ein undeutscher Vorname. Für mich war das nichts Neues, denn schon Hitlers Standesbeamten zwangen mit demselben Argument meine Eltern, mich Johann Wilhelm Josef statt Jean zu nennen. Den Gipfel auf dieser Liste von Zumutungen und Unverschämtheiten war zu Beginn der Schwangerschaft »Bopis« Hinweis auf spezielle Kliniken in den benachbarten Niederlanden. So etwas kam für Karin und mich nun überhaupt nicht infrage. Übrigens: Unsere Wohnsituation war alles andere als komfortabel. Zwei kleine Zimmer, dazu ein Badezimmer, das wir mit den Schwiegereltern teilen mussten. Für diesen »Luxus« musste ich von meinem mickrigen Gehalt 200 DM im Monat als Miete abzweigen.

Mit meinem Schwiegervater war ich an einen uneinsichtigen Herrenmenschen geraten, ehemals strammer Parteigenosse und immer noch ein sturer Naziideologe. Das war die Tragik, die sich natürlich auch auf unsere junge Familie auswirkte. Seine Frau, die Schwiegermutter, machte zwar vieles für uns erträglich, denn sie war ein ausgesprochen gütiger Mensch, doch sie stand unter dem Pantoffel ihres Mannes. Sie war eine liebevolle Oma, die sich um das Wohl unseres Kindes kümmerte, als meine Frau Karin als kaufmännische Angestellte ein kleines Zubrot verdiente. Ich bin mir sicher, dass Jörn sich ihr gegenüber noch immer zu großem Dank verpflichtet fühlt. Die Oma hielt die Familie mehr oder weniger zusammen – bis ich es nicht mehr aushielt und ich nach großen inneren Konflikten und mit starken Gewissensbissen meinen eigenen Weg ging.

Doch zunächst musste ich ein wichtiges formales Kriterium erfüllen. Als Externer hatte ich das Abitur für Sonderbegabte bestanden und hatte nun Zutritt zu allen Universitäten. Ich konnte endlich studieren, was zu meinen Vorstellungen passte und meine Neugier befriedigte. Vor allem hoffte ich, nun auch meinen Traumberuf realisieren zu können. Denn der Journalismus hatte mich fasziniert, seit mir angesichts der damaligen Medienexpansion klar wurde, welche Potenziale sich mit diesem Beruf verbanden. Die Rundfunkanstalten waren im Begriff, ihre Programme auszubauen, und Verlage kamen fast im Quartalsrhythmus mit neuen, anspruchsvollen Zeitschriftentiteln auf den Markt. Das rasant steigende Angebot täglicher Neuigkeiten musste von kompetenten Schreibern und Moderatoren gesichtet, bewertet und interpretiert werden.

STÜRMISCHE ZEITEN IN DEN 60ER-JAHREN – EIN BISSCHEN 68 UND GLÜCKLICHE FÜGUNGEN

Meine 60er – in der Biografie lesen sie sich scheinbar unspektakulär: Physik- und Mathematikstudium für das Lehramt der Sekundarstufe II an der Universität Köln, Nebenfach Geografie (1960–1964). Während dieser Zeit Vorsitzender des Internationalen Studentenbundes für übernationale Föderation (ISSF), Vorsitzender des Ringes der politischen Hochschulgruppen in Köln (1962–1965), Erstes Staatsexamen, Referendariat (1964–1966), dazu ein Parallelstudium an der WiSo-Fakultät: Soziologie- und Volkswirtschaftsstudium mit Schwerpunkt Empirische Soziologie bei René König, Alphons Silbermann und Erwin K. Scheuch, Zweites Staatsexamen für das Lehramt an Berufs- und Berufsfachschulen in den Fächern Mathematik, Physik, Elektro- und Nachrichtentechnik, Studienrat an der Fach- und Berufsschule in Köln-Deutz (1967), nebenberufliche Tätigkeit als freier Journalist (ab 1968).

Drillinge der Moderne

Geliebte Naturwissenschaften/Technik, faszinierende Gesellschaftswissenschaften und einladende Medien – was reizt mehr als diese Drillinge der Moderne? Vor allem dann, wenn einem bewusst geworden ist, dass keine dieser drei extrem aufgeladenen Sparten isoliert betrachtet werden darf. Für mich, der die Zusammenhänge immer gesucht hat, sind sie Geschwister.

Die erste berufliche Station, Klöckner-Moeller, zeigte mir ziemlich rasch, dass sie für mich keine Lebensstellung sein würde. Ewig dauernde Beschäftigungsverhältnisse bei ein und demselben Arbeitgeber, wie damals noch üblich, waren für mich eine unvorstellbare Aussicht. Aber auch aus anderen Gründen wollte ich wieder weg aus Bonn. Neue Perspektiven reizten mich mehr als die Realisierung intelligenter Schalter und komplexer Schaltanlagen in einem mittelständischen Unternehmen, so spannend dies anfangs auch war. Trotzdem trieben mich keine spinnerten Fantasien in neue Gefilde, sondern eher etwas sehr Naheliegendes. Denn all meine Gedanken kreisten immer intensiver um dieselben Fragen: Wie passen Technik und Gesellschaft zusammen? Wie ist es möglich, gesellschaftlich mit einem Wissensoutput umzugehen, der sich alle paar Jahre verdoppelt? Diese Basisfragen jeder seriösen Wissenschaft und Forschung lassen mich bis zum heutigen Tag nicht zur Ruhe kommen. Dass es außerdem auch noch um etwas sehr Privates ging, nämlich um die Frage, inwieweit sich meine beruflichen Ambitionen mit den Bedürfnissen meiner jungen Familie vereinbaren ließen, kam hinzu.

Mein Berufsziel Journalist verlor ich dabei nie aus den Augen. Dieses war auch der Grund dafür, dass ich mich fürs Germanistikstudium einschrieb. In Köln ist es an der Philosophischen Fakultät beheimatet. Doch was der Lehrplan zu bieten hatte, törnte mich derart ab, dass ich schleunigst das Fach wechselte. Noch zwei Sätze zum Germanistikstudium und der damit verbundenen Verpflichtung, Mittel- und Althochdeutsch zu lernen: Das Mittelalter und die Minnezeit mit ihren Troubadouren war bestimmt eine fantasieanregende Epoche, doch Walther von der Vogelweide oder Reinmar der Alte interessierten mich ebenso wenig wie der Minnesang. Gewiss ist die Beschäftigung mit dem Althochdeutschen für viele Sprachwissenschaftler als Basis unentbehrlich, doch ich beherrsche mit dem Letzebuergischen – perfekt in Grammatik und Orthografie – eine Volkssprache, die noch viel älter ist, und zwar ein Moselfränkisch, das sich aus grauer Vorzeit herüberretten konnte und dessen Kraft dem kleinen Land ein Stück Identität gibt: »Mir wölle bleiwe, wat mir sin, mir wölle nehmen ken Preisn gin«, auf Deutsch: »Wir wollen bleiben, was wir sind, wir wollen nur keine Preußen werden.« Das Studium fürs Lehramt mit den Fächern Physik und Mathematik und dem Nebenfach Geografie war ja auch nicht das Schlechteste, zumal ich als Ingenieur exzellente Voraussetzungen für diese naturwissenschaftlichen Fächer mitbrachte.

Parallel zum Studium fürs Lehramt schrieb ich mich in der WiSo-Fakultät ein – die Voraussetzung fürs Soziologiestudium. Diese in Deutschland vergleichsweise junge Wissenschaft interessierte mich ebenfalls brennend. Denn hier vermutete ich einen Schlüssel für die Behandlung aktueller und künftiger gesellschaftlicher Probleme.

Die unablässige Suche nach Neuem erhielt während des Studiums durch eine sehr private Angelegenheit einen zusätzlichen Schub. Es war die häusliche Situation mit dem Schwiegervater, dem bereits erwähnten Herrenmenschen, und dessen Naziparolen, die mir eine Luftveränderung dringend ratsam erscheinen ließen. So traurig und niederschmetternd die Umstände bei dieser Aktion auch waren – das Frühjahr 1962 bot mir Freiheit statt Zwang, Neues statt Gewohntes, Weltläufigkeit statt Enge.

Schon lange zuvor hatten sich in mir bis dahin unbekannte Gefühle von Ohnmacht, Demütigung und Bevormundung breitgemacht. Ich wurde depressiv und hielt mich nur mit der Flucht in die Literatur über Wasser. Es waren die großen Schriftsteller der Zeit, die mir halfen, die Welt zu verstehen. Wolfgang Borcherts »*Draußen vor der Tür*« zählte ebenso dazu wie Heinrich Bölls »*Billard um halb zehn*«, die satirisch gefärbte Familiengeschichte aus fünf Generationen, in der ich mich wiederfand, oder Uwe Johnsons »*Mutmaßungen über Jakob*«, wo es um Flucht und Kalten Krieg ging – also allesamt Sujets, die mir zeigten, dass ich mit meinem Leid nicht allein auf der Welt war und dass es sogar Zeiten gab, in denen es Millionen Menschen noch viel schlimmer erging. Meinen Humor fand ich mit Erich Kästners Gedichtband »*Der Gegenwart ins Gästebuch*« wieder, wo »Sogenannte Klassefrauen« mich ein ganzes Leben lang vor diesem Frauentyp bewahrte. Es imponiert mir, wie Kästner sich diese Scheinwelt vornimmt und auf wundervolle Weise darauf hinweist, wie Menschen auf der Suche nach perfekter Schönheit noch nicht einmal vor Selbstverstümmelungen haltmachen – und das zu einer Zeit, in der Schönheitsoperationen noch nicht üblich waren.

Pariser Intermezzo

Diese für mich nicht gerade einfache Situation bewältigte ich auf meine Weise, wenngleich ich schon fast allen Mut verloren hatte. Zunächst benötigte ich Distanz. Zum Glück wusste ich wenigstens, wohin ich jetzt gehen würde: nach Paris. Es war keine Hals-über-Kopf-Entscheidung, alles war vorbereitet. Nach dem Muster »Geh' nur mal schnell zum Zigarettenautomaten« verabschiedete ich mich und stellte mich zum Autostopp, der damals bei jungen Leuten beliebten, preiswerten und relativ ungefährlichen Reiseform, an die Straße. Bereits Tage zuvor hatte ich mich in weiser Voraussicht an der Kölner Universität abgemeldet und für den folgenden Sommer ein Gastsemester an der Sorbonne beantragt.

Ich landete bei Charles Marchais und seinem Bruder Joël. Beide waren überzeugte Kommunisten. Ich hatte sie während unserer Hochzeitsreise ein Jahr zuvor zufällig in Hyères am Mittelmeer kennengelernt. Den Zettel mit ihrer Adresse in Rueil-Malmaison, einem Vorort von Paris, trug ich noch in der Tasche. Die beiden hatten gerade ein Haus geerbt, dessen einziges Mobiliar offensichtlich aus leeren Apfelsinenkisten und einigen Brettern bestand. Als Betten reichten fürs Erste Matratzen aus Seegras. Die lagen auf dem Boden. Weil Charles und Joël vom lieben Gott bei der Vergabe von handwerklichen Fähigkeiten übersehen worden waren, erledigte ich für sie die Ein- und Umbauarbeiten. Das Geschick, das ich bei der Optimierung ihrer Inneneinrichtung an den Tag legte, imponierte den beiden so sehr, dass sie mich nicht nur umsonst bei sich wohnen ließen, sie honorierten meinen Einsatz mit gutem Essen, das sie auf dem alten Gasherd zubereiteten. Vor allem die Steaks waren erstklassig. Erst nach Wochen kam ich dahinter, dass sie die vom Pferdemetzger hatten.

Das Studium an der Sorbonne füllte nur einen Teil meiner Pariser Zeit aus. Für die andere Hälfte fand ich eine Anstellung beim holländischen

Waagenhersteller Berkel am Boulevard Strasbourg. Die Kombination von Arbeits- und Studienzeit war für mich nichts Neues. Morgens in der Sorbonne bei dem berühmten Raymond Aron und anderen gallischen Philosophie- und Soziologiegrößen und nachmittags bei Berkel. Umstände wie diese besitzen immer einen eigenen Charme und sind von einer speziellen Dynamik geprägt. Hinzu kam, dass ich in diesem Moloch Stadt höchst interessante Menschen kennen- und lieben lernte. Wusste ich etwa vor ein paar Wochen, dass es eine libanesische Jüdin, Lucie, gab, die ich zufällig traf und die mir dabei half, an den Job bei Berkel zu kommen? Natürlich nicht. Und von Raymond Aron, der 1930 als Lektor für französische Literatur an der Kölner Universität arbeitete, hatte ich bislang nur wenig gehört. Doch es lohnte sich, ihn kennenzulernen.

Raymond Aron (Foto)
https://binged.it/2vLJjgS

Raymond Aron (1905–1983) war einer der bedeutendsten Philosophen und Soziologen seiner Zeit. Kein französischer Denker beeinflusste die Politik seines Landes so sehr wie der Autor von Standardwerken über die Industriegesellschaft, Krieg und Frieden, die Rolle der Intellektuellen oder über das Dauerthema »Europa – USA«. Natürlich hatte Aron nicht nur dem Präsidenten im Élysée-Palast etwas zu sagen, sondern auch uns, die ihm im gedrängt vollen Auditorium an den Lippen hingen. Möglicherweise ist es die Diskrepanz bei der Beurteilung durch die Nachwelt, die den Reiz des liberalen Franzosen, der zeitlebens ein Freund der deutschen Philosophie war, erklärt: Heute sehen die einen in ihm einen kantianischen Denker, der an der Idee des Fortschritts festhielt, während die anderen ihn in die Nähe von Aristoteles rücken, der ebenfalls Klugheit und Mäßigung predigte. Diese Deutungstheorien passten exakt zu meiner Lebensvorstellung. Außerdem war es die Persönlichkeit Arons, die mich stark beeindruckte, weil er keinerlei Hass auf die Deutschen hegte und er sich bei jeder Gelegenheit für die Aussöhnung einsetzte. Er war ein undogmatischer Denker, ein leidenschaftlicher Anhänger der Vernunft. Das machte ihn extrem glaubwürdig.

In meiner Freizeit trieb ich mich im Quartier Latin herum, unter anderem weil es dort in Hinterhofrestaurants ebenso hervorragendes wie preiswertes Essen gab. Vor allem der »Salade frisée au lard«, Endiviensalat mit kross gebratenen Speckwürfeln und einer kreativen Soße, hatten es mir angetan – eine Delikatesse. In der Rue de la Huchette lag das Jazzlokal »Le Chat Qui Pêche«, in dem Weltstars wie Louis Armstrong, Sidney Bechet oder Johnny Griffin auftraten. Auch sonst verfehlte der geheimnisvolle Kosmos Weltstadt Paris seine Wirkung nicht, wenngleich der Aufenthalt nur ein halbes Jahr dauerte. Kein Mensch wusste zu Hause zu diesem Zeitpunkt, wo ich mich aufhielt. Meine Mutter in Luxemburg hatte ich kurz angerufen und ihr mitgeteilt: »Ich lebe, mir geht es gut. Frag' bitte nicht weiter nach.« Karin, meine Ehefrau, und die Schwiegereltern in Rodenkirchen tappten völlig im Dunkeln. Die einzige Verbindung zwischen uns war der Briefträger, der meiner Frau jeden Monat pünktlich 200 DM ins Haus brachte.

Le Chat Qui Pêche, Paris (Ankündigungsplakat, Foto)
https://binged.it/2v0d4gc

Finanziell ging es mir in diesen Monaten an der Seine einigermaßen gut. Berkel hatte viel zu tun, und als dann auch noch der deutschen Reifenhersteller Continental für sein neues Werk im lothringischen Saargemünd eine Ausschreibung machte, durfte ich zum Stundenlohn von sieben Francs die Offerte bearbeiten. Berkel produzierte Hightech vom Feinsten: automatische Waagen für die Industrie, nicht mehr nur die allseits bekannten Waagen für den Metzgermeister an der Ecke. Ich steckte meinen ganzen Ehrgeiz in dieses Projekt, und so konnten wir ein passendes Angebot abgeben. »Du bekommst 0,1 Prozent vom Umsatz, wenn wir den Auftrag bekommen«, sagte der Chef der Pariser Berkel-Niederlassung zu mir. Damit wollte er mich bei Laune halten, denn auch ihm kam mein Sieben-Francs-Stundenlohn nicht gerade üppig vor. Tatsächlich erhielt Berkel den Auftrag. Zu diesem Zeitpunkt war ich allerdings schon längst wieder in Deutschland. Umso mehr verblüffte es mich, als mir ein Jahr später plötzlich 30 000 DM überwiesen wurden. Für einen Studenten mit Familie war das ein sehr schöner, warmer Regen. Auch das nennt man Glück. Das Geld investierte ich in sechsprozentige Obligationen von RWE, die damit die Staustufen bei der Moselkanalisierung finanzierte.

Mein Pariser Intermezzo ging zu Ende, nachdem mich meine Frau eines Tages durch meine mehr oder weniger unbeabsichtigte Mithilfe dort ausfindig machen konnte. Es gelang ihr, in Köln – weit weg von meinen

Schwiegereltern – eine eigene Wohnung zu organisieren: Zwei Zimmer mit Wohnküche in der Palmstraße in der Nähe des Hohenzollernrings. Hier wuchs auch unser Sohn Jörn heran, hier ging er zur Schule und später aufs Hansa-Gymnasium. Das Haus in der Rodenkirchener Siegfriedstraße habe ich nie mehr betreten.

Meine finanzielle Situation hatte sich mittlerweile erheblich verbessert. Während der gesamten Studienzeit ging ich meinen handwerklichen Aufträgen nach, die mir nun in schöner Regelmäßigkeit ins Haus geflattert kamen. Zwei Umstände erleichterten mir meine Existenz: Zum einen war »akademische Freiheit« noch kein Fremdwort, und zum anderen boomte die Wirtschaft, jede Hand wurde dringend gebraucht. Diese relativ entspannte Situation erlaubte mir, mich um Dinge zu kümmern, die etwas abseits vom Pflichtstudium lagen. Ich begann ein Studium generale. In Philosophie absolvierte ich bei Professor Karl-Heinz Volkmann-Schluck (1914–1981) ein Hauptseminar über Immanuel Kant und seine *Metaphysik der Sitten*, außerdem hörte ich Wirtschaftsgeografie beim legendären Professor Erich Otremba (1910–1984) sowie Psychologie. Hinzu kam außerhalb der Hörsäle der fast komplette Kanon der aktuellen Kultur. Film und Kabarett gehörten ebenso dazu wie Musik und Theater.

Bei dieser Gelegenheit lernte ich auch Hans-Dieter Hüsch kennen, der später einer meiner Freunde und Mit-Pate bei der NRW-Stiftung wurde. Meine Neugier war unerschöpflich. Ich suchte und fand liebenswerte Menschen aus allen möglichen Sparten und Lebensbereichen. Nur bei einer Disziplin sprang die Ampel schon nach wenigen Sekunden auf Rot: Die schlagende Verbindung, mit Sitz am Bismarck-Denkmal, in die mich einst der Schwiegervater drängen wollte, war mit ihrem oft gebrüllten Spruch »Von dem Boden an die Hoden, vom Nabel an den Schnabel. Sauf …!« für mich nichts anderes als ein Haufen saufender Hornochsen.

Für die Studenten – und für Europa

Sauforgien als Rahmen für politische Bekenntnisse und Aktivitäten gab es bei mir nie. Da hielt ich es lieber mit Max Webers (1864–1920) Satz: »Die

Politik bedeutet ein starkes langsames Bohren von harten Brettern mit Leidenschaft und Augenmaß.« Dieser Spruch des großen Soziologen und Philosophen beeinflusste mich ebenfalls. Schließlich ist »Leidenschaft« das Privileg der Jugend und »Augenmaß« eine Tugend des Naturwissenschaftlers.

Vielleicht sensibilisierte mich mein luxemburgischer Pass in besonderem Maß für die Sorgen und Nöte der ausländischen Kommilitonen in der Stadt. Der Krieg war zwar vorbei, aber noch immer herrschten selbst in Köln Unsicherheit und Ressentiments zwischen Einheimischen und Fremden. Auch die Jungen mussten mit der Situation fertigwerden, die die Väter-Generation geschaffen hatte. Verständnis und Offenheit waren keine Floskel, sondern schon bald gelebter Umgang. Seit 1948 gab es an der Universität zu Köln den »Internationalen Studentenbund – Studentenbewegung für übernationale Föderation« (ISSF), einen Zusammenschluss, dessen Ziele unter anderem die Völkerverständigung sowie die damals für viele noch utopisch klingende europäische Einigung waren. Der ISSF ging mit Vorträgen und Diskussionsveranstaltungen ans Werk. Vor allem kümmerte er sich um Integration: Hilfe bei Wohnungssuche, Praktika, Arztterminen. Auch um die Einrichtung eines Uni-Kindergartens – heute eine Selbstverständlichkeit – musste regelrecht gerungen werden. Für meinen Sohn Jörn allerdings kam der Erfolg zu spät: Er war gerade eingeschult worden, als man sich endlich auf die Errichtung einer Kita geeinigt hatte.

Für mich gab es kein geeigneteres Forum für eine politische Betätigung als der ISSF. Das hatte gleich mehrere Gründe. Zum einen war es die Verbandsstruktur selbst: Der ISSF war weder links noch rechts, er sah sich als neutrale, überparteiliche Studentenorganisation und akzeptierte als einzig verbindliche Norm die Charta der Vereinten Nationen sowie die Erklärungen zur Europäischen Einigung. Aus dieser Neutralität heraus folgte, dass der ISSF-Vorsitzende, der ich von 1962–1967 war, auch gleichzeitig als Vorsitzender der politischen Hochschulgruppen von Köln fungierte. Zudem ging es mir um ein kleines Stück Wiedergutmachung. Die Europäer, die jahrhundertelang in Afrika, Asien und Südamerika als Kolonialmächte wüteten, hatten in meinen Augen nun eine Bringschuld gegenüber den Kindern und Enkelkindern der damaligen Ureinwohner. Daher sahen wir in der gerade in Fahrt kommenden sogenannten Entwicklungshilfe ein Instrument, um früheres Unrecht – Ausbeutung, Ermordung, Versklavung – ein wenig wiedergutzumachen. Schließlich bot mir der ISSF eine kleine Kommunikationsbühne: Dort konnte ich moderieren – was ich ja erst lernen musste –, und dort durfte ich mein PR-Talent entfalten, etwa wenn es um den legendären Karnevalsball des ISSF, den »KOelner KArneval INternational«, kurz: »Kokainball«, ging. Dass darüber hinaus die ausländischen Studierenden in Köln endlich eine Stimme haben sollten, fand ich völlig legitim.

Es waren gut drei Dutzend Studentinnen und Studenten, die der Kölner ISSF-Sektion angehörten, als ich 1960 zu ihr stieß. Man lebte im Schatten etablierter politischer Studentenbünde wie Ring Christlich-Demokratischer Studenten (RCDS), Sozialistischer Deutscher Studentenbund (SDS) oder Liberaler Studentenbund Deutschlands (LSD). Später, nach der Spaltung auf der linken Seite, kam auch noch der Sozialdemokratische Studentenbund (SHB) hinzu. Diese Studentenverbände standen wegen ihrer Teach-ins, Blockaden oder Demonstrationen fast jeden Tag in der Zeitung, was man vom ISSF nicht sagen konnte. Dieser agierte meist im Verborgenen, denn die Neutralität schuf Vertrauen, und das war wichtig, um die diversen Kampfhähne im Zaun zu halten, die glaubten, an vorderster Front studentische Interessen zu vertreten. Als zum Beispiel der SDS mit seiner Konkurrenz, dem SHB, im Clinch lag und keine staatliche Subventionierung mehr bekommen sollte, sorgte ich als Vorsitzender der politischen Hochschulgruppen von Köln dafür, dass die Satzung eingehalten wurde und der SDS das Geld aus dem Bundesjugendplan bekam. Ich setzte das durch, obwohl ich mit dem SDS nie etwas zu tun hatte, mir ging es ums Prinzip.

Ab 1960 kümmerten wir uns verstärkt um die Entwicklungshilfe, vor allem in Afrika. Es wurden zwölfwöchige Arbeits- und Studienaufenthalte organisiert, die zum Teil in den Niederlassungen deutscher Unternehmen oder auf Farmen stattfanden. Als ISSF-Vorsitzender fühlte ich mich diesen Projekten besonders verpflichtet. Zu einem ganz persönlichen Highlight geriet die von mir organisierte Tagung aller deutschen ISSF-Gruppen in Luxemburg. Nicht nur weil es uns gelang, die EWG-Behörden davon zu überzeugen, dass es auch in ihrem Sinne war, wenn sie das Treffen unterstützten, sondern auch weil das *Luxemburger Wort*, die größte Tageszeitung des Landes, ausführlich über unser Treffen berichtete. Alphons Turpel, mein luxemburgischer früherer Internatsdirektor, der mittlerweile Chefredakteur des *Luxemburger Wortes* war, hatte mich zuvor gebeten, darüber eine Reportage zu schreiben. Es wurde meine erste honorierte journalistische Arbeit. Bereits legendär ist unsere Nacht-und-Nebel-Aktion an der Grenze. Im Dreiländereck Frankreich-Luxemburg-Deutschland, in Schengen an der Mosel, sägte eine Handvoll Gesinnungsgenossen symbolisch die Schlagbäume an. Wer hätte jemals gedacht, dass Schengen in der europäischen Geschichte zum Begriff für die Überwindung von Grenzen werden würde? Schon damals hegte ich einen innigen persönlichen Wunsch: Für mich, dem Kind zweier Länder im Herzen Europas, sollte endlich Schluss sein mit dem Trennenden.

KOKAIN-Ball – ein Karnevalsball der ganz besonderen Art

Ein ganz spezieller Integrationsfaktor – auch im Sinne von angewandter Völkerverständigung und Weltoffenheit – war stets der Karneval. Weil alle Fakultäten einen eigenen Ball hatten, stellte sich schon bald für die ausländischen Freunde die Frage nach einem eigenen Ball. 1951 war dieses Problem gelöst, auch wenn der Name dieser Festivität anfangs bestimmt in vielen Köpfen für Irritationen gesorgt hatte. Denn der Name »KOKAIN-Ball« lässt allen möglichen Spekulationen freien Raum. Zu meiner Zeit gelang es uns, die Besucherzahl von 200 auf 2 000 hochzutreiben. Fetzige Bands wie Bläck Föös, Höhner, Brings und Paveier nutzten unsere Bühne in diesen frühen Jahren als Versuchsrampe, und rotzfreche Vorstellungen sorgten für tagelangen Gesprächsstoff.

Fröhlichkeit und Lockerheit der besonderen Art waren stets das Markenzeichen des KOKAIN-Balls. Zu seinen Besonderheiten zählte, dass auf der Bühne die Beziehung der Geschlechter zueinander oft mit nicht ganz stubenreinen Reden und Gesängen untermalt wurde. Und erst das Publikum! Bei den schmutzigsten Liedern trällerten Männlein und Weiblein ebenso einträchtig wie lustvoll mit – kein Wunder, denn Melodien trugen so schöne Titel wie »Blecke Futt« (Der nackte Hintern) oder Gönnertum auf Kölsch: »Wenn ich su an den minge denk ...« oder das einfühlsame

Wochenlied »Am Samstag jit et Grosche ...«. Auch das Lied vom Hühnerarsch »Ri-ra-runkel ...« riss das Publikum von den Stühlen. Die Songs waren fast durchweg Dichtungen und Kompositionen aus den Fünfzigern, wo sie den legendären Ruf der Scheunenbälle begründeten. Ich hatte sie alle gesammelt und in einem kleinen Liederbuch zusammengestellt. Nun wurden sie von den Kokainesen auf kreative Weise inszeniert. Und keine Beauftragte für Political Correctness war weit und breit zu sehen. Auch die Anstandsregeln des Festkomitees wurden ignoriert. Waren das noch Zeiten!

Welches kreative Potenzial in einer solchen Veranstaltung steckt, zeigt auch ein Blick in die jüngere KOKAIN-Historie: Meine Ehefrau Pina Coluccia, eine gebürtige Italienerin, fand den KOKAIN-Ball so faszinierend, dass sie ein Männer-Bauchtanzballett inszenierte, bei dem honorige Herren auftraten, die unter dem Motto »Die Wüstensöhne – Kameltreiber aller Länder, vereinigt euch« großen Jubel ernteten.

Prägende Begegnung mit der Marktwirtschaft

Kaum etwas anderes wirkte auf mich so intensiv wie die Soziologie. Die Koryphäen der Kölner Schule mit ihren Statistiken und plausiblen Mustern übten eine magische Anziehungskraft aus. Auch das parallel stattfindende Volkswirtschaftsstudium lieferte, obwohl es nicht die »erste Wahl« war, ein bestimmtes, prägendes Erklärungsmodell. Denn einer der Dozenten, der als Gastprofessor aus dem nahen Bonn angereist kam, erklärte uns, was »Soziale Marktwirtschaft« bedeutet: Alfred Müller-Armack, Abteilungsleiter (und später Staatssekretär) im Bundeswirtschaftsministerium, engster Vertrauter von Ludwig Erhard. Müller-Armack war der Erfinder dieses Begriffs und damit einer der Väter des deutschen ökonomischen Erfolgsmodells, das im Gegensatz zur Planwirtschaft dem Individuum und dem Unter-

Alfred Müller-Armack und Ludwig Erhard (Foto)
https://binged.it/2uAg6qw

nehmen jenen Spielraum lässt, der für kreatives und verantwortliches Wirtschaften unentbehrlich ist.

Bei Felten & Guilleaume: Die »Schäl Sick« ist doch nicht schäl

Es war so etwas wie eine Art Probelauf: Macht sie mir denn überhaupt Spaß, diese Lehrerexistenz, kann ich das überhaupt?

Mit dem Auftrag, den unterirdischen Kabelwirrwarr zu vermessen, zu orten und zu ordnen, kam ich während meiner Studienzeit erstmals mit dem Unternehmen Felten & Guilleaume aus Köln-Mülheim in Kontakt. Eines Tages fragte mich Dr. Hammers, der Chef der Elektrotechnischen Abteilung, ob ich mir auch einen etwas ungewöhnlichen Auftrag vorstellen könne: »Es ist ein Jammer: Von unseren Lehrlingen fallen jedes Jahr 40 bis 60 Prozent durch die Gesellenprüfung. Sie sind doch bald Lehrer – könnten Sie sich bitte darum kümmern?« Nichts lieber als das: Technik plus Pädagogik plus ein paar Mark für die Familienkasse, das war keine schlechte Idee. Und so fuhr ich fünfmal in der Woche für je zwei Stunden zu Felten & Guilleaume, wo ich dann zwischen 7 und 9 Uhr Unterricht in allen prüfungsrelevanten Fächern gab. Am Ende war es für alle ein großer Erfolg. Bald schon fiel keiner mehr durch, weil es mir gelang, den jungen Menschen die Theorie so praxisnah zu vermitteln, dass sie den Lehrstoff im wahrsten Sinne des Wortes begriffen. Neben den Lehrlingen kümmerte ich mich auf Bitte der Unternehmensleitung bald auch noch um die Ausbilder; das hatte den Vorteil, dass meine Arbeit von dauerhaftem Erfolg gekrönt war.

Zehn Jahre lang leistete ich diese besondere Berufsqualifikation für die Felten-&-Guilleaume-Lehrlinge. Heute weiß ich, dass die auf 0,0 reduzierte Durchfallquote einer meiner größten persönlichen Erfolge ist. Für mich stellt sie sogar meine Tätigkeit als Fernsehmacher in den Schatten. Die Dankbarkeit der jungen Menschen erfüllte mich mit großer Genugtuung. Die Aufgabe in Mülheim war mir so wichtig, dass ich sie in meinen ersten drei WDR-Jahren weiter wahrnahm. Das monatliche Zusatzeinkommen von am Ende 1 500 DM war für die damalige Zeit ordentliches Geld.

Diese »nebenamtliche Tätigkeit« hatte einen zusätzlichen, für die deutsche Fernsehgeschichte bislang einmaligen Aspekt: Während der Vorbereitung der ersten von mir moderierten Sendereihe mit dem Titel »Einführung in die Elektronik« nutzte ich die Chance, meine redaktionellen Ideen – Sprache, Präsentation usw. – bei den Lehrlingen zu testen: War ich mit meinem Konzept, der Methode und den Modellen didaktisch auf dem richtigen Weg? Wurde ich verstanden? Kaum etwas ist schwieriger zu vermitteln als eine abstrakte Materie, wie sie in der Verbindung von elektrisch-physikalischen Gesetzen mit den technischen Möglichkeiten der Elektronik zum Ausdruck kommt.

Felten & Guilleaume, 1873 gegründet, zählte zur rheinischen Industriekultur wie der Dom zur Stadt und produzierte Draht, Drahtseile und moderne Starkstromkabel für die noch analoge Telefonie. F&G hatte seinen Sitz in der Schanzenstraße, dort, wo heute nach der Schließung des Werks Kultur- und Medienunternehmen zu Hause sind. Die umgebaute Veranstaltungshalle, das sogenannte E-Werk, steht tatsächlich auf dem Gelände des einstigen betriebseigenen Felten-Elektrizitätswerks, das schon damals mit der heute modernen Kraft-Wärme-Kopplung betrieben wurde. Mittlerweile feiern dort hauptsächlich junge Leute mit bekannten Bands. Die berühmte kabarettistische und sarkastische »Stunksitzung« findet ebenfalls im E-Werk statt.

Aus Theorie wird Ernst: Meine Zeit als Lehrer

Was macht den guten Pädagogen aus? Diese Frage hat bis heute rund um den Erdball Tausende von Buchtiteln provoziert. Ob John Locke (1632–1704), der im Menschen ein leeres Blatt sah, das erst durch die Erziehung beschrieben würde, oder Jean-Jacques Rousseau (1712–1778), der sieben pädagogische Prinzipien formulierte und für Kinder forderte: »Laissez faire, laissez passer, le monde va de lui-même« (Lass sie laufen, die Welt organisiert sich selbst), wie auch Johann Heinrich Pestalozzi (1746–1827), der die ganzheitliche Volksbildung zur Stärkung der Menschen propagierte und den Eltern eine wichtige Vorbildrolle zusprach – auf all diesen Theorien basiert ein großer Teil der modernen Pädagogik. Für mich besitzen jedoch die Erkenntnisse des Reformpädagogen Georg Kerschensteiner (1854–1932) einen ganz besonderen Stellenwert, weil ihre Aufteilung in formale (Schulart), intentionale (gesteuerte Lernantriebe) und funktionale Erziehung (Umwelteinflüsse) den modernen didaktischen Ansprüchen am ehesten entspricht. Mit anderen Worten: Die Kunst des Lehrers besteht darin, die Motivationsebene der jungen Leute zu erreichen.

Genau da liegt die Chance. Ein Lehrer sollte natürliche Autorität besitzen, aber auf keinen Fall autoritär sein, dafür aber in der Lage, gemeinsam mit seinen Schülern eine Antwort auf die Frage zu finden, weshalb überhaupt gelernt werden soll; darüber hinaus sollte er Konflikte und Mobbing in der Klasse rasch erkennen können. Schließlich sollte er noch Herzensgüte und Verständnis, Glaubwürdigkeit und Gerechtigkeit verkörpern. Das alles macht für mich den guten Pädagogen aus.

Nach dem Ersten Staatsexamen an der Universität begann mein Referendariat im praktischen Schulsystem, das mich nach Köln-Deutz und nach Brühl führte. Die Fächer hießen Mathematik, Physik, Elektro- und Nachrichtentechnik. Ich unterrichtete zunächst an der Berufsschule. Die Auszubildenden kamen für einen oder anderthalb Tage pro Woche in diese Schule, während sie in der restlichen Zeit in ihrem Meisterbetrieb als Lehrlinge arbeiteten. Das duale Ausbildungssystem, die Verbindung von Praxis und Schule, geht auf den Münchner Reformpädagogen Kerschensteiner zurück. Seine Ideen verbreiteten sich im gesamten deutschsprachigen Raum, auch in Südtirol, wo die besten italienischen Handwerker zu Hause sind.

Programmierter Unterricht ohne Computer

Zurück an den Rhein. Ich unterrichtete unter anderem an der Fachoberschule, aber auch an der Abendschule – alles im Rahmen des zweiten

Bildungswegs. Dieser Pfad ist ebenfalls ein Erfolgsmodell. Die Wirtschaft weiß ihn zu schätzen, weil auf ihm praktisch orientierte, ehrgeizige Menschen unterwegs sind, die rasch Karriere machen wollen. Meine Vorgesetzten schickten mich nicht ohne Hintergedanken an Schulen dieses Typs. Als Ingenieur erschien ich ihnen für den Unterricht dort besonders geeignet. Weitere Einsätze absolvierte ich in Stadtteilen mit sogenannten sozialen Brennpunkten. Gerade dort gelang es mir, die Jugendlichen für den Unterricht zu begeistern. Kein Wunder, Technisches ist viel spannender als etwa das Thema »Die Folgen des Westfälischen Friedens für das Rheinland« oder die Deutschlehrer-Frage »Was unterscheidet den Genitiv vom Dativ?«. Ob es sich bei den Vorgesetzten herumgesprochen hatte, dass ich, anders als meine Kollegen, in diesen Klassen kaum Disziplinprobleme hatte, weiß ich nicht.

Das zweijährige Referendariat als Frühphase meiner Lehrerlaufbahn war nicht langweilig. Denn erstens wurde ich in meiner Beobachtung bestätigt, dass Kinder und Jugendliche in der Pubertät tatsächlich anders lernen als Erwachsene – Kinder lernen induktiv, vom Einfachen zum Allgemeinen, während die Erwachsenen deduktiv vorgehen, das heißt, sie wollen erst einen Überblick haben über das Ganze, um dann in die Details einzusteigen. Und zweitens stand ich ausgerechnet zu einer Zeit vor der Klasse, als die Bildungsdiskussion von der Frage beherrscht wurde: »Wem nützt der Unterricht?« Bezeichnend dafür war der Versuch, sogenannten programmierten Unterricht in der noch computerlosen Zeit einzuführen. Dieser wurde später auch Thema meiner zweiten Staatsarbeit. Man glaubte, der damals vom Karlsruher Bildungspapst, Kybernetiker und Bestsellerautor Karl Steinbuch (1917–2005) vorausgesagten Bildungskatastrophe am ehesten mit programmiertem Unterricht begegnen zu können.

Dieses Thema war kurz zuvor vom amerikanischen Verhaltensforscher Burrhus Frederic Skinner (1904–1990) angestoßen worden. Er hatte Menschen beim Lernen beobachtet und war sich sicher, dass kleine Schritte hintereinander zu besseren Lernergebnissen führen würden als alle bisherigen Methoden. Skinners Theorie vom »Programmierten Unterricht« wurde auch in Deutschland heiß diskutiert. Im Detail ging es darum, dass es sich dabei um individuelles Lernen handelt, bei dem ein Thema im Mittelpunkt steht, das sich der Schüler mithilfe eines Lernprogramms, der »programmierten Unterweisung«, selbstständig erarbeitet. Dabei nähert er sich in vielen kleinen und für ihn jederzeit nachvollziehbaren Schritten dem Lernziel. Die Schritte können übrigens individuell an den Einzelnen angepasst werden. Am Ende eines jeden Zwischenziels muss eine Erfolgskontrolle stehen. Erst nach positivem Ergebnis darf der Schüler das nächste Lernziel ins Visier nehmen.

Ich habe diese lineare Methode bei der Erklärung des Elektromagnetismus in meiner Klasse eingesetzt. Den Unterricht und die dabei gewonnenen Erkenntnisse wählte ich unter dem Thema »Die Wirkung und die Effekte des programmierten Unterrichts als pädagogisches Mittel« für meine zweite Staatsarbeit. Die Prüfer benoteten sie mit einer Eins. Dabei schadete es nicht, dass meine Studie zu dem ernüchternden Ergebnis kam, dass der »Programmierte Unterricht« nicht den Schülern, wohl aber den Lehrern nütze. Während der Schüler das verästelte Denken und Lernen betrieb, konnte sich der Lehrer, indem er den Unterricht selbst programmierte (und damit »naivisierte«), in die Seele des Schülers hineinversetzen.

Was für manche nur eine der vielen Fußnoten in der bildungspolitischen Debatte der frühen 60er-Jahre sein mag, war für mich und meine spätere Arbeit von größter Bedeutung. Meine Themen fürs Fernsehen zeichneten sich immer durch einen linearen didaktischen Aufbau aus. Damit konnte ich viele Zuschauer zu einem Aha-Erlebnis verleiten. Dieses »Aha!« besaß gleichzeitig einen hohen Unterhaltungswert, denn was macht mehr Lust als die plötzliche Erkenntnis, etwas zu begreifen, wofür man sich möglicherweise vorher für zu dumm hielt? Aus vielen Reaktionen weiß ich, dass nicht wenige meiner Zuschauer nach dem Motto »Da ging mir ein Licht auf ...« Nutzen aus meinen Sendungen zogen, bestimmt auch deshalb, weil sie in diesen eher Unterhaltung als besserwisserische Belehrungen sahen. Dabei habe ich mich oft nicht gescheut, mich als Witzbold einzubringen, und, wenn es der Sache diente, mich auch selbst aufs Korn zu nehmen. Humor ist, wenn man trotzdem lacht.

Wenn ich auf meine Lehrerzeit zurückblicke und mich dabei der Methoden erinnere, mit denen ich damals arbeitete, kommt eine relativ aktuelle Nachricht aus dem hohen Norden wie gerufen. Finnland, das mit seinem Schulsystem laut Pisa-Studie seit Jahren in der internationalen Spitzengruppe liegt, hat jetzt das »Phenomenon-Based Learning« (PBL) eingeführt, ein Pflichtprogramm für alle 7- bis 16-Jährigen. Die profitieren davon, dass der bisherige fächerübergreifende Unterricht deutlich erweitert und durch mehr konkrete Beispiele veranschaulicht wird. Statt Einzelaspekte zu betrachten, geht es im »Phänomenunterricht« um das Begreifen von Zusammenhängen – weg vom Quiz-Wissen (Multiple Choice) hin zum ganzheitlichen Erlernen. Nach dem PBL-Modell werden einzelne Themen interdisziplinär vermittelt. Dabei dürfen die Schüler in diesen Phasen mitentscheiden, was und wie sie lernen möchten. Die klassischen Fächer außerhalb dieser Projektzeiten werden weiterhin gelehrt. Was bedeutet das alles? Die Antwort gibt Eija Kauppinen von der nationalen Schulentwicklungsbehörde: »Wir müssen darüber nachdenken, welches Wissen und welche Fähigkeiten die Schüler in Zukunft benötigen.« Dieser Satz könnte auch von mir stammen. Denn er entspricht jenen Gedanken, die mir schon vor über 40 Jahren durch den Kopf schwirrten: Schule darf nicht nur einzelne Fächer lehren, sondern muss auf die Zusammenhänge zwischen diesen Fächern hinweisen. Das Stichwort heißt »ganzheitliche Erziehung«.

Das Referendariat war übrigens auch jene Zeit (1964/66), in der ich für die »Medien« zuständig war, ohne zu ahnen, dass ich später einmal in dieser Branche landen würde. Das heißt, ich hatte die Aufgabe, mich innerhalb der Gruppe um die Filme, die in den Klassen gezeigt wurden, zu kümmern. Weil jeder der Referendare eine solche zusätzliche Tätigkeit absolvieren musste, griff ich beim Film zu, denn dieser Job lag mir am ehesten. Von der Bestandspflege übers Auswählen bis zum Organisieren und Reparieren des Equipments war hier einiges zu erledigen. Diese Form des begleitenden Unterrichts war manchmal aufwendig. Da es noch keinen Videorecorder und keine Monitore gab, lief alles über den Filmprojektor. Dann wurde zunächst das Klassenzimmer verdunkelt und die Leinwand aufgebaut.

Trotzdem: Mit dem Medium Film, so meine Erfahrung, lässt sich wenig erreichen, es motiviert allenfalls. Gleiches gilt fürs Schulfernsehen. Und es trifft auch – so viel Selbstkritik muss sein – für meine eigenen Sendungen zu, die letztlich nur motivieren konnten und, wenn man so will, erste Einblicke in die jeweilige Thematik ermöglichten. Was dann noch fehlte, konnte nur ein Medienverbund leisten. Das waren ergänzende Begleitbücher, mit denen sich alle Facetten eines häufig abstrakten

Stoffes in Ruhe nachvollziehbar darstellen ließen. Diese Doppelstrategie entwickelte sich rasch zum großen Renner: 70 Buchtitel in einer Gesamtauflage von über fünf Millionen Exemplare wurden verkauft und werden noch heute eifrig nachgefragt.

In diesem Zusammenhang wurde mir auch klar, was Synergie bedeutet. Viele Experimente, die ich schon im Klassenzimmer unternahm, wirkten nur deshalb, weil die Schüler die Materie buchstäblich begreifen, also anfassen, konnten. Später ließen sie sich auch auf der großen Bühne vor einem Millionenpublikum wiederholen.

Als ideale »Trainingseinheit« erwies sich der Gruppenunterricht. Weil ich dann vor der Klasse nicht mehr den großen Zampano spielen musste, konnte ich mit dem Gruppenunterricht eine Methode umsetzen, auf die ich während des Soziologiestudiums aufmerksam geworden war. Sie basierte auf dem »rangdynamischen Positionsmodell« des amerikanischen Psychologen Raoul Schindler (1923–2014). Damit ließen sich zwei Fliegen mit einer Klappe schlagen: Durch die entstehende Gruppendynamik gelang mir ein tiefer Blick in die Klassenseele – wie gehen die Schüler miteinander um, wer ist das Alphatier, werden Schüler diskriminiert, wer ist überfordert, wer macht aus Angst vor Blamage nicht mit? –, und das andere war das Echo auf diese Fragen. Es lieferte mir nach feinstem empirischem Muster das Gerüst für die Arbeit zu meinem Zweiten Staatsexamen.

In der schulischen Praxis sah es dann so aus, dass ich jeden der 32 Schüler freiwillig an eine der acht Tischgruppen sitzen ließ. Die Frage dieser geheimen Abstimmung lautete: »Mit wem möchtest du an einem Tisch sitzen?« Mit einem Diagramm ließen sich dann die Wünsche optisch wunderbar darstellen und damit auf einen Blick erklären, wer beliebt, besonders beliebt oder wer Außenseiter war. Zudem kristallisierten sich bestimmte Freundschaftsstrukturen heraus, mit denen man feststellen konnte, wie sie sich auf die Lernsituation in der Klasse auswirkten. Im zweiten und dritten Anlauf ließ sich schließlich auch noch demonstrieren, wie Demokratie funktioniert: Da nicht jeder bei jedem sitzen kann, unterliegt auch diese Wahl dem Faktischen.

Mit dem Zweiten Staatsexamen und der damit verbundenen Einschätzung meines Dienstherrn, dass ich nun die Befähigung besäße, mit Schülern umzugehen, wurde ich schon nach einem Jahr Assessor Studienrat.

Weil zu diesem Zeitpunkt großer Lehrermangel in Nordrhein-Westfalen herrschte, konnte ich mir den Unterrichtsstandort aussuchen. Wegen meines Studiums an der WiSo-Fakultät kam nur Köln infrage. Hätte man mich nach Minden oder Kleve geschickt, hätte ich es abbrechen müssen.

Die neue Lebenssituation stellte zumindest in materieller Hinsicht alles Bisherige in den Schatten. Ich war in der Besoldungsgruppe A13 angekommen, und schon ein Jahr später, weil man mich zu höheren Aufgaben berufen wollte, wurde ich Oberstudienrat (Besoldungsgruppe A14). Das bedeutete ein anständiges Gehalt mit Urlaubs- und Weihnachtsgeld sowie allen Segnungen des deutschen Berufsbeamtentums, wie sie seit Preußens entwickelt und seither regelmäßig verfeinert wurden – Versorgungsansprüche und ggf. Hinterbliebenenversorgung, Privatkrankenkasse, Unkündbarkeit, Pension inklusive. Herz, was begehrst du mehr?

Unterrichtsfach Zeitgeschichte

Bei aller Leidenschaft für meine Fächer Elektrotechnik, Nachrichtentechnik, Physik und Mathematik praktizierte ich eine »Unterrichtseinheit«, die auf keinem Lehrplan stand: Jede neue Klasse, die ich übernahm, musste sich zuallererst einen Film anschauen, der die Verbrechen der Nazis dokumentierte. Der deutsch-schwedische Regisseur Erwin Leiser (1923–1996) hatte in seinem Film mit dem bewusst provokanten Titel *Mein Kampf* Dokumentaraufnahmen aus der Zeit – insbesondere aus Konzentrationslagern – so intelligent zusammengestellt, dass diese schrecklichen Verbrechen bei jedem Zuschauer ihre emotionale Wirkung nicht verfehlen konnten.

Erwin Leiser »Mein Kampf«, Ausschnitt (Film)
https://binged.it/2vLn4rf

Mir war dieses Thema immer sehr wichtig. Denn ich wollte nicht nur erstklassige Handwerker und Techniker ausbilden, sondern auch junge Menschen, die nicht in die Falle ihrer Eltern und Großeltern tappen sollten. Die 15-, 17-Jährigen, die nun alle in dem verdunkelten Klassenzimmer vor der Leinwand versammelt waren, während der 8-Millimeter-Projektor den 122-Minuten-Film abspielte, schienen anfangs ziemlich überrascht von dieser ungewohnten Lehrstunde: Aufklärungsarbeit in Sachen Totalitarismus, wohin er führt und was er anrichtet. Was nutzt der schönste Beruf, wenn gleichzeitig um einen herum geschossen, geplündert, gemordet wird? Die jungen Leute waren danach sehr nachdenklich. Noch immer, Jahrzehnte später, erhalte ich manchmal ein anerkennendes Echo: »Sie haben uns nicht nur unsere Fächer gelehrt, sondern auch gezeigt, dass wir die freie Luft, die wir atmen durften, schätzen gelernt haben.« Dieser Satz klingt wie eine Bestätigung meiner Philosophie. Ich bin mir sicher, dass ein Volk seine demokratische Reifeprüfung nur dann besteht und immun gegen Aufwiegler aller Art wird, wenn neben den unumstößlichen Fakten, wie in diesem Fall der Mathematik und Physik, auch die sogenannten weichen Faktoren gelehrt werden.

Bei aller Leidenschaft fürs Fachliche und Staatsbürgerliche ahnte ich noch nicht, als ich im Frühjahr 1964 mit dem Referendariat begann, dass die Schulkarriere schon nach sechs Jahren wieder zu Ende sein würde, weil eine neue, faszinierende Aufgabe auf mich wartete.

Eine Frage nach dem Nutzen

Aus eigener Erfahrung weiß ich, wie entscheidend pädagogisches Geschick für die Motivation sein kann. Als ich am Luxemburger Limpertsberg in der Handwerkerschule mit einer neuen Qualität von Lehrern konfrontiert wurde – Lehrer, die das pädagogische Metier beherrschten –, wurde aus mir von einem auf den anderen Tag ein guter Schüler. Und jedes Mal, wenn ich später selbst vor der Klasse einen neuen Stoff präsentierte, stellte ich zunächst die Frage: »Warum ist das, was wir jetzt gerade machen, so wichtig und was nützt es?« Also beschrieb ich Mathematik nicht um der Mathematik willen, sondern ging erst einmal der Frage nach, welcher Nutzen sich damit verbindet und was es beispielsweise heißt, Probleme mithilfe der Algebra oder der höheren Mathematik zu lösen. Dass sich aus derartigen Überlegungen Weiterungen ergeben, dass also beispielsweise bei der Technik die gesellschaftlichen Implikationen (Stichwort Technikfolgenabschätzung) unbedingt berücksichtigt werden sollten, liegt ebenfalls in der Logik dieses Ansatzes.

Mein großes Vorbild war Camille Dischbourg. Der Lehrer aus Luxemburg zog jedes Mal seine banal-geniale Welterklärungsformel aus der Tasche, wenn es mal wieder hakte: Ursache – Wirkung. Ich bin mir sicher, dass ich in seine pädagogischen Fußstapfen getreten bin. Auf jeden Fall war mir schon immer klar, dass ein Lehrer verdammt viel zu tun hat, wenn er seinen Job richtig machen will. Das Vorurteil, Lehrer seien faul, kann ich nicht bestätigen. Sie müssen mindestens so viele Stunden in die Vorbereitung wie in den Unterricht selbst investieren. Eine 50-Stunden-Woche ist nicht selten. Das gilt besonders für Technik-, Physik- und Chemielehrer, wenn sie ihren Unterricht im wahrsten Sinne des Wortes zum »Begreifen« gestalten wollen, also mit vielen Experimenten zum Anfassen. Dabei gibt es so viele Möglichkeiten, den Schülern anhand interessanter Experimente die Welt zu erklären. Und was für die Schüler von Nutzen ist, hilft auch dem Lehrer. Denn sein Ansehen steigt durch die Art und Weise, wie er unterrichtet. Das spüre ich noch heute in meiner »Pützmunter-Show«, die ich mit meinem Freund, dem Physiker Horst Minge, in meist vollen Sälen in ganz Deutschland veranstalte. Dazu haben wir über 50 physikalisch-chemische Experimente vorbereitet, mit denen diese Wissenschaften dem Publikum auf motivierende Weise erklären, wie sich mit ihnen das Leben erleichtern lässt – eine Art Kabarett zur Förderung der MINT-Fächer (**M**athematik, **I**nformatik, **N**aturwissenschaft, **T**echnik). Und wie bei jedem Kabarett ist auch in der »Pützmunter-Show« herzliches Lachen erlaubt und erwünscht.

Autorität in der Schule?

Ein Beispiel in Sachen experimentelles Vorgehen lieferte uns einst sogar Professor René König am Soziologischen Institut mit seinem Rattenexperiment: Man nehme zwei Populationen mit je 50 Tieren. Beide lässt man unter Beobachtung hungern. In der einen Gruppe sucht man gezielt nach dem Alphatier. Es wird markiert. In der zweiten Gruppe sucht man nach dem Tier, das am unscheinbarsten wirkt oder das von den anderen gemobbt wird. Auch dieses wird markiert. Nun bringt man nach der Hungerphase dem Alphatier aus der ersten Gruppe die Methode »Nahrungsbeschaffung« bei. Ergebnis: Auch die anderen Tiere der Gruppe lernen es schnell, indem sie es nachahmen; sie werden also selbstständig. Parallel dazu bringt man dem Tier aus der anderen Gruppe, dem Tier mit dem geringen Ansehen, ebenfalls diese Methode bei. Und jetzt geschieht etwas Verblüffendes: In dieser Gruppe zwingen nun die übrigen Tiere dieses offenkundige »Verlierer-Tier« dazu, Nahrung für sie zu beschaffen und versklaven es regelrecht. Als Ergebnis könnte man auch sagen: Ohne natürliche Autorität gibt es keine Wissensvermittlung. Auch wenn sich dieses Experiment nicht auf Menschen übertragen lässt, macht es nachdenklich. Dennoch kommt man an der Feststellung nicht vorbei, dass Personen, die etwas vermitteln sollen, unbedingt Empathie, Glaubwürdigkeit und Akzeptanz besitzen sollten. Dieser kleine Test machte daher auch deutlich, was Charisma eigentlich ist: die wichtigste Eigenschaft zum Führen – aber auch zum Verführen, und dass »Autorität« tatsächlich etwas ganz anderes ist, als sich »autoritär« zu gebären.

Schicksalhafte Begegnung am Römerturm

Die großen gesellschaftspolitischen Fragen, die etwa ab Mitte der 60er-Jahre die Diskussion in der Bundesrepublik beherrschten, gingen auch an Köln nicht spurlos vorüber. Zwar waren mit Frankfurt am Main und West-Berlin die eigentlichen Zentren der Außerparlamentarischen Opposition (APO) entstanden, doch gab es auch am Rhein genügend Stoff, der bürgerlichen Ungehorsam plausibel erscheinen ließ. Zum einen war es die Große Koalition in Bonn, die mit ihren Notstandsgesetzen nichts Gutes versprach, dann waren es hautnahe lokale Konflikte, wie der Streik bei Klöckner-Humboldt-Deutz (März 1968) als 4 000 Arbeiter auf die Straße gingen. Ein Jahr später fand außerdem in Köln eine große Lehrlingsdemonstration gegen das neue Ausbildungsgesetz statt. Bereits im Oktober 1966 kam es zu der bis zu diesem Zeitpunkt größten politischen Demonstration in Köln, als Schüler – unterstützt vom Allgemeinen Studentenausschuss (AStA) der Universität – gegen die drastische Fahrpreiserhöhung der Kölner Verkehrsbetriebe (KVB) von bis zu 52 Prozent auf die Straße gingen. Als sich die 6 000 Schüler und Studenten, die am Neumarkt die Schienen blockierten, weigerten, die Straße zu räumen, kam es zum Einsatz von Wasserwerfern und berittener Polizei. Diese lokalen Ereignisse wurden jedoch von drei Großthemen überlagert, die bis weit ins bürgerlicher Lager hinein für Empörung sorgten: dem Vietnamkrieg (seit 1964), dem Schah-Besuch in Berlin mit dem Tod Benno Ohnesorgs (Juni 1967) und dem Mordanschlag auf Rudi Dutschke (Ostern 1968). Dass sich bei derartigen Aktionen sowie dem Umgang staatlicher Stellen mit ihnen Widerstand bilden würde, war für viele, auch vor dem Hintergrund der noch immer nicht aufgearbeiteten Nazizeit, absehbar.

Kölner Studenten-Demo gegen drastische Fahrpreiserhöhung der KVB, Oktober 1966 (Foto)
http://bit.ly/2vMbsUX

Der Republikanische Club (RC) war ein außerparlamentarisches, außeruniversitäres Kommunikations- und Aktionszentrum. Seine Geburtsstunde schlug am 30. April 1967 in West-Berlin. Taufpaten waren dort unter anderem die Philosophen Johannes Agnoli und Ossip K. Flechtheim, der FDP-Politiker William Borm, der Schriftsteller Hans Magnus Enzensberger und der Kabarettist Wolfgang Neuss. Die Club-Ziele brachte der Hannoveraner Philosoph Oskar Negt auf eine ebenso einfache wie schwierig umzusetzende Formel: Der RC solle sich als antibürokratische Organisationsform der Vermittlung von Theorie und Praxis begreifen – einschließlich der Realisierung rätedemokratischer Modelle.

Wie in anderen Städten etablierte sich nun auch in Köln nach Berliner Vorbild ein Republikanischer Club. Die Idee kam aus dem Soziologischen Seminar. Nun gehörten ihm unter anderem der AStA-Vorsitzende Klaus Laepple (heute Spitzenfunktionär der deutschen Tourismuswirtschaft), Karl-Otto Hondrich (später Experte für Familiensoziologie und Professor an der Goethe-Universität Frankfurt) sowie Christian Schmidt-Heuer (später *Zeit*-Korrespondent in Moskau und Peking). Mit dabei: Auch viele

Journalisten und Journalistinnen der Kölner Sender und des Verlagshauses DuMont. Nach dem »Studentenschweigemarsch für Benno Ohnesorg« trat auch Professor Scheuch als Redner auf, der allerdings ein Jahr später die »linken Positionen« der Studentenschaft kritisch beurteilte. Wie stark das bürgerliche Lager von dieser Debatte erfasst wurde, zeigt auch die Tatsache, dass der Verleger Alfred Neven DuMont den Druckvertrag mit Axel Springers *Bild* kündigte. Dieses Blatt war zum Teil in indiskutabler Sprache über die Studenten hergefallen. Das Zerwürfnis der Verleger war zugleich der Startschuss für den *Express*, den wir Studenten freudig begrüßten. Leider mutierte das Blatt dann später zu einer ebenfalls kritisierbaren Postille.

In der Straße Am Römerturm hatte der Republikanische Club eine Parterrewohnung gemietet. Es sollte das Kölner »Kommunikations- und Aktionszentrum« werden. Als Vorsitzender der politischen Hochschulgruppen Kölns war ich sozusagen »qua Amt« in das Projekt eingebunden, wenngleich ich keine Mühe damit hatte, mich mit den ursprüngliche Zielen des RC zu identifizieren: Studentische Mitbestimmung, Demokratie und liberale, weltoffene politische Kultur sind keine schlechten Ziele.

Die Frage »Wer kann was?«, die eines Tages gestellt wurde, hatte nichts mit politischer Theorie, sondern eher mit handwerklicher Praxis zu tun. Das neue Domizil musste erst einmal hergerichtet werden. Und so half ich beim Ausbau der Toiletten im Keller ebenso wie bei der Installierung der elektronischen Anlagen von der Beleuchtung bis zu den Mikrofonen und den Lautsprechern. Mit seinen Sitzgruppen aus Schaumstoff besaß der RC den Charme Pariser Salons à la Simone de Beauvoir. Nur aus unseren Bestrebungen, auch noch eine kleine Kneipe zu etablieren, wurde nichts. Das Ordnungsamt verweigerte uns die Schankerlaubnis.

Das war aber kein Hindernis für originelle Diskussionsbeiträge. Die Besucher, die nun in Scharen kamen – Studenten, Künstler, Journalisten –, machten es sich unter dicken Tabakschwaden in den Sitzgruppen bequem. Weil sie sich nun in der Keimzelle der Radikaldemokraten wähnten, fielen die Diskussionsbeiträge – etwa gegen die prügelnden Leibwächter des Schahs von Persien während dessen Deutschland-Besuchs – entsprechend deftig aus. Man war auch gegen Restauration und

Ralf Dahrendorf (Foto)
https://binged.it/2w2APB9

Notstandsgesetze – alte Nazis sowieso – und diskutierte darüber hinaus heftig über die nicht gerade gemütliche Weltlage. Oder man hörte Gästen wie Rudi Dutschke oder Ralf Dahrendorf zu. Es entstanden Bekanntschaften und Freundschaften. Manche dieser Kontakte bestehen noch heute. Für mich waren sie lebensprägend.

Klaus Jürgen Haller ist vier Jahre jünger als ich und arbeitete beim WDR als Hörfunkredakteur, wo er zusammen mit Dieter Thoma das legendäre »Mittagsmagazin« moderierte. Dort wurde er wegen seiner originellen Anmoderation der um 12.05 Uhr beginnenden Sendung »Guten Tag, meine Damen und Herren, guten Morgen, liebe Studenten!« geschätzt. Zu ihm hatte ich sofort einen guten Draht. Auch mit dem WDR-Reporter Michael Franzke, dem späteren Afrika-Korrespondenten der ARD, war ich freundschaftlich verbunden. Gemeinsam mit Thoma, Franzke und der großartigen Carmen Thomas spielten wir schon lange vor unserer WDR-Laufbahn im berühmten »Hörsaal E« der Universität Skat. Dieser Kontakt hielt auch noch, als sich mein Interesse eher Richtung Republikanischer Club verlagerte. Dort kam eines Abends Klaus Jürgen Haller mit einer überraschenden Neuigkeit zu mir an den Tisch: »Du, Jean, der WDR interessiert sich für dich. Er will eine naturwissenschaftlich-technische Redaktion aufbauen, und ich habe ihnen gesagt, dass du alle Kriterien dafür mitbringst.«

DIE FERNSEH-JAHRE

Die 70er: Einstieg beim WDR – Zimmer mit Badewanne

Dass sich der WDR für mich interessierte, verwunderte mich. Offensichtlich hatte Klaus Jürgen Haller das richtige Gespür und auch die entsprechenden Worte gefunden, um mich dort ins Gespräch zu bringen. Nachdem ich an einem regnerischen Herbsttag des Jahres 1969 das Büro von Abteilungsleiter Alexander von Cube am Wallrafplatz betreten hatte, entspann sich ein freundlich-abwartendes Gespräch, bei dem es nach den üblichen Höflichkeitsfloskeln rasch zur Sache ging. Ich kannte von Cube aus zahlreichen Sendungen und empfand ihn immer als einen äußerst geschickten Fernsehmann, der in kompetenter Manier komplexe Themen behandelte, ohne dabei arrogant zu wirken. Er hatte ein gesundes Selbstbewusstsein und beherrschte, wie ich später hautnah mitbekam, das Handwerk von der Recherche bis zur Produktion aus dem Effeff. Nun wollte er von mir wissen, woher ich käme, was ich bisher gemacht hätte und wie ich mir den Job vorstellte.

Der Job? Ich wusste zwar, dass der Sender eine naturwissenschaftlich-technische Redaktion fürs Fernsehen gründen wollte und dass man mich möglicherweise für dessen Leitung vorgesehen hatte. Aber ich wusste auch: Jeder Vorgesetzte würde eine solche Frage stellen, ebenso wie ich auch wusste – so viel Lebenserfahrung besaß ich mit meinen 33 Jahren bereits –, dass man bei einer Bewerbung nicht gleich sein ganzes Pulver verschießen sollte, denn es könnte ja sein, dass das Vis-à-vis einen Konkurrenten wittert. Nun war diese Befürchtung, wie sich rasch herausstellte, übertrieben. Alles in allem, so schien es, waren die Leute im Funkhaus tatsächlich neugierig auf mich und hatten auch mit der Redaktion »Naturwissenschaft und Technik«, die sie schon seit geraumer Zeit planten, etwas Großes vor. Mit meinen Ideen vom informierten, demokratischen Bürger, wie ich sie bereits im Republikanischen Club geäußert hatte, konnte ich nicht schiefliegen, dachte ich mir. Fachliches und didaktisches Wissen sowie gesellschaftspolitisches Engagement schienen dafür die besten Voraussetzungen. Denn eines stand bereits fest: Das Schulfernsehen mit seinen 2 000 bis 3 000 Zuschauern vermochte die inzwischen allerorts sichtbaren Defizite nicht auszugleichen. Vielen Pädagogen und Medienleuten war der Kanal einfach zu langweilig und lief immer öfter mit seinen staubtrockenen Beiträgen der Realität hinterher.

Unabhängig von dieser speziellen Entwicklung wurde die deutsche Fernsehlandschaft, Abteilung Wissenschaft und Technik, von einigen Koryphäen wie Heinz Haber und Horst Stern geprägt, die das Interesse des Publikums durchaus zu wecken verstanden. Diese Liga, sosehr sie mich auch faszinierte, erschien mir jedoch so weit weg, dass ich mich mit dem Gedanken vertraut machte, diese einmalige Chance zu nutzen, um erst einmal etwas aufzubauen. Originelle, zeitgemäße Ideen und überzeugende Drehbücher gehörten dazu. Um diesen Gedanken drehte sich alles. Und wenn man so will, war es ein Parallelprogramm, mit dem ich konfrontiert war: Der WDR erwartete etwas von mir – ich aber auch von ihm. Hinter dieser Philosophie, mit der ich bei allen offene Türen einrannte, steckte ein ambitioniertes Redaktionsprogramm. Denn nur eine umfassende, korrekte Information, basierend auf Wissen und Glaubwürdigkeit, liefert dem Einzelnen die Argumente für vernünftige Entscheidungen. Weitergedacht bedeutet dies: Je qualifizierter und zielgerichteter die Information, desto stabiler die Demokratie. Diese Binsenweisheit trifft nach meiner Überzeugung auch auf meine heimliche Lieblingsklientel, die Handwerker, zu. Daher wagte ich die These: Nur ein Handwerker, der seinen Beruf begriffen hat, wird auch ein guter Demokrat sein. Denn mir war schon lange klar: auf dem Weg in die bevorstehende Informationsgesellschaft sollte es weder langweilig noch oberlehrerhaft oder missionarisch zugehen.

Für den Gewerkschafter und aufgeklärten Linken Alexander von Cube konnte es für ein solches Projekt nicht genügend Mitstreiter geben. Ich bin mir sicher, dass er wusste, dass wir mit diesem redaktionellen Anspruch auch eine medienpolitische Duftmarke setzen konnten. Noch kein Sender in der gesamten ARD hatte so etwas auf Lager. Präzise auf den Punkt, glaubwürdig, leidenschaftlich, unbestechlich und ohne Scheuklappen, dafür aber kompetent und streitlustig – so stellte sich von Cube den modernen (TV-)Journalisten vor.

Ob ich letzten Endes in diese Rolle schlüpfen könnte, darüber war ich mir selbst alles andere als sicher. Der Gedanke, dass es irgendwann der Himmel auf Erden sein könnte, falls es denn klappte, war nicht ganz ohne Reiz. Denn Wissenschaftsjournalist im Fernsehen zu sein, das war schon etwas. Dass man mich außerdem auf Anhieb gleich in die zweithöchste Redakteurs-Gehaltsgruppe, mit Option auf die höchste, einstufte, überraschte mich sehr. Andererseits signalisierte es mir, dass mein neuer Arbeitgeber entsprechend hohe Erwartungen in mich setzte.

Möglicherweise hatte ich während der Gespräche diese Stimmung befördert. Ich glaubte, dass es mir gelungen war, die künftige Umgebung von meinen Ideen zu überzeugen. Es waren ja auch nur Gedanken, noch hatte ich nichts produziert oder gar moderiert. Auf die Frage, wie ich mir denn die Arbeit vorstellte, sagte ich, dass Fernsehen vor allem motivieren solle. Dies könne nur dann geschehen, wenn man an die sogenannten einfachen Menschen denke. Denn sie hätten die Folgen aller Neuerungen auszubaden. Und weiter: »Fernsehen ist ein Massenkommunikationsmittel, das nicht zum Statussymbol für Leute umfunktioniert werden darf, die dort ihren großen Auftritt haben und damit angeben.«

Das saß. Von Cube und seine Mannen – Frauen hatten den Weg in dieses Metier zu diesem Zeitpunkt noch nicht gefunden – funkten mit ihrer zielgerichtet-unprätentiösen Art schon lange auf dieser Wellenlänge. Der neue potenzielle Mitarbeiter, in dessen Papiere berufliche Stationen wie Elektromechaniker, Elektroingenieur und Berufsschullehrer verzeichnet waren, schien alle Voraussetzungen dafür mitzubringen. Kein Fernsehen von unten oder von oben, sondern auf Augenhöhe.

Und wie und wo sah ich mich selbst? Dass ich eines Tages zum Moderator werden sollte, stand zu keiner Sekunde auf meinem Plan, ganz im Gegenteil. Ich hielt mich in diesem Job für völlig ungeeignet. Ob und inwieweit von Cube und seine Leute das anders gesehen haben, weiß ich nicht, wir sprachen in der Folgezeit nie darüber.

Wir verabschiedeten uns mit der mündlichen Zusage für den Job und mit dem Auftrag, erst einmal die Drehbücher für eine mehrteilige Sendereihe, deren Thema ich selbst bestimmen durfte, zu schreiben. Was das Thema betraf, entschied ich mich für »Energie«, weil sie die Grundlage aller naturwissenschaftlichen Gesetzmäßigkeiten darstellt. Ein anderes großartiges Entgegenkommen des WDR bestand drin, dass ich als Leiter der neuen Redaktion »Naturwissenschaft und Technik« diese nach eigenem Gusto und ohne Vorgaben zusammenstellen durfte.

Das Wendejahr – und was für eines!

Das Jahr 1969 war in vielerlei Hinsicht ein Wendejahr. In Bonn kam eine neue Regierung ans Ruder, die für die Außenpolitik neue Wege und für die Innenpolitik Reformen versprach. Willy Brandt (SPD) und Walter Scheel (FDP) wollten mit den Hinterlassenschaften des Zweiten Weltkriegs aufräumen und mit den östlichen Nachbarn, einschließlich DDR, eine neue, vertraglich abgesicherte Gesprächs- und Handlungsbasis schaffen.

Eine der wichtigsten Fragen in der Innenpolitik beschäftigte sich mit der Bildung. Und da lag einiges im Argen. Die Etappen auf dem Weg in die bildungspolitische Talfahrt hießen Schulgeld, Konfessionsschulen, Universalanspruch des Gymnasiums, mangelhafte Durchlässigkeit der einzelnen Schulsysteme und veraltete Lehrpläne. Die Bundesrepublik Deutschland, so schien es, drohte in einem didaktischen Provinzialismus zu versinken. Schon Jahre zuvor hatten kompetente Wissenschaftler wie Karl Steinbuch (*Falsch programmiert*) und Georg Picht (*Die Bildungskatastrophe*) auf einen drohenden Niedergang hingewiesen.

Unter den Aufgeklärten im Lande stießen sie damit auf offene Ohren. Auch bei den Medien. Durch die Redaktionsstuben des Landes wehte ein angenehm lindes Lüftchen; es war das Signal zum Aufbruch. Schon 1965 forderte der von mir verehrte Soziologe und FDP-Vordenker Ralf Dahrendorf ein »Bürgerrecht auf Bildung«: Bildungsgerechtigkeit plus Durchlässigkeit der Bildungssysteme, lautete seine Devise. Auch ich wusste, nicht zuletzt als Ergebnis meiner kurzen Zeit als Lehrer, dass es ohne guten, ambitionierten, modernen Unterricht künftig nicht mehr gehen würde, und dass alles getan werden müsse, damit aus dem einst bestaunten Wirtschaftswunderland nicht eines Tages eine geistige – und folglich ökonomische – Wüste würde.

Die Politik begriff allmählich die Situation. Universitäten wurden gebaut, das Mitbestimmungsrecht für die Studierenden eingeführt und das BAföG vorbereitet. Das Berufsbildungsgesetz regelte nun für alle verbindlich die Berufsausbildung und stärkte das schon damals vorhandene duale Ausbildungssystem auf eine Weise, die es endgültig zu einem weltweit führenden Modell machte.

Ein Traum wird wahr

Im Westdeutschen Rundfunk, dem Heimatsender von einem Viertel der Deutschen, war man für neue Ideen, die den technischen Wandel begleiteten, aufgeschlossen. Was nicht verwunderlich war. Denn das Land zwischen Rhein und Weser war das größte europäische Industrierevier und hatte auch über die Kohle und den Stahl hinaus ein riesiges Potenzial, das es in die neue Zeit zu überführen galt. Flankierende Maßnahmen seitens der Medien, wie es beispielsweise das als »Nürnberger Trichter« verspottete Schulfernsehen war, galten, wie bereits erwähnt, mehr oder weniger als gescheitert. Trotzdem lief dieses Format weiter. Neben »Aktuelles« und »Wissenschaft und Kultur« blieb das Schulfernsehen eine der drei Säulen des WDR-Fernsehens, des seit 1965 existierenden Regionalprogramms.

In diese neue Gemengelage aus Erwartungen, Wünschen, Hoffnungen und Realität platzte ich mit der Idee einer Sendereihe über die Energie. Mit ihr wollte ich nach dem Prinzip Ursache und Wirkung die Bedeutung der Energie im Kleinen wie im Großen darstellen. Mir schien schon beim ersten Treffen, als habe Alexander von Cube auf so etwas gewartet.

Wochen zuvor erreichte mich die Einladung zum offiziellen Einstellungsgespräch mit den Verantwortlichen des Senders. Bei diesem zweiten Kontakt mit dem WDR ging es um die Klärung noch offener Punkte. Eine entscheidende Rolle bei diesem Treffen spielte der Hauptabteilungsleiter Friedrich Wilhelm Räuker. Ohne dessen Zustimmung wäre, trotz aller Vorabsprachen, nichts gelaufen. Als ich ihm gegenübersaß, hatte ich den Eindruck, dass Räuker über mich und meine Pläne genau im Bilde war. Von Anfang an hatte ich einen sehr guten Draht zu ihm, dem späteren Intendanten des Norddeutschen Rundfunks, und er schien mich und meine Ideen sehr zu schätzen. Auch die anderen Granden – Fernsehdirektor Werner Höfer und Intendant Klaus von Bismarck – nickten die Personalie Jean Pütz ab. Räuker hatte mich, wie ich später hörte, zuvor bei Höfer mit dem Satz lanciert: »Der passt zu uns, der kann etwas.«

Bereits kurz danach, im Dezember 1969, fast vier Wochen vor dem eigentlichen Dienstbeginn, bezog ich mein neues Büro. Es befand sich im ehemaligen Hotel Carlton, gegenüber dem Dom und neben der Kölsch-Wirtschaft Früh: ein Zimmer plus Nebenraum mit Badewanne. Diese Kombination erwies sich später, gerade an heißen Sommertagen, als sehr nützlich. Zwei Jahre danach zogen wir in das berühmte Vierscheibenhaus.

Zwischen Gummibaum und Ficus Benjamini

Dort war unsere kleine Truppe mit einer völlig neuen Umgebung konfrontiert. Doch gefremdelt wurde nicht, denn die deutsche Angestelltenkultur war auch beim Westdeutschen Rundfunk ausführlich zu besichtigen – samt allen die Hierarchie unterstreichenden Äußerlichkeiten. Gummibaum und Teppichboden, Sitzgruppe und zeitgenössische Kunst, Doppel- und Dreifachachse, Sekretariat und frische Blumen gehörten dazu. Bei mir war es lediglich ein Ficus Benjamini.

Trotzdem waren noch zwei Punkte ungelöst. Ich musste mich von meinem bisherigen Dienstherrn, dem NRW-Kultusministerium, als Oberstudienrat beurlauben lassen. Dass es diese Rückfahrkarte noch gab, war mir als Familienvater nicht unwichtig, zumal ich keine Ahnung hatte, wie es mit dem neuen Job weitergehen würde. Insgeheim verordnete ich mir selbst zwei Jahre. Das war jene Zeitspanne, in der ich mich als Seiteneinsteiger in der neuen, ungewohnten Welt durchsetzen wollte. Punkt zwei war das Schicksal »meiner« Felten-&-Guilleaume-Lehrlinge, für deren Ausbildung ich mich nach wie vor verantwortlich fühlte und die ich unter keinen Umständen im Stich lassen wollte – gerade jetzt, wo keiner mehr von ihnen durch die Gesellenprüfung rasselte. Und so fiel mir ein großer Stein vom Herzen, als mein unmittelbarer Vorgesetzter mir diesen Nebenher-Job erlaubte. Für das Gewerkschaftsmitglied Alexander von Cube war das überhaupt kein Problem: Ich sollte nur darauf achten, dass meine Redaktionsarbeit nicht darunter litt.

Im siebten Stock des Vierscheibenhauses am Appellhofplatz, des neuen, eindrucksvollen Standorts des WDR-Fernsehens, war ich nun Zimmernachbar von Hans Ahlborn, mit dem ich das Vorzimmer teilte. Ahlborn war ein kreativer Kollege, er erfand mit der Sendung »Orakel« das erste interaktive TV-Format in Deutschland. Für mich persönlich wurde er zum wichtigsten Weichensteller im WDR, denn nach nur kurzer Zeit holte er mich hinter der Kamera hervor und zog mich, ungeplant und zunächst auch ungewollt, aus der mehr oder weniger anonymen Redaktionsarbeit ins Rampenlicht. Als ihn 1975, mit noch nicht einmal 40 Jahren, während der Arbeit ein tödlicher Hirnschlag ereilte, war das einer meiner traurigsten Tage, und zwar nicht nur, weil der Sender einen seiner kreativsten Köpfe verlor.

Zu neuen Ufern

Die Hauptabteilung hieß Kultur »und« Wissenschaft. Zu ihr zählte auch meine neue Redaktion »Naturwissenschaft und Technik« – ein Unikum, wie ich fand, denn ich fragte mich: Ist Wissenschaft etwa keine Kultur? Schließlich empfahl ich, die Hauptabteilung doch lieber in »Kultur inklusive Wissenschaft« umzubenennen. Das war jedoch leichter gesagt als getan, denn erstens stand »Wissenschaft« unter den Kulturaposteln in der gesamten ARD noch nicht hoch im Kurs, und zweitens fragte man sich: Was soll diese Idee eines Newcomers denn überhaupt?

In den oberen Rängen des Westdeutschen Rundfunks hatte man sich einiges für das Dritte Programm auf die Fahne geschrieben. Es war ein behutsamer Prozess des Wandels – weg vom betulichen Präsentations-TV hin zum experimentellen, (auch) interaktiven Fernsehen. Natürlich war das eine kleine Medienrevolution, vor allem weil plötzlich neue Akzente, die sich in Stil und Inhalt widerspiegelten, gesetzt wurden. Statt Welterklärungen von der Kanzel, wie sie andernorts gerne praktiziert wurden, waren jetzt andere Methoden und Sichtweisen gefragt. Das war das Glück meines Lebens, denn ich konnte mir alles vornehmen, was spannend, interpretationsbedürftig, nutzwertig und neuartig erschien – und zwar ohne Gängelei und quer durch den Themengarten. Kaum eine Sparte des Alltags war davon ausgeschlossen; selbst scheinbar abseitige Themen wie Kosmetik, Parfüm, Ernährung oder künstliche Besamung (von Pferden) wurden behandelt und von einer immer größer werdenden Zuschauergemeinde interessiert bis begeistert wahrgenommen. Parallel zu den inhaltlichen kamen strukturelle Duftmarken hinzu: Die Chance, die Redaktion »Naturwissenschaft und Technik« aufzubauen, bedeutete auch, dass zu dem Einzelkämpfer, der ich zu Beginn war, im Laufe der Zeit rund zehn Redakteurinnen und Redakteure kamen – dazu auch noch einige »feste Freie«. Schon diese Entwicklung dokumentierte die Bedeutung unseres Themenspektrums innerhalb und außerhalb des Senders. Was mich aber noch immer sehr bewegte, war die Tatsache, dass ich die Weichen dafür stellen durfte, dass »Naturwissenschaft und Technik« noch heute eine der erfolgreichsten Sendungen des WDR-Fernsehens ist – wenn man so will, auch eine Form von Glück.

Das 11. Gebot

»Du darfst die Ressourcen der Erde nur so nutzen, dass unsere Kinder und Kindeskinder die gleichen Chancen haben.«

Das ist mein Lebensmotto. Ich verbinde damit zugleich eine große Hoffnung, und es ist für mich die Verlängerung des Kant'schen Imperativs ins digitale Zeitalter. Bei meinem 11. Gebot allerdings liegt der Akzent auf »gleiche Chancen« und nicht auf »gleiche Verhältnisse«. Denn die Verhältnisse ändern sich ständig. In diesem Zusammenhang benutzte ich ein Wort, das später vom Club of Rome propagiert, heutzutage in aller Munde ist: Nachhaltigkeit.

Zu diesem Kapitel gehört der Umgang mit der Kernkraft – ein nach wie vor ungelöstes Problem. Als Physiker war und bin ich ein erklärter Gegner der Kernenergie. Schon im Herbst 1963, als die »Bürgerinitiative Museldall« unter der Präsidentschaft von Elisabeth Kox-Risch, Bürgermeisterin von Remich und Mutter von elf Kindern, gegen ein geplantes AKW zu Felde zog, war ich als Luxemburger mit dabei. Die mächtige RWE plante, in Remerschen bei Schengen ein 1 300-MW-Kernkraftwerk hochzuziehen. Doch zu dem einzigen luxemburgischen AKW kam es nicht, weil die Bürgerinitiative Erfolg hatte: 80 Prozent aller Luxemburger lehnten

AKW Cruas bei Montélimar (Foto)
https://binged.it/2uAa9tl

in einer Volksabstimmung dieses Projekt ab. Heute können sie sich und ihre Nachfahren, aber auch die Lothringer und Saarländer über ein wunderschönes Naherholungsgebiet samt Seenplatte freuen. Dass die Franzosen in diese »Lücke« preschten und im acht Kilometer entfernten Cattenom zwei weitere Reaktorblöcke zu den bereits bestehenden bauten, macht wütend und reduziert unsere Sache leider nur zu einem halben Sieg. Übrigens, bei aller Liebe zur Grande Nation: Es scheint zu den Widersprüchen unserer Zeit zu gehören, dass die sonst so aufgeklärten Franzosen noch immer auf die Kernkraft setzen und ihr ganzes Land damit vollpflastern.

Bei allem Frust bleibt trotzdem die Gewissheit: Wir haben mitgeholfen, dass in der deutschen Bevölkerung der Verzicht auf Atomstrom weitgehend Konsens ist. Meine Sendereihe »Energie, die treibende Kraft« wurde im Laufe der Jahre von allen Dritten Programmen in der ARD mehrmals wiederholt. Die Serie war die gründliche Analyse eines technischen (und damit auch gesellschaftspolitischen) Kernproblems. Sie besitzt noch heute Gültigkeit – wohlgemerkt: Die 13 Teile wurden im zweiten Quartal des Jahres 1971 gesendet. Zu diesem Zeitpunkt waren wir noch meilenweit von Brokdorf, Wackersdorf und Wyhl entfernt. Und vom Club of Rome mit seinem aufrüttelnden Report *Grenzen des Wachstums* (1972) hatte man auch noch nichts gehört. Auch Harrisburg (1978) mit der ersten partiellen Kernschmelze und der anschließenden Flucht von 140 000 Ostküsten-Amerikanern geschah fast zehn Jahre später. Die Ortsnamen Tschernobyl (1986) oder Fukushima (2011) dürften zu diesem Zeitpunkt die wenigsten gehört haben. Doch dass wir schon Jahrzehnte zuvor darüber berichteten, welche Folgen eine Kernschmelze haben kann und was Reaktorunfälle nach Naturkatastrophen bedeuten, verlieh unserer Arbeit einen nahezu prophetischen Akzent, auf den meine Kollegen und ich allerdings sehr gerne verzichtet hätten.

Meine erste Produktion: Energie, die (schweiß-)treibende Kraft

Mein Premierenstück, die Serie »Energie, die treibende Kraft«, bestand aus 13 Folgen. Dass es so viele waren, war das Ergebnis des von uns »Folgeritis« getauften Intervalls, und dieses wiederum hatte etwas mit dem Programmschema im Dritten zu tun: Von Montag bis Freitag zur besten Sendezeit, also gleich nach der »Tagesschau«, gehörten 45 Minuten der Hauptabteilung

»Wissenschaft und Kultur«. Hier lief also 13-mal dienstags hintereinander meine Serie. Danach folgte ein andere.

»Energie, die treibende Kraft« beschäftigte sich mit den physikalischen Grundlagen der Energie. Dabei erklärten wir die Unterschiede von ungeordneter (vorwiegend Wärmeenergie) und geordneter (mechanischer, vorwiegend elektrischer) Energie.

Mir war sofort klar, dass ich mit meiner ersten Produktion unbedingt eine Punktlandung hinlegen musste, wenn mein Engagement im Sender nicht nur auf ein paar Monate beschränkt bleiben sollte. Und so steckte ich all meine physische und psychische Energie in die Realisierung des Themas.

»Energie, die treibende Kraft« war eine Sendung ohne Moderation, sie wurde mit einem 16-mm-Farbfilm zu einer Zeit produziert, als in den meisten deutschen Wohnzimmern noch der Schwarz-Weiß-Fernseher stand und die Magnetaufzeichnung noch in den Kinderschuhen steckte. Mit der dazu benötigten klassischen Filmausrüstung ließ sich das Thema mit originellen Bildern eindrucksvoll beschreiben.

Zum Beispiel folgendermaßen: Seit 1967 besaß ich den PPL-Flugschein für Sichtflug. Was also peppt ein so vergleichsweise sprödes Thema wie »Energie« mehr auf als tolle Bilder über ihre Gewinnung? Und so startete ich am Butzweilerhof, wo ich Mitglied des Kölner Klubs für Luftsport war, zu einer ganz besonderen Expedition. Es war im Mai 1970, und es herrschte bestes Flugwetter, als ich mit dem Kameramann Bernd Maus in der viersitzigen Cessna 172 abhob. Weil wir nur zu zweit waren, ließen sich mit dem Flugzeug eindrucksvolle wendige Manöver über Pumpspeicherkraftwerke und andere Energieanlagen wie Großkraftwerke und Talsperren realisieren. Die Bilder von Bernd Maus zeigten die Anlagen aus extrem ungewöhnlicher Perspektive. Drei Tage lang flogen wir kreuz und quer am Himmel über Deutschland und sogar über angrenzende Regionen wie über den luxemburgischen Nordosten mit seinem Pumpspeicherkraftwerk Vianden. Dem statteten wir ebenfalls einen Besuch im Sturzflug ab. Da blieb dem armen Kameramann Maus vor lauter Schreck nichts anderes übrig, als sich ganz fest an sein Gerät zu klammern, womit ihm erstklassige Aufnahmen gelangen.

Übrigens: Das Pumpspeicherkraftwerk Vianden ist eines der größten Europas. Es pumpt in nachfrageschwachen Zeiten Wasser aus dem Flüsschen Our in ein Vorhaltebecken auf den Berg, um es dann zu

Spitzenbelastungszeiten wieder zurück in die Our zu leiten. Turbinen und Generatoren in Bergstollen sorgen dabei für die Stromerzeugung. Das geschieht bei hoher Belastung. Umgekehrt – wenn im Netz zu viel Strom anfällt – werden dieselben Generatoren zu Motoren, die mithilfe der Turbinen das Wasser wieder hochpumpen. Die Verluste dabei sind minimal. Auch heute noch bieten Pumpspeicherwerke die wirksamste Möglichkeit, überflüssigen Strom zu nutzen. Ähnlich funktionieren auch die anderen angeflogenen Kraftwerke wie zum Beispiel Hohensyburg bei Hagen und jenes am Walchensee in Oberbayern. Im rheinischen Braunkohlerevier wunderten sich vermutlich die Menschen auf der Straße über diese kleine Sportmaschine, die in Kamikaze-Manier die riesigen Kühltürme in der Ville mehrfach ins Visier nahmen. Manchmal sah ich bei diesem Manöver für einen Augenblick überhaupt nichts, weil wir gerade durch eine dicke Wolke flogen. Wolken sind übrigens das Problem bei der Braunkohle, denn 70 Prozent der aus ihr gewonnenen Energie verflüchtigen sich durch die Kühltürme, die in meinen Augen nichts anderes als unnütze Wolkenfabriken sind. Wir brachten faszinierende Bilder mit nach Hause, auch wenn der Kameramann am Ende ganz erledigt war und mir den Satz entgegenschleuderte: »Mit dir fliege ich nie wieder!« Bernd Maus hielt sich tatsächlich an diesen Schwur.

Das Jahr 1970 neigte sich dem Ende, und ich hatte das Gefühl, in meinem neuen Beruf angekommen zu sein. Die Aufbereitung der 13 Folgen war extrem anstrengend und kostete viel Zeit. Ein 16- bis 18-Stunden-Tag war keine Seltenheit. Dennoch bereitete mir das großen Spaß – vor allem auch weil ich für die Filmaufnahmen ungewöhnliche, aufwendig produzierte Modelle einsetzen konnte, um Fragen zu beantworten wie »Was bedeuten Kernspaltung und Kernfusion?«, »Wie funktionieren Windkraftwerke?«und so weiter. Die Arbeit war alles andere als eintönig: Jeweils drei Monate wurde gedreht, geschnitten und getextet.

Die Modelle, die ich bei fast all meinen Sendungen benutzte, waren durchweg eigene Kreationen. Sie entstanden in der WDR-eigenen Werkstatt in Bocklemünd. Dort wurden diese Vehikel zum besseren Verständnis maßgeschneidert produziert. Trickfilme kamen nicht infrage, sie waren zu teuer, und Animationsfilme gab es noch nicht. Dafür behalfen wir uns mit Auflagetricks, bei denen wir nacheinander jedes einzelne Motiv Bild für Bild fotografierten – 24 Bilder pro Sekunde.

Bei all diesen Arbeiten ging es einzig und allein darum, dem Zuschauer besser in die Sendung zu verhelfen, damit sich bei ihm der Aha-Effekt rasch einstellte. Nur ein Beispiel: »Wie funktioniert Verdunstung, und warum kühlt sich dabei die Flüssigkeit ab?« Die Antwort auf diese Fragen lieferte ein Gefäß, gefüllt mit Wasser, aus dessen Oberfläche Moleküle aufstiegen, um zu verdunsten. Dabei war das nur ein Trick. Denn die »Moleküle« waren Tröpfchen, hervorgerufen durch eine Sprudeltablette, die sich in einem zweiten Gefäß dahinter gerade auflöste. Nur weil die Kamera die Perspektive geschickt nutzte, ließ sich alles, also auch der entscheidende Verdunstungsprozess mit dem Durchbrechen der Oberflächenspannung, während eines einzigen Vorgangs auf diese Weise symbolisieren.
Nach diesem Muster produzierten wir Dutzende von Modellen. Immer originellere Präsentationen kamen hinzu. Unsere Modelle waren so überzeugend, dass sie auch von Verlagen, die sich auf die Produktion didaktischer Medien spezialisiert hatten, wie etwa dem Phywe & Leybold Verlag, eingesetzt wurden.

Es brauchte keine 13 Folgen, um beispielsweise beim Thema Energie zum Kern zu kommen. Die Botschaft lautete: Wir haben es mit begrenzten Ressourcen zu tun. Der Begriff »Erneuerbare Energien« war zwar schon erfunden, doch wurden er und alles, was damit zusammenhing, als »Wolkenkuckucksheim« diffamiert. Denn die fossilen Brennstoffe wurden, auch wenn sie umweltschädigend bzw. endlich sind, von der Industrie wie eine Monstranz vor sich hergetragen, und der politische Druck, den die Konzerne auf Bonn ausübten, war überall zu spüren. Dazu passte auch die Haltung der meisten Medien. Denn die befanden sich im Dornröschenschlaf und nahmen die CO_2-Problematik nur selten zum Anlass für Kritik. Selbst der legendäre Satz des Wahlkämpfers Willy Brandt von 1961 – »Der Himmel über der Ruhr muss wieder blau werden«, der erste Öko-Spruch in der deutschen Politik – war längst verhallt, wenngleich Brandt mit seiner Forderung einen anderen Lösungsansatz verfolgte: Filter sollten in die Schornsteine. Dabei dürfte man zu diesem Zeitpunkt bestimmt schon gewusst haben, dass allein die Sonne so viel Energie emittiert, dass damit das 7 500-Fache des Jahres-Weltenergiebedarfs gedeckt werden könnte. Doch so etwas war im politischen Tagesgeschäft selbst durch einen Visionär schwer zu vermitteln.

Ein kleiner Vorgriff: Mit meiner Sendung »Der Sonne eine Chance« – der Zweiteiler lief im Juli 1990 in der berühmten Reihe »Bilder aus der Wissenschaft« in der ARD – stellte ich die nie versiegende (und kostenlose) Energiequelle vor. Weil mich die darauffolgenden hämischen Kommentare einiger Interessensvertreter, die mich zum Fantasten abzustempeln versuchten, ärgerten, baute ich für mich 20 Jahre später privat zwei Energieplus-Häuser. Das Ergebnis: Ich konnte auch mir beweisen, dass es tatsächlich ohne CO_2-Ausstoß geht und dass ein Eigenversorgungsmodell ohne übermäßige Kosten und ohne staatliche Subventionen möglich ist. In meinem Fall bedeutet dies, dass ich 24 000 Kilowattstunden Strom pro Jahr an die Netzagentur abgeben kann.
Schon seit Längerem waren erste Anzeichen des Wandels nicht zu übersehen. Einige Medienleute, Wissenschaftler und urteilsfähige Politiker hatten sich des Themas bereits angenommen. Nachdem die OPEC in der Folge des Jom-Kippur-Kriegs 1973 die Ölfördermengen drastisch drosselte (und damit für einen explosionsartigen Anstieg der Benzinpreise sorgte), wurde den Menschen in den Industriestaaten erstmals und auf sehr dramatische Weise ihre Abhängigkeit vorgeführt.

Als der Regisseur plötzlich verschwand

Eine ganz besondere wie auch unerwartete Herausforderung stellte sich schon nach einigen Wochen. Während ich mit der Produktion von »Energie, die treibende Kraft« beschäftigt war, traf ich im Schneideraum einen fast verzweifelten Alexander von Cube. Georg Alexander Tichatschek, der Regisseur der geplanten Serie »Elemente aus der Retorte – Transurane«, hatte kurzerhand das Handtuch geworfen. Cubes Serie – sie bestand ebenfalls aus 13 Teilen – war zwar grob geschnitten, aber noch nicht getextet. So fassungslos wie in diesem Augenblick habe ich meinen Chef noch nie gesehen: »Wissen Sie denn, was das ist?«, fragte er mich und zeigte dabei auf den Monitor, wo der Ausschnitt eines in Metallfolie gewickelten Glaszylinders zu sehen war. »Das ist eine Leidener Flasche, ein Gerät, mit dem man physikalisch gesehen Ladungen speichern kann – hohe Spannungen, mit denen

Glenn T. Seaborg, US-Chemiker (Foto)
https://binged.it/2w2KnfL

sich Blitze erzeugen lassen, wenn sie zur Entladung kommen.« Von Cube nahm meine Antwort zum Anlass, mich um etwas zu bitten, womit ich nicht gerechnet hatte: »Könnten Sie die Filme bitte texten?«

Was sich jetzt vielleicht einfach liest, war Schwerstarbeit. Ich musste mich auch in das hochkomplexe Gebiet der Transurane einarbeiten samt den Interviews mit Glenn T. Seaborg, dem Nobelpreisträger für Chemie (1951), und Edward Teller, dem »Vater der Wasserstoffbombe«.

Um es kurz zu machen: Beide Serien wurden pünktlich ausgestrahlt, und beide fanden große Beachtung und durchweg positive Resonanz. Es war uns gelungen, inhaltlich wie formal neue Maßstäbe im Wissenschafts-Fernsehen zu setzen. Sogar die Feuilleton-Liebhaber wurden auf uns aufmerksam, und intern, unter den anderen Redakteuren, machte sich respektvolle Zustimmung breit.

Bei »Energie, die treibende Kraft« waren sogar nach einer ARD-Konferenz in Hamburg, wo die Sendereihe vor ihrer Übernahme von den anderen Dritten Programmen vor deren Verantwortlichen präsentiert und begutachtet werden musste, regelrechte Lobeshymnen zu hören. Das hatte mich sehr überrascht und mir zugleich signalisiert, dass ich nicht unbegabt war. Das hatte zur Folge, dass man mir und meiner Arbeit vertraute, und ich bekam auch keine Anweisungen mehr, allenfalls Bitten – und abgelehnt wurde nur selten etwas. Diese Arbeitsplatzbeschreibung, von der die meisten Journalisten zeit ihres Lebens nur träumen können, hielt bis zum Schluss. Mit anderen Worten: Auch mit meinen Vorgesetzten und Kollegen hatte ich riesiges Glück, und so konnte ich vier Jahre später das NRW-Kultusministerium darum bitten, mich aus seinen Diensten zu entlassen.

Edward Teller, »Vater der Wasserstoffbombe« (Foto)
https://binged.it/2tMeyeg

Ein erster GAU: Glück im Unglück

Meine zweite Sendereihe, »Einführung in die Elektronik«, fiel in eine Zeit, in der ein revolutionärer Wandel greifbar war. Die Halbleiter kamen auf – das war etwas ganz anderes als eine Röhre –, und auch die Theorie, die dahintersteckte, verlangte einiges, und zwar von meiner heimlichen

Zielgruppe, den Handwerkern, Technikern und Ingenieuren, ebenso wie von uns, den Redakteuren. Beflügelt vom Erfolg meiner Einstiegsarbeit ging ich ans Werk. An den Arbeitsstil einer großen Medienanstalt hatte ich mich längst gewöhnt – und auch daran, dass vieles fremd, aber auch gefragt war wie zum Beispiel Eigeninitiative und Improvisationstalent.

Dazu fand ich während der Produktion reichlich Gelegenheit. Was jetzt vielleicht anmutet wie ein Ausflug in die Historie der TV-Technik, war 1973 der technologisch letzte Schrei.

Nachdem das Drehbuch geschrieben und die Einspielfilme produziert waren, ging es ins Studio: Vier Tage pro Sendung macht zusammen fast anderthalb Monate. Die Fernsehtechnik war in der Magnetbandära angekommen. Was vorher noch live war, konnte jetzt mit einer stationären Technik aufgenommen werden – auch die Einspielfilme, die noch auf 16 mm produziert wurden, konnten exakt an der Stelle auf das 2-Zoll-Magnetband kopiert werden, wo sie später abgerufen wurden. Die Magnetbänder wurden von Technikern (die Filmcutterinnen lehnten diese neue Technik rigoros ab) mit Rasierklingen geschnitten und passend zusammengeklebt. Das waren 13 Folgen à 45 Minuten – eine Arbeit, die hohe Konzentration erforderte.

Mit der Serie »Einführung in die Elektronik« betraten wir intern insofern Neuland, als zwei wichtige Entscheidungen getroffen wurden, die auch für alle folgenden Sendungen galten: Erstens hatte die Sendereihe mit mir als Moderator jetzt ein Gesicht, und zweitens konnten wir endlich ein Begleitbuch lancieren, das dem Zuschauer ermöglichte, die Inhalte noch einmal in Ruhe zu studieren. Das Begleitbuch wurde parallel zum Schnitt produziert.

Dreh- und Angelpunkt während dieser Phase war Regisseur Kloos. Er produzierte die Einstiegsfilme, überwachte den Aufbau des Studios, die Positionierung der Modelle und den Ablauf der Aufzeichnung, die auf meinem Drehbuch basierte. Bei der Moderation allerdings mussten alle Beteiligten große Geduld aufbringen. Denn in diesem Job war ich nun mal ungeübt, darum war es auch nicht verwunderlich, dass mancher Take bis zu zehn Mal aufgenommen werden musste, ehe er endlich im Kasten war.

Die Zeit zwischen Weihnachten und Neujahr war auch 1972 eine Zeit der Ruhe und Besinnung – jedenfalls für die meisten Menschen. Im Januar 1973 sollte die erste Folge von »Einführung in die Elektronik«

ausgestrahlt werden. Eine Woche vor Sendetermin stellten die Techniker beim Rücklauf fest, dass die Magnetschicht auf dem 2-Zoll-Band zerstört und die erste Folge damit unbrauchbar geworden war. Möglicherweise geriet durch die ständigen Umbauarbeiten in den neuen Schneideräumen ein winziger Metallsplitter in die MAZ. In aller Eile musste die Folge repariert, das heißt, neu aufgezeichnet werden. Zum Glück konnten die Filme neu überspielt werden, doch viel dramatischer war, dass die Moderation noch einmal von A bis Z neu gemacht werden musste. Trotz des Desasters und der damit verbundenen Hektik fiel mir das jetzt relativ leicht, weil ich nach den bereits 13 produzierten Folgen Übung im Auftritt vor der Kamera gewonnen hatte. Ergebnis: Folge 1 meiner zweiten Sendereihe »Einführung in die Elektronik« unter dem Titel »Grundlagen der Elektronik« geriet zu einer nahezu perfekten Präsentation – kein Vergleich zu der (glücklicherweise) geschredderten Variante von Folge 1, und plötzlich galt ich als »Moderationstalent«, auch wenn ich selbst nicht davon überzeugt war. Auch hier hatte ich wieder mal Glück (im Unglück).

Moderator wider Willen

Die Frage »Welcher Moderator soll es sein?« hatte sich schon viele Monate zuvor gestellt. Denn nun stand fest, dass die Sendereihen künftig unbedingt von einem Moderator präsentiert werden sollten, der im Studio sitzen sollte. Mein Vorschlag, einen Schauspieler vom Theater am Dom zu engagieren, missglückte jedoch gründlich. Der arme Klaus Jaegel beherrschte zwar die Schauspielkunst, doch bei der Vermittlung der Inhalte haperte es: zu hölzern, zu distanziert. Man spürte auf Anhieb, dass Authentizität und Glaubwürdigkeit, die wichtigsten Währungen unseres Berufs, fehlten. Hans Ahlborn und Alexander von Cube, die das Casting beobachtet hatten, schienen schon eine Ahnung von der Vorstellung gehabt zu haben, als Ahlborn plötzlich in seiner trockenen Art meinte: »Nee, so geht das nicht, dann kannst du gleich ne Oper schreiben!« Dann schaute er mich an und sagte: »Mach du es doch selbst.«

Ich und Moderator? An so etwas hatte ich nie gedacht. Ich hielt mich für den denkbar schlechtesten Kandidaten für diesen Job. Kleine Interviews für die einzelnen Beiträge – das ginge gerade noch, aber über 45 Minuten Hochkonzentration und dann noch fehlerfrei vor der Kamera? Jeder Gedanke daran verursachte mir eine Menge Unbehagen: Sollte ich mich neben der zu erwartenden sachlichen Kritik vielleicht auch noch persönlicher Kritik aussetzen – etwa nur weil ich mit meinem leicht rheinischen Tonfall oder meinem Schnäuzer möglicherweise ein wenig aus dem Rahmen fiel? Andererseits war mir bewusst, dass die Sendungen nur dann erfolgreich sein würden, wenn auch ihre Botschaft ankam. Und das funktioniert bekanntlich nur mit Glaubwürdigkeit. Es ging ja nicht nur ums Plaudern. In der Sendung musste an den Modellen gearbeitet und experimentiert werden. Vor Überraschungen war man nie sicher. Heute weiß ich, dass meine Befürchtungen grundlos waren und meine Sprache im ganzen Land zur Stimme der Redaktion »Naturwissenschaft und Technik« wurde. Aber, o Schreck, es kam dennoch gelegentlich zu »Verbesserungsvorschlägen«. So meinte der Regisseur Kloos, dass ich mich doch von meinem Schnäuzer trennen sollte. Das kam aber überhaupt nicht infrage! Nicht nur, weil sich dann mein Opa Jean, verstorben 1932, mit allergrößter Wahrscheinlichkeit im Grab rumgedreht hätte.

Begleitbuch als Bestseller

Was nützt es, wenn eine Sendung oder Sendereihe hervorragend präsentiert wird, inhaltlich top ist, doch beim Publikum wirkungslos verpufft? Diese Frage ging mir ständig durch den Kopf. Sie beschäftigte mich seit der ersten Sendereihe immer mehr. Für diese hatten wir leider kein Buch produziert, obwohl »Energie, die treibende Kraft« eine tolle Serie war. So etwas durfte künftig nicht mehr passieren. Aufwendig produzierte Sendungen durften einfach nicht verpuffen, zumal sie einen hohen Nutzwert vermittelten. Daher, so meine Idee, sollten sie multimedial im Medienverbund »weiterleben«. Die Zeit war überreif, ein sogenanntes Begleitbuch zu etablieren. Dass es sich dabei um ein extrem erfolgreiches »Ergänzungsmedium« handeln würde, damit hatten wir noch nicht einmal im Traum gerechnet.

Dr. Heinz Gollhardt ist ein Jahr älter als ich, gebürtiger Magdeburger und gelernter Journalist. Ehe er sich 1971 selbstständig machte und als Geschäftsführer und Gesellschafter die Kölner vgs verlagsgesellschaft mbH & Co.KG leitete, war er stellvertretender Chef beim Fischer Taschenbuchverlag in Frankfurt am Main – also ein Mann des Buches. Das Kürzel vgs verrät Gollhardts Metier, denn es steht für »Verlagsgesellschaft Schulfernsehen«. Das war eine Kooperation der wichtigsten boomenden deutschen Schulbuchverlage, die glaubten, das Schulfernsehen begleiten und damit auf lange Sicht auch noch Geld verdienen zu können. Doch diese Rechnung ging nicht auf. Gollhardt erlitt schon mit seinem ersten Buch Schiffbruch.

Trotzdem hatte er sich von seinem Plan nicht verabschiedet. Und so traf ich mich mit Gollhardt im WDR-Café Reichard am Domforum, um diesen Medienverbund schon für die zweite Serie zu verabreden – eine Kooperation, die uns schon bald ziemlich verblüffte, denn die Resonanz war, noch während »Einführung in die Elektronik« lief, überwältigend. Hardcover und Taschenbuch wurden insgesamt über 500 000 Mal verkauft.

Dennoch war es eine extrem schwierige Geburt. Dabei nervte weniger die zeitgleich stattfindende Produktion von Buch und Fernsehsendung als vielmehr die Tatsache, dass die Druckfahnen, die später zum Klebeumbruch benutzt wurden, erheblichen Korrekturbedarf aufwiesen. Auch fast alle Zeichnungen, die wir auf dem Manuskript angegeben hatten, waren fehlerhaft oder nicht präzise ausgeführt. Bis spät in die Nacht hinein musste ich gemeinsam mit Gollhardt die Abbildungen korrigieren. Das war aber extrem wichtig, denn auf der korrekten und präzisen Wiedergabe beruhte der spätere Erfolg der Buchreihe. Die Korrekturen fanden parallel zum Schnitt der Sendung statt. Dabei kam mir zugute, dass in der Luxemburger Handwerkschule einst das Fach »Technisches Zeichnen« auf meinem Stundenplan stand.

»Digital – was ist das?«

Es war nicht leicht, die Verantwortlichen im Sender vom Thema meiner nächsten Sendereihe zu überzeugen. Ausgerechnet im Westdeutschen Rundfunk, der Speerspitze des Fortschritts, wollte man von einer Entwicklung nichts wissen, die die künftige Gesellschaft möglicherweise auf den Kopf stellen könnte. Für die Sendereihe »Einführung in die Digitaltechnik« schien es – auch wenn wir noch in der ersten Hälfte der 70er-Jahre waren – höchste Zeit zu sein. »Digital – was ist das?«, hallte es mir entgegen. Vor allem die Kulturschaffenden des Senders hatten dazu keinen Bezug und ließen es mich in ihrer erhabenen Allwissenheit auch spüren. Dabei besitzt das neue Wort eine antike Wurzel. Denn *digitus* (lat.) heißt Finger, wohl auch weil früher häufig mit der Hand (ab)gezählt wurde. Über diesen historisch-semantischen Link waren gewiss nur wenige im Bilde, als ich im Sommer 1974 mit dem Vorschlag kam, sich jene Technik vorzunehmen, die gerade in Büros und Produktionsstätten angekommen war – und von der noch einiges zu erwarten war.

Es dauerte eine geraume Zeit, bis ich selbst die hohen Herren von der Brisanz des Themas überzeugen konnte. Auch diesmal wieder 13 Folgen – von »Digitaltechnik, Prinzip der kleinen Schritte« bis »Computerrechnen, Schnelligkeit ist keine Hexerei«. Mein Kollege Wolfgang Back, der bereits mit einer Sendung zum Thema »Kuriose Patente« reüssiert hatte und sich im Sender eines guten Namens erfreute, seit er mit dem Weltraumspezialisten Günther Siefarth zusammengearbeitet hatte, half mir dabei. Back war gelernter Elektroniker und konnte die erforderlichen Schaltungen realisieren. Er war ein Assistent, wie man sich ihn wünscht: schnell im Kopf, zuverlässig und einfallsreich.

Der Regisseur bei diesem nicht einfachen Thema war der von mir sehr geschätzte Janos Mészáros. Nur die Kamerafrau – sie war die erste Frau in der WDR-Geschichte – schien mit ihrem ständigen Herummäkeln nicht so recht ins Team zu passen. Um ihren ständigen Provokationen ein Ende zu setzen und die Autorität des Regisseurs nicht weiter infrage stellen zu lassen, warf ich Irene Lauterbach – für diese Sendereihe – kurzerhand aus dem Studio. Ihr Nachfolger verstand das Thema auf Anhieb, machte seine Sache professionell, und so gelang uns wieder einmal eine hervorragende Präsentation.

Wolfgang Back, WDR-Redakteur
https://binged.it/2vLZx9U

Das Echo war gewaltig – nicht nur im Sender selbst, sondern auch dort, wo der Stoff schon von Berufs wegen begierig aufgenommen wurde. Bei dieser Gelegenheit zeigte sich, was ein Begleitbuch zu leisten vermag: Der

Verein Deutscher Ingenieure (VDI) war Kooperationspartner und brachte in seinem Verlag das Begleitbuch *Einführung in die Digitaltechnik* in einer Auflage von 200 000 Exemplaren heraus. Das war in der Geschichte des VDI-Verlags bis heute einer der größten Erfolge. Das Buchcover zierte eine Kreation des Grafikers Engelmann und der VDI veranstaltete zu diesem Thema gleich vier Wochenendseminare, so groß war die Nachfrage.

Die Sendereihe war für viele der mediale Startschuss ins digitale Zeitalter. Mein Ziel war es, jene Facharbeiter und Techniker zu erreichen, die das umsetzen mussten, was von Ingenieuren und Wissenschaftlern bereits theoretisch erarbeitet worden war. Damit waren wir wieder mal um fast eine ganze Generation voraus. Der extrem frühe Zeitpunkt – 1974 – kam nicht von ungefähr. Denn die Münchner Siemens AG war gerade damit beschäftigt, ihrem System SIMATIC zu einer Monopolstellung zu verhelfen. Das wollte ich nicht zulassen und war auch deshalb für die Kooperation mit dem VDI dankbar. Die Sendereihe »Einführung in die Digitaltechnik«, die sich nach Einschätzung einer anfangs Beteiligten »kein Schwein anschauen« würde, wurde in sämtlichen Dritten Programmen über 100 Mal wiederholt.

Appellhofplatz 1: Computer unerwünscht

Die IBM Selectric war die Königin aller Schreibmaschinen und ihr Kugelkopf eine Sensation. Für viele Sekretärinnen war sie das liebste Gerät, weil das Korrekturband eventuelle Fehler durch Übertippen eliminierte. Doch trotz allen Schreibkomforts hatte gerade unsere Redaktion wegen der zahlreichen Zuschauerpost ein riesiges Postvolumen zu bewältigen. Ergebnis: Die Sekretariate waren ständig überlastet. Pino von Friedenthal, der Vertreter des amerikanischen Bürokommunikationsspezialisten Rank Xerox, bot mir eines Tages einen hochmodernen »Schreibautomaten« an; so nannte man den Vorläufer des Personalcomputers (PC). Für ein halbes Jahr wollte er mir den »XEROX 850« kostenlos ins Büro stellen.

Für mich war das kein Thema, denn ich hoffte, dass sich damit die Papierberge rasch abbauen ließen, die sich auf den Schreibtischen türmten. Ich hätte es auch gerne gesehen, wenn sich innerhalb des gesamten Senders eine derartige Einschätzung breitgemacht hätte. Doch bei Frau Reis, unserer Sekretärin, konnte Friedenthal zunächst keinen Blumentopf gewinnen. Frau Reis war aber nicht die Einzige, die mit dieser Neuerung fremdelte, auch ihre Kolleginnen hielten nichts von der neuen Technik. Dabei hatten sie volle Rückendeckung vom Personalrat, denn auch der wusste mit PCs und anderen modernen Gerätschaften nichts anzufangen.

Diese Grundstimmung änderte sich auch dann nicht, nachdem Frau Reis aus Garmisch-Partenkirchen zurückkam. Dorthin hatte Pino von Friedenthal die Widerspenstige zu einem exklusiven Einführungskurs für Bürokommunikation listig eingeladen. Jetzt beherrschte Frau Reis das Gerät aus dem Effeff und war darüber so glücklich, dass sie alles, was sie am Watzmann gelernt hatte, sozusagen als Herrschaftswissen für sich behielt – mit dem Ergebnis, dass die Studenten, die wir als Hilfskräfte regelmäßig engagierten, weiter auf der IBM Briefe und Umschläge tippen mussten. Der erste Schreibcomputer im Westdeutschen Rundfunk, von mir durchgesetzt, blieb dann doch für ein Jahr in unserer Redaktion – vermutlich nur weil er nichts kostete. Später erst wurde er von dem Textverarbeitungsgerät »Bitsy« aus dem Hause Triumph Adler abgelöst, das fast im ganzen Sender Einzug hielt.

Höhepunkte einer Dekade

Die 70er-Jahre waren für Technikfreaks eine einzige Hoch-Zeit. Auch für die noch kleine Redaktion »Naturwissenschaft und Technik« beim WDR-Fernsehen. Mit großer Aufmerksamkeit reagierten wir auf jede nur mögliche Technik – Telekommunikation und Mikroelektronik, Roboter- und Sensortechnik, computergestützte Konstruktion und Fertigung, Gen- und Biotechnologie, Verbundwerkstoffe und Recyclingmethoden.

Daneben beschäftigten wir uns aber auch mit scheinbar Banalem. Ein Beispiel dafür ist »Aus den Augen, in den Sinn – Optische Täuschungen und ihre Ursachen« (Januar 1974). Sie war meine erste Arbeit für die ARD – und es war eine Sendung, von der nur derjenige etwas hatte, der mitmachte. Dazu bedurfte es hoher Konzentration, weil die Experimente bewiesen, dass der Sehvorgang letztlich eine sehr subjektive Sache ist, und dass selbst das Auge, das alles zu sehen glaubt, durch die Brechung des Lichts getäuscht werden kann. Wir präsentierten den Necker-Würfel, ein dreidimensional dargestellter Würfel, der bei längerer Betrachtung immer wieder die Wahrnehmungsperspektive zwischen den zwei Ansichten von unten bzw. von oben wechselt. Einer der Höhepunkte war, dass es uns gelang, mit einer rotierenden Schwarz-Weiß-Scheibe in den Wohnstuben den Eindruck zu erzeugen, dass ein Schwarz-Weiß-Fernseher auch Farbe »produzieren« könne.

»Aus den Augen, in den Sinn«, sonntagnachmittags gesendet, war, Monate vor der »Hobbythek«-Premiere, eine der ersten echten Mitmachsendungen im deutschen Fernsehen. Bei ihrer Resonanz – Einschaltquote 17 Prozent, vier Millionen Zuschauer – hatten wir uns glücklicher-/unglücklicherweise total verschätzt, denn sonst wäre es mir niemals in den Sinn gekommen, am Ende der Sendung den Zuschauern zu versprechen, ihnen das Manuskript zu schicken. Mit 40 000 Anfragen wurden wir regelrecht überrollt. Zum Glück half uns Heinz Gollhardt aus der Bredouille: Er druckte nicht nur das Sendemanuskript, sondern ließ dieses auch in seinem Verlag eintüten – aus Dankbarkeit für den Erfolg beim ersten gemeinsamen Begleitbuch, der *Einführung in die Elektronik.* Und wie so vieles, was Form und Inhalt dieser frühen Jahre betraf, war uns auch dieser Ansturm eine Lehre: Künftig erhielten die Zuschauer nur dann eine Antwort von uns, wenn sie einen adressierten, frankierten Umschlag mitschickten – eine Praxis, an der wir über die Jahrzehnte festhielten und bei der uns zunächst Studenten und später Insassen aus dem Kölner Knast »Klingelpütz« behilflich waren.

Hobbythek: Wie aus dem »Trojanischen Steckenpferd« eine erfolgreiche Sendereihe wurde

Dieser Erfolg brachte uns auf die Idee, uns doch der Königsdisziplin des Mitmachens zu bedienen, nämlich dem Basteln mit Elektronik. Das war die logische Fortsetzung des großen Erfolges, den wir mit der »Einführung in die Elektronik« hatten. Als Hans Ahlborn davon erfuhr, fragte er uns, warum wir uns denn thematisch so einengten, die Menschen hätten jetzt doch immer mehr Freizeit – mit dem Ergebnis, dass eine Do-it-yourself-Kultur im Entstehen sei. Während der anschließenden Diskussion kreisten meine Gedanken immer wieder um den Zuschauer: Mit welchen Mitteln könnte man ihn für Wissenschaft und Technik interessieren, wie ließe er sich »einfangen«? Für mich hatte sich bei der Antwort auf diese Frage am bewährten Dreiklang nichts geändert: Motivation plus Information plus Nutzwert. Auf dieser Basis ließe sich vielleicht etwas Spannendes aufbauen, dachte ich mir. Die Diskussion ging hin und her, ein

Argument gab das andere. »Wir müssten so etwas wie ein Trojanisches Steckenpferd entwickeln, um an die Leute zu kommen«, sagte ich. Das hätte bedeutet, dass man es ihnen einfach und trotzdem spannend machte. Kaum hatte ich diesen Gedanken gedacht, da schoss mir schon der Titel durch den Kopf – ein Kunstwort, das mich elektrisierte und mich von nun an nie mehr loslassen sollte: »Hobbythek«! Es war die Geburtssekunde der »Hobbythek«, dieser überaus erfolgreichen Sendereihe des deutschen Fernsehens.

Als wir am 22. Dezember 1974 zur besten Sendezeit mit der »Hobbythek« im Dritten an den Start gingen, dachte an diesem Sonntagnachmittag kein Mensch auch nur im Traum daran, dass dieser Titel über 30 Jahre lang regelmäßig in den Programmheften ausgedruckt sein würde. Auch ahnte niemand, dass es nach der Premiere mit »Spiele für Erwachsene« noch einmal 346 Sendungen geben sollte. Wir wussten zwar um den Bedarf an kritisch-aufklärerischer und vor allem auch nutzwertiger Information – gerade zu einem Zeitpunkt, als überall im Lande eine breite Technisierung des Alltags registriert wurde. Dass wir aber damit einen derartigen Boom auslösen würden, das war zu diesem Zeitpunkt einfach unvorstellbar.

Die »Hobbythek« sprengte alle Grenzen, selbst heute noch bei der Arbeit für dieses Buch. Weil das TV-Kind der 70er-Jahre auch noch in den folgenden Jahrzehnten zu besichtigen war, ragt es hier, chronologisch gesehen, auch noch in die nächsten Kapitel hinein.

Nun ist man hinterher immer klüger. Aus dem ursprünglichen Konzept einer reinen Bastlersendung, die für handwerklich Ambitionierte nach dem Do-it-yourself-Prinzip gestrickt war, wurde ein Format für »Wissenschaft und Technik im Alltag« nach dem Prinzip: Der Zuschauer sollte mit allem, was ihm an technischen Neuerungen entgegenkommt, selbstbewusst und mit allen Sinnen umgehen können.

Wegen der offenkundigen Verbrauchernähe lag es für uns auf der Hand, das Publikum in unsere Arbeit mit einzubinden. Das betraf fast die gesamte Palette – von Ernährung über Gesundheit bis zu Elektronikexperimenten. Dabei bot sich uns die Chance, einiges vielleicht sogar auf humorvolle Weise geradezurücken, was sich beim Zuschauer während seiner Schul- und Ausbildungszeit, vor allem bei den MINT-Fächern in die falsche Richtung entwickelt hatte.

Die Alltagsbereiche Gesundheit, Ernährung, Wohnen, Freizeit gewannen in den 70er- und 80er-Jahren einen neuen Stellenwert – abgesehen von den klassischen technischen Feldern rund um die Elektronik, wo die große Revolution noch bevorstand.

Mein Ziel war es, eine mehr oder weniger komplizierte Materie mit einfachen Worten verständlich darzustellen – und zwar so, dass der Zusammenhang von Ursache und Wirkung sichtbar wurde. Man könnte auch sagen, dass ich versucht hatte, das Leben buchstäblich hautnah abzubilden, um dem Menschen die Chance zu geben, weitgehend selbst über sich und seinen Alltag zu bestimmen, ohne dabei zum Asketen zu werden.

An der »Hobbythek«, der fernsehtauglichen Umsetzung der Do-it-yourself-Philosophie, haben zahlreiche Kolleginnen und Kollegen mitgewirkt und dabei ein gutes Stück TV-Geschichte geschrieben. Dazu gehörten auch die Kollegen vom Norddeutschen, Bayerischen und Ostdeutschen Rundfunk. Eine wichtige Stütze fand ich im WDR-Kollege Wolfgang Back, der sich vorher große Verdienste bei den Sendungen über Digitaltechnik erworben hatte. Später entwickelte er die erfolgreiche Fernsehsendung »Computerclub«. Ohne ihn wie auch ohne die vielen anderen Mitarbeiter wäre die »Hobbythek« niemals so erfolgreich gewesen. Großen Anteil an diesem Erfolg hatten auch die vielen Studenten, die diesem Teamwork aus wechselnden Partnern ihren Stempel aufdrückten und denen die Redaktion dafür eine Art Lebenspraktikum bot. Alle wurden sie von mir auf den Geist der Sendung verpflichtet, und dieser lässt sich am ehesten mit dem Satz beschreiben: »Unser Land besitzt nur einen wirklichen Rohstoff, und der besteht aus fünf Buchstaben – Grips.«

Nichts hätte diesen Aspekt besser unterstreichen können als der Titelsong der »Hobbythek«, mit dem die Bläck Föös ab dem 25. Februar 1975 die Sendereihe 30 Jahre lang bis zu deren Einstellung 2004 musikalisch begleiteten: »Schalt mal ab und knips dich an. Sei doch einmal selbst der Mann! Schaff dich mal, das ist nicht schwer – ›Hobbythek‹ im WDR.« Hartmut Pries und seine Truppe waren jedoch nicht die einzigen Karnevalsbarden, deren Lieder eigentlich viel zu schade sind, um sie nur in der »fünften Jahreszeit« dem Publikum zu präsentieren – auch die

Hobbytipps (Link)
http://bit.ly/2uAH1CG

kölschen Mundart-Artisten Höhner, Brings und Paveier gehörten dazu. Ihnen allen bot die »Hobbythek« eine frühe Bühne.

Parallel dazu, auf der Print-Schiene, wurde die Idee vom Anknipsen ebenfalls propagiert. Nach jeder Sendung verschickte die Redaktion auf Anfrage bis zu 30 000 »Hobbytipps«, einen bis zu 32 Seiten starken Flyer, der den Inhalt der Sendung ausführlich wiedergab. Über 20 Millionen Exemplare »Hobbytipps« wurden in den 30 Jahren verschickt. Außerdem funktionierte auch hier wieder das bewährte Modul »Begleitbuch«, das schon bald als Jahrbuch und später als Themenbuch mit seinen in die Hunderttausende gehenden Exemplaren für Aufsehen sorgte – beim Leser ebenso wie in der gesamten Verlagsbranche.

Der Verbraucher war unser Verbündeter. Ihn wollten wir unabhängig von traditionellen Einflüsterungen machen, und damit auch immun gegen eine immer größer werdende Werbeflut. Schon damals fuhr die Industrie millionenschwere Werbekampagnen, um die Kundschaft von unnötigen und auch umweltproblematischen Produkten zu überzeugen.

Dieses Ziel verfolgten wir nicht nur in der »Hobbythek«, sondern auch in vielen Einzelsendungen. Herausragende Beispiele lieferten Kosmetik, Waschmittel, Parfüm und viele andere Verbraucherthemen. Auslöser bei der Kosmetik war beispielsweise die hartnäckige Weigerung der Industrie, die Inhaltsstoffe bekanntzugeben. Hintergrund: Die Zahl der Hautallergie-Erkrankungen stieg seit Jahren sprunghaft an. Nun gab es bei uns in der »Hobbythek« die Kosmetik zum Selbermachen: mit natürlichen Stoffen und Substanzen, die milder, haut- und haarschonender nicht sein konnten. Das Ergebnis waren individuelle Cremes und Haarpflegemittel, die nirgendwo zu kaufen und die speziell auf den Anwender/die Anwenderin abgestimmt werden konnten. Bei dieser Aufklärungsarbeit erwarb sich die Co-Autorin und -Moderatorin Christine Niklas große Verdienste.

Auch Waschmittel standen unter Allergieverdacht. Damit waren sie für uns ein Thema. Bis in die 70er-Jahre hinein konnte man außerdem an den Schaumbergen in den Flüssen deutlich ablesen, dass Waschmittel große Umweltverschmutzer waren. »Hobbythek« war die erste Adresse, die nicht nur auf milde Tenside aus natürlichen Rohstoffen, sondern auch auf eine italienische Erfindung hinwies, ein Sauerstoffbleichmittel, das nicht erst bei 60, sondern schon bei 20 Grad Celsius wirkte, was nicht nur eine hohe Energieeinsparung bedeutete, sondern auch gründliches und hygienisch einwandfreies Waschen ohne Kochwäsche ermöglichte. Dabei konnte die Wassertemperatur auf 20 bis 40 Grad Celsius gesenkt werden. Der von uns entwickelte und heute noch erhältliche Waschmittelbaukasten gestattet, dass jeder sein spezielles Waschmittel für die unterschiedlichsten Anforderungen fand. Egal, ob Vollwaschmittel, Flüssigwaschmittel, als Bleichmittel oder speziell für Flecken, jeder konnte selbst das Waschpulver zusammensetzen, das er benötigte. Kleiner Nebeneffekt: Der Konsument erkannte, dass ein Waschpulver kein Einheitspulver ist, sondern aus ganz vielen Bestandteilen zusammengesetzt ist.

Naturheilkunde, wie sie ihre Wurzeln zum Teil in den Volksweisheiten des finsteren Mittelalters hat, war schon immer ein Thema. Für uns boten zum Beispiel die ätherischen Öle die Chance, einiges geradezurücken und gleichzeitig auf eine Möglichkeit in der Medizin hinzuweisen. Dass sich auch hier mittlerweile esoterischer Firlefanz und industrielles Interesse breitgemacht hatten, war ärgerlich und wurde der Sache nicht gerecht. Das war aber nur die eine Seite der Medaille. Die andere: Mediziner weltweit warnten vor einem rasanten Anstieg von tödlichen Infektionen, die im Vorfeld nicht mehr wirksam mit Antibiotika behandelt werden konnten.

Dagegen setzten wir auf die Heilkräfte der Natur. Wir wussten, dass Pflanzen und Kräuter die Fähigkeiten besaßen, sich gegen Bakterien, Viren und Mikropilze – wie auch gegen Fressfeinde – zu schützen. Dass die Menschen nun schon seit Langem versucht hatten, mit dieser »Apotheke der Natur« ihre Leiden zu lindern, war bekannt. Und so sahen wir es als unsere Aufgabe an, durch intensive Recherchen alle Informationen zusammenzutragen – alle wissenschaftlich belegbaren Quellen und Monografien –, um aus ätherischem Öl heilende Effekte zu erzielen. Eines dieser Öle, das wir »Heilpflanzenöl« nannten, bestand aus Pfefferminze, Lavendel und Teebaumöl, das nachweislich auch gegen Viren wirksam ist. Damit konnten wir das Angebotsspektrum auf einem Gebiet erweitern, das eine jahrhundertelange Tradition besaß.

Christine Niklas, WDR-Moderatorin (Foto)
https://binged.it/2w2YCRs

Daraus resultierte auch eine Sendung über Aromatherapie (März 1994) sowie das Buch *Praxis der neuen Aromatherapie – Rezepte und Anwendung,* das ich gemeinsam mit dem weltweit führenden Experten auf diesem Gebiet, dem deutschstämmigen Wissenschaftler Kurt Schnaubelt am Pacific Institute of Aromatherapy in San Francisco, recherchiert und dort geschrieben habe.

Wo ätherische Öle sind, ist ein Hauch von Parfüm nicht fern. Doch ehe es so weit war, las ich das Buch *Das Parfüm* von Patrick Süskind, das mir mein ältester Sohn mit der Bemerkung auf den Nachttisch legte: »Da schreibt einer über etwas, was dich doch schon lange interessiert.« Es ging um die Nase, dieses grandiose Organ, das mit seinen fünf bis sechs Dimensionen noch viel diffiziler ist als beispielsweise das Auge. Der Roman beschreibt auf brillante Weise die Lebensumstände im frühen 18. Jahrhundert, wo unter anderem auch die katastrophalen hygienischen Umstände ein Dauerärgernis waren und buchstäblich zum Himmel stanken. Weil die Menschen Angst vor Infektionen hatten, wuschen sie sich lieber nicht, da sie das Wasser irrtümlich als Ursache für Krankheiten und grassierende Seuchen betrachteten. Sofern sie dazu in der Lage waren, glichen sie dieses Manko aus, indem sie sich übermäßig puderten oder Duftwässerchen über sich auskippten.

Wir hatten bereits in einer Sendung unter dem Namen »4812«, ein Kölnisch Wasser gemixt, ein Wässerchen aus Orangenblüten- und Bergamotteöl. Es roch »4711«, der berühmten Weltmarke aus der Kölner Glockengasse, zum Verwechseln ähnlich. Parfüm ist jedoch viel komplexer als Kölnisch Wasser. Denn hier haben wir es mit der Basisnote – auch Fond genannt –, der Herznote und der Kopfnote zu tun. Die Kopfnote ist das, was am schnellsten verduftet, während die Herznote jenen Duft bildet, der dauerhaft übrig bleibt und die Basis dafür gibt, dass das Parfüm länger haftet. Doch in allen Phasen muss das Parfüm gut riechen. Spätestens hier zeigt sich, ob der Parfümeur sein Handwerk beherrscht. Um diesen schwierigen Prozess mit seinen 100 bis 200 Bestandteilen zu vereinfachen und den Interessenten die Möglichkeit zu geben, ihr eigener Parfümeur zu sein, hatte ich schließlich den berühmten Parfüm-Baukasten entwickelt.

Er ist das Produkt einer der interessantesten Recherchen, die ich je unternommen hatte. Süskinds Bestseller faszinierte mich so sehr, dass ich mich eines Tages, ähnlich wie der Romanheld Jean-Baptiste Grenouille, auf den Weg nach Grasse machte. Bei Robertet, einem der bekanntesten Dufthersteller der Welt, traf ich mich mit dem Parfümeur Jean-Jacques Ginet, um mit ihm gemeinsam jene 18 Basisdüfte zu entwickeln, die wir schließlich in den Parfüm-Baukasten packten. Dass dieser Vorgang nur mit dem Computer zu realisieren war, zeigt die ungeheure Vielfalt, mit der man es hier zu tun hat. In der Welthauptstadt der guten Düfte, in Grasse, im Département Alpes-Maritimes im Hinterland der Côte d'Azur, gelang uns dieses Meisterstück: Wir entwickelten zahlreiche Rezepte, nach denen sich jeder in der richtigen Zusammensetzung aus Basis-, Herz- und Kopfnote sein eigenes, individuelles Parfüm zu Hause herstellen konnte – ohne großen Aufwand und mit dem gleichen Effekt, den so sündhaft teure Parfüms wie Chanel No. 5 oder Diorissimo erzielen.

Grasse, frz. Kleinstadt (Foto)
https://binged.it/2tFsEKr

Als ich Anfang der 80er-Jahre mit der Wissenschafts-Pressekonferenz auf Informationsreise in Australien war, machte man mich auf »Tea Tree Oil« aufmerksam, ein ätherisches Öl aus dem Schatz der Aborigines mit desinfizierender und vor allem heilender Wirkung. Wenige Tage später traf ich einen Wissenschaftler, selbst ein Abkömmling der Ureinwohner, der mir etwas von der wundersamen Wirkung des Öls, das durch Wasserdampfdestillation gewonnen wird, erzählen konnte. Zum Abschluss schenkte er mir eine große Flasche. Zurück in Europa, testete ich deren Inhalt zunächst im persönlichen Bekanntenkreis. Wenig später lernte ich während des Urlaubs auf Ibiza zufällig einen lange in Australien praktizierenden Arzt kennen. Dr. Walter Boehres hatte sich auf den Balearen niedergelassen, wo er auf einer Finca bei Sant Antonio eine gut gehende Praxis für Allgemeinmedizin betrieb. Er bestätigte mir, dass er Teebaumöl für Wehwehchen aller Art anwende – beispielsweise bei Ohrenschmerzen, Schnupfen und Erkältungen, aber auch bei Verletzungen. Meine anschließenden Recherchen wurden durch eine Monografie, die von der Weltgesundheitsorganisation (WHO) erstellt worden war, bestätigt.

Für mich und die »Hobbythek« war das eine tolle Sache – mit einer ganz besonderen Nebenwirkung, denn seitdem wir das Teebaumöl und seine vielfältigen Anwendungsmöglichkeiten als Desinfektionsmittel vorgestellt hatten, ist es auch in Deutschland nicht mehr wegzudenken. Hier wird sogar weltweit am meisten zum »Tea lignum olei« gegriffen. Dass es auch in den Apotheken erhältlich ist, ist die Folge eines von uns erfolgreich angewandten Tricks. Denn seit es 1991 der Pharmaindustrie gelungen war, alle natürlichen Heilmittel, über die es bis zu diesem Zeitpunkt keine Monografien gab, nicht mehr dem medizinischen Angebot zuzuordnen – es sei denn, sie würden millionenschwere Tests durchlaufen –, empfahlen wir, »Nur für kosmetische Zwecke« aufs Etikett zu schreiben. Das war erlaubt. Damit ließ sich die zugunsten der Pharmaindustrie willkürlich gezogene Schranke unterlaufen.

Für mich ist das Teebaumöl aus meiner kleinen Hausapotheke nicht mehr wegzudenken. Sogar mein kleines Töchterchen weiß es zu schätzen, obwohl es dabei immer die Nase rümpft. Damit es besser riecht, habe ich es mit Lavendelöl versetzt.

Darm & Po – dieses Thema steht für eine der erfolgreichsten Sendefolgen der »Hobbythek«. In mehreren Sendungen versuchte ich, diese Körperregion zu enttabuisieren, ihr das Unanständige zu nehmen und sie auf das Wesentliche, den gesundheitlichen Aspekt, zu reduzieren – wohl wissend, dass zumindest der Po mitunter auch ein Objekt sexueller Begierde sein kann.

Noch ein paar kurze Sätze zum Thema Darm. Es ist das Organ, das entscheidend an der Bildung und Wirkung des Immunsystems beteiligt ist. In der DDR, wo der Hygienegedanke nicht so stark ausgelebt wurde wie in der Bundesrepublik, waren die Kinder weniger allergieanfällig als im Westen. Das ergab eine Untersuchung fünf Jahre nach Mauerfall. Der Grund: Der Darm, dessen Aufgabe es ist, fremde Substanzen wie Krankheitserreger zu neutralisieren, kann in einer hygienearmen Umgebung besser »trainieren« als in der »gecleanten« Welt. Dieses bestätigt auch die Schmuddeltheorie, ein anerkanntes wissenschaftliches Modell.

Unsere medizinischen und praktischen Informationen richteten sich an jene Menschen, die Probleme mit dem Darm haben, zum Beispiel weil sie sich falsch ernähren und dadurch die Darmflora belasten. Wir haben u.a. das dänische Biochemieunternehmen Chr. Hansen in Hørsholm auf Seeland probiotische Joghurtbakterien züchten lassen, die die Darmflora erheblich verbessern, auch weil sie im Magen nicht durch die starke Salzsäure zerstört werden und deshalb nicht mehr in den Darm gelangen. Mit diesen probiotisch genannten Bakterien griff ich das Thema auf – etwa zeitgleich mit dem gerade auf den Markt gekommen Joghurt »Actimel«. »Actimel«, ein Produkt des französischen Lebensmittelmultis Danone, wurde mit Versprechungen in den Markt gedrückt, die von der Wissenschaft nicht bestätigt werden konnten. Dabei lag es aber nicht an der Joghurtart, sondern daran, dass die 70 Milliliter des handelsüblichen Fläschchens nicht ausreichen, um zu wirken. Unsere probiotische Joghurtkultur enthält spezielle Bakterienstämme (Lactobácillus acidophilus, Bifidobacterium lactis), die widerstandsfähiger sind, da sie besser in der Lage sind, die »saure« Magenpassage zu überstehen. Dabei können die probiotischen Joghurtbakterien die Darmflora extrem entlasten – besonders wenn man sie täglich in ausreichender Menge zu sich nimmt, so wie ich es nun schon seit über 30 Jahren praktiziere.

Meine Entscheidung für den Joghurt hatte aber einen ganz anderen Grund: Ich hoffte, damit meine Heuschnupfenallergie in den Griff zu bekommen – was sich auch schon bald bestätigte. Als interessanten Nebeneffekt stellte ich auch fest, dass ich in meinen nun schon über 80 Lebensjahren keinen einzigen Millimeter geschrumpft bin. Und so hat meine Laktoseintoleranz – der Verzicht auf pure Milch – dazu geführt, dass ich auf von Natur aus laktosefreien Joghurt mit seinem Knochen stabilisierendem Kalzium ausweichen musste.

Eigene Erfahrungen betrafen auch den Po, denn gerade bei hartem Stuhl wird der After extrem in Mitleidenschaft gezogen. Es entstehen kleine Risse in der Afterhaut, die zu einem Einfallstor für Darmbakterien werden, die nicht in den Körper gehören und die Entzündungen und ähnliche Symptome wie Hämorrhoiden erzeugen können. Meine Empfehlung lautete daher: Nach jeder Sitzung sollte das Löchlein mit dem Finger unter fließendem Wasser und mit einem sanften Waschmittel gereinigt werden. Diese Analwaschcreme haben wir dann in der »Hobbythek« entwickelt – wobei wir auch mit dem anderen Produkt, unserer Gleitcreme, an jene dachten, die ihr Hinterteil, wie natürlich auch ihre Wünschelrute, gelegentlich anderweitig einsetzen. Diese Zielgruppe profitiert davon, dass unsere Creme »kautschukverträglich« ist.

Unser Süßstoff – gesünder als Zucker und besser als Saccharin und Cyclamat

Die Debatte über Sinn und Unsinn von Süßstoff mündete in der »Hobbythek« in die Entwicklung einer Mischung aus Acesulfam und einer geringen Menge von Aspartam. Die besondere Mischung ließ den Süßstoff wie Zucker schmecken, aber ohne lästigen Beigeschmack. Diese optimale Kombination erlaubte eine sehr hohe Aufnahme unseres Süßstoffs. Um den von der WHO festgelegten ADI-Wert (Acceptable daily intake) nicht zu überschreiten – also die Menge Süßstoff, bei der ein täglicher, lebenslanger Konsum gesundheitlich unbedenklich ist –, kann beispielsweise ein 60 Kilogramm schwerer Mensch täglich ca. 100 Tabletten unseres Süßstoffs zu sich nehmen. Um dieselbe Menge Süßkraft mit Zucker zu erreichen, müsste man 500 Gramm Zucker einsetzen. Im Vergleich dazu verzehrt jeder Bundesbürger im Durchschnitt 100 Gramm Zucker pro Tag. Für die »Hobbythek« war die sinnvolle Verwendung von Süßstoffen unbedenklich. Süßstoffe sind zwar nicht überlebenswichtig, doch braucht niemand aus gesundheitlichen Gründen auf die kalorienarme Variante des Zuckers verzichten. Weil ich ein Süßmaul bin, habe ich mir dieses selbst zum Geschenk gemacht – zumal unser Süßstoff den Vorteil hat, dass er sich auch in kaltem Wasser auflöst. Ich nutze ihn täglich und selbst im hohen Alter hat er mir nicht geschadet. Im Gegenteil: So fällt es mir leichter, mein Gewicht zu kontrollieren, und wie der Arzt sagt, bin ich auch weit weg von Altersdiabetes.

Wie spektakuläre Technologien den Alltag erleichtern und bereichern – Satelliten-TV und »Fabrik 4.0«

»Fernsehen aus dem Weltraum – Satellitendirektempfang für jedermann« – unter diesem Titel nahmen wir uns bereits Anfang August 1978 im Ersten die sich andeutende Satellitentechnik vor, jene in den Weltraum gehievten künstlichen Himmelskörper, die versprachen, die nur erdgebundene (terrestrische) Verbreitung zu ergänzen. Auslöser war der Beschluss eines weltweiten Rundfunk-Satellitenplans durch die Genfer Weltfunkkonferenz im Jahr zuvor. Würden die Pläne umgesetzt, bedeutete dies eine echte Revolution. Denn die auf die Synchronbahn in ca. 36 000 Kilometern Höhe über dem Äquator gebrachten künstlichen Himmelskörper wirkten wie ein riesiger Sendemast und funktionierten wie »festgenagelte« Fernsehsender am Firmament. Unmittelbar vor unserem Sendetermin war dieses Thema dem *Spiegel* ein kurzer Hinweis wert: »Jean Pütz berichtet über ›Satelliten-Direktempfang für jedermann‹:

eine utopische, aber technisch bereits ausgereifte Möglichkeit, die TV-Programme ganz Europas zu empfangen.«

Doch bis zur Ausstrahlung der Sendungen durch Satelliten mussten noch einige Jahre vergehen. Nach mehreren Fehlschlägen mit Satelliten, die von der Europäischen Weltraumorganisation ESA hochgeschickt worden waren – darunter auch ein deutscher Satellit, bei dem sich das Sonnensegel, die Energiezentrale, nicht öffnete –, gelang der eigentliche Durchbruch erst zehn Jahre, vier Monate und acht Tage nach unserer Sendung. Erst am 11. Dezember 1988 platzierte die heute auf Schloss Betzdorf in Luxemburg residierende Société Européenne des Satellites (SES) ihren ersten Astra-Satelliten im All, der drei Monate später den Betrieb aufnahm. Inzwischen stehen 53 geostationäre Astra-Satelliten am Himmel; sie erreichen laut SES mittlerweile 99 Prozent der Weltbevölkerung.

Da ich als Physiker diese Entwicklung vorausgesehen habe, machte ich mir schon im Jahre 1977 meinen medienpolitischen Reim darauf. Vor allem für Privatsender, wie zum Beispiel Radio Luxemburg, dessen Hörfunk-Popsendungen bis nach Deutschland ausstrahlten, wo sie in Rheinland-Pfalz und dem Saarland Kultstatus erreichten, hätte diese Technik auch als TV-Anbieter interessant sein können, zumal man bei RTL mit Fernsehen bereits experimentierte. Diese Frage stellte ich damals in der Sendung auch dem RTL-Generaldirektor und Intendanten Gust Graas und seinem mit »Wetten, dass ...« später in Deutschland berühmt gewordenen Programmchef Frank Elstner. Mit dem Interview, das ich mit beiden in ihrer Sendezentrale, in der Villa Louvigny, führte, stieß ich bei der ARD in ein Wespennest: Wie ich denn dazu käme, Reklame für die Privaten zu machen? Einige ARD-Häuptlinge drehten am Rad und machten meinem Chef, Programmdirektor Hans Werner Hübner, große Vorwürfe. Doch der hielt schützend die Hand über mich: »Lassen Sie mir den Pütz in Ruhe, der macht sehr gute Sendungen.« Tatsächlich, als Physiker sah ich keinen anderen Weg: Man braucht die Parabolantenne nur ein wenig zu erweitern, und schon hat man eine viel größere Empfangsreichweite weit über München oder Hamburg hinaus.

Süßstoff JP 4 000 Stück. Der Süßstoff der Hobbythek
http://bit.ly/2v5VCXi

Bei allen Wellen, die die Sendung damals schlug, erfüllte sich die Prophezeiung auch insofern, als ich 15 Jahre später mehrere »Hobbythek«-Sendungen damit bestritt. Dabei ging es um nichts anderes als z.B. um Montageanleitungen zum Selbermachen. Denn die Bauteile dafür standen inzwischen in jedem Elektromarkt. Ich selbst hatte das Dach meines Hauses in Köln-Ehrenfeld zu einem Sendestudio umfunktioniert.

»Industrie 4.0« schon im September 1977: wieder für das Erste und wieder richtungweisend. Mit der Sendung »Intelligenz in Miniatur – Mikroprozessoren revolutionieren die Technik« nahm ich mir wieder ein Thema vor, das zwar in den Labors, aber noch nicht im Alltag angekommen war. Es ging es um den Ersatz von Hardware durch Software – unter anderem auch darum, wie man die dafür notwendigen Millionen Transistorfunktionen auf einen Chip – nicht größer als ein Daumennagel – bekommt. Das Ambiente: Ich saß in einem mit laufenden Maschinen vollgepackten Studio. Alle Geräte schienen bei ihren diversen Aufgaben ohne menschliche Handgriffe auszukommen – Vorgriff auf »Industrie 4.0«. Der einzige Mensch, der sich im Studio befand, war ich, ganz hinten in der Ecke auf dem damals schon existierenden mit einem Chip versehenen Hometrainer. Die Botschaft: Alles läuft automatisch, darum hat der Mensch jetzt sehr viel Zeit, um etwas für sich und seine Fitness zu tun – natürlich auf einem mit Elektronik gespickten Gerät (Marke »Dynavit«), das bestimmte Körperfunktionen und -werte wie Puls etc. aktuell anzeigt.

Dieser Beitrag war meine erste Arbeit, die mit einem Preis belohnt wurde. Der mit 10 000 Mark dotierte »Batelle-Preis« für Wissenschaftsjournalisten genießt in der Fachwelt hohes Ansehen, wenngleich er unter den Medienschaffenden keinen so hohen Aufmerksamkeitsgrad erreicht hat wie etwa der Grimme-Preis. Dass man diesen mir selbst in 30 Jahren nicht zugesprochen hatte – trotz mehrfacher Nominierung –, machte nur jene stutzig, die nicht wussten, dass in der damaligen Marler Institutsspitze offensichtlich eine Proporz-Person geparkt war, die mit »unakademisch« präsentierten Themen Probleme zu haben schien. Dafür machte sie später als Hauptabteilungsleiter Wissenschaft beim NDR Fernsehkarriere, wo sie ihren ausgeprägten Verfolgungswahn pflegen konnte, indem der NDR seine Mitwirkung an der »Hobbythek« einstellte.

Wir hatten nun eine Zeit erreicht, in der sich das technische Wissen rasant vermehrte. Häufig fühlte ich mich als Wissenschaftsjournalist wie der einsame Rufer in der Wüste. Ich war von der ersten bis zur letzten Minute Überzeugungstäter – begeisterungsfähig, doch nie fanatisch. Nichts konnte mich mehr beflügeln als die Suche nach neuen, faszinierenden technischen Möglichkeiten, um diese dem breiten Publikum zu präsentieren. Andererseits war mir bei allem, was wir machten, stets klar, dass Technikgläubigkeit, wie sie schon damals grassierte, kein angemessenes Mittel ist, um eine Gesellschaft vorwärtszubringen. Die kritisch-konstruktive Einstellung zur Technik, und das ist kein Widerspruch zu meiner Arbeit, ist die einzige Möglichkeit, dass alles in vernünftigen Bahnen bleibt. Daher halte ich eine Technikfolgenabschätzung für unabdingbar.

Business as usual – oder: Was sonst noch alles für Aufregung sorgte

Die »Hobbythek« hatte im Dritten des WDR das Laufen gelernt. Doch blieb meine Arbeit nicht auf dieses Format und auf diesen Kanal beschränkt. Nach meinem Erfolg mit »Aus den Augen, in den Sinn« bat mich die ARD um eine zweite Sendung. Ich schlug das Thema Rauchen vor. Als aktiver, jedoch nicht ideologischer Nichtraucher verfolgte ich seit Jahren mit Sorge die Gesundheitsstatistiken, die eigentlich »Todesstatistiken« heißen sollten.

Im Dezember 1975 ging nun unsere Produktion »Keiner raucht für sich allein – Raucher und Nichtraucher im blauen Dunst« über den Schirm. Heute wissen wir, dass das eine historische Sendung war, gewissermaßen der Startschuss zur Ächtung des Rauchens. Ich bin stolz darauf, dass alle Argumente, die wir schon damals in dieser Sendung erwähnten, 30 Jahre später in der Antirauchergesetzgebung ihren Niederschlag fanden.

Ich begann die Moderation mit dem Satz: »Guten Abend, liebe Zuschauer, schön dass Sie da sind; falls Sie Raucher sind, sind Sie sowieso nicht zu überzeugen, deshalb gestatten Sie, dass ich Ihnen zeige, wo der Ausschaltknopf ist.« Es folgten zehn Sekunden Schwarzblende, dann war ich wieder zu sehen und zu hören: »So, jetzt sind wir unter uns und wollen mal sehen, welche gesundheitlichen Vorteile wir Nichtraucher haben und warum das Rauchen trotzdem auch für Nichtraucher gefährlich ist.« Dann zeigte ich Fotos von Raucher- und Nichtraucherlungen: die einen pechschwarz, die anderen weiß wie Styropor. Zugegeben, die Bilder von

Quelle: privat

Bruder Heinrich (l.) und ich mit Schwesterchen Marianne

Quelle: privat

Remich, Machergasse 11 (ca. 1930): Das kleine Geschäft war die Existenzgrundlage meiner Familie. Großmutter Julie, ein Malergeselle und Mama (v. l.)

Quelle: privat

Köln, Am Blaubach 85: Brauerei und Restaurant »Em rude Bräues«. Von dem einst stattlichen Anwesen des Großonkels Jean Pütz blieb nach der Bombennacht vom 29./30. Juni 1943 nur noch der Türrahmen stehen

Quelle: privat

Papa Josef Pütz (l.)
als Jungfrau des Kölner
Karnevals (1937)

Mama und Oma
in ihrem Laden
(ca. 1955)

Quelle: privat

Opa Jean Mohr, der Mann mit dem Schnäuzer,
bei seinen Remicher Kegelbrüdern …

Quelle: privat

… und als Laiendarsteller (Mitte) auf der Bühne des kleinen Theaters

Quelle: maroldt ch/Archiv Luxemburger Wort

Institute Saint Jean: Das Internat in der Stadt Luxemburg war meine erste Bleibe außerhalb des Elternhauses …

Quelle: Gremling/Archiv Luxemburger Wort

… und sein Direktor, Alphonse Turpel, ein großartiger Förderer meiner Experimentierfreude

Das »Jangeli«: Der Zug von Remich nach Luxemburg verkehrte auf der 27,265 Kilometer langen Strecke in den Jahren zwischen 1882 bis 1955. Bei seiner letzten Fahrt war ich dabei

Quelle: Archiv Luxemburger Wort

Semesterferien in Remich (1958): Der Anzug aus der Venloer Straße in Köln saß zwar perfekt, doch er knitterte furchtbar, denn er hatte ja auch nicht besonders viel gekostet

Quelle: privat

Quelle: privat

Demonstration an der Mosel: Auch die Sendung »Wäsche waschen mit weißer Weste« (*Hobbythek*, April 1989) war ein Ideengeber für die Wasch- und Putzmittelindustrie

Quelle: privat

Ohne sie wäre einiges nicht so fantastisch gelungen: die Mitstreiter Dr. Heinz Gollhardt (Verleger der *Hobbythek*-Begleitbücher), Regisseur János Mészáros und der Bühnenbildner Dieter Degner (v. l.)

Quelle: privat

Unverhofftes Treffen in der Wüste von Arizona: Die einstige APO-Ikone Uschi Obermeier bot mir nach schweißtreibender Suche nach dem Kollegen Rickman die Badewanne in ihrem komfortablen Gefährt an

Quelle: privat

Ein Riesenspektakel für ganz Nordamerika: Die *Calgary Stampede* ist die größte Rodeo-Show der Welt. Über eine Million Besucher pilgern in die kanadische Provinz Alberta. Das Spektakel war 1983 auch für die *Hobbythek* ein Thema.

Auf dem Domplatz von Aachen: Suppe kochen mit Wolfgang Back (l.) für die Bürger der alten Kaiserstadt

Quelle: privat

Quelle: privat

Rheinischer Lebensart und
Kultur niemals abgeneigt:
Der Köbes gehört dazu

Quelle: privat

Moderator mit Leib und Seele: Ballonfahren ist mehr als nur ein technisches Abenteuer, es beflügelt die Fantasie

Quelle: privat

Experimentieren mit Aromastoffen

Quelle: privat

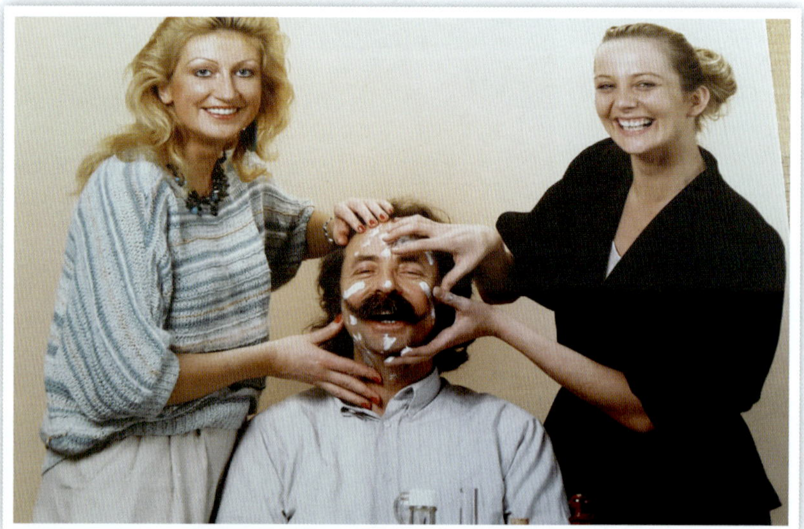

Kosmetik zum Wohlbefinden – mit Christine Niklas (l.)

Quelle: privat

Auf dem Weg zum »Einbruch«: Ziel war das Leverkusener Agfa Foto-Historama und das Thema der Sendung hieß »Stereofotografie« (1977)

Quelle: privat

Satellitenempfang auf dem Dach meines Kölner Hauses in der Eichendorffstraße

Quelle: privat

Nachdenken über Kryptografie: In der Wissenschaftsshow
mit meinem Nachfolger Ranga Yogeshwar

Quelle: privat

Ausflug bis fast ans Ende der Welt: In Chile, auf Einladung des Goethe-Instituts, ging es von Santiago de Chile nach Puerto Montt. Die Waggons gehörten früher zum Orient-Express und wurden in Breslau von der Gebr. Hofmann & Co. AG gebaut (1983).

Quelle: privat

Mit Sohn Jörn –
der Biochemiker
lebt in Straßburg

Jean Pütz geht
baden, aber nicht
unter: Der hohe
Salzgehalt – fast
zehn Mal höher als
im Mittelmeer –
macht's möglich.

Quelle: privat

Quelle: privat

Jean Pütz am Pranger: Über Sitten und Gebräuche im finsteren Mittelalter

Unschlagbarer Ort fürs Nachdenken: das heimische Büro

Quelle: privat

Quelle: privat

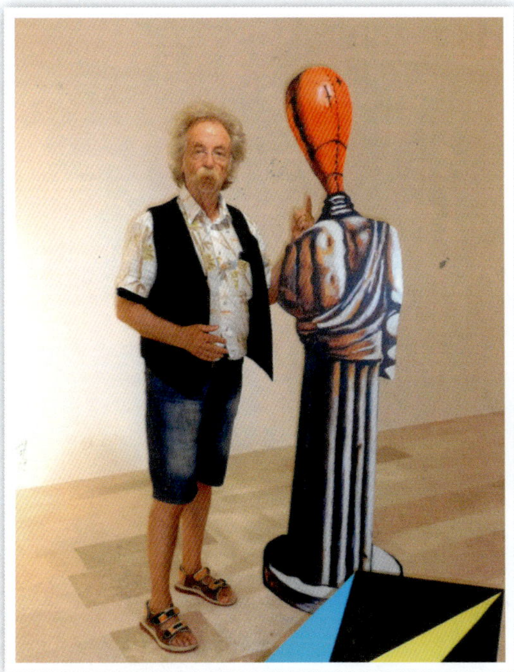

Als Kunstliebhaber …

Quelle: privat

… und als umweltbewusster Bürger: Das Energieplus-Haus auf dem Pütz'schen Anwesen gibt dank Fotovoltaik mehr Energie ab, als es verbraucht

Quelle: privat

Pützmunter-Show I:
Die Dampfmaschine ist die erste historisch bedeutende Wärmekraftmaschine zur Umwandlung von thermischer in mechanische Energie. Der von mir verehrte James Watt hat sie zur Antriebsmaschine weiterentwickelt.

Quelle: privat

Pützmunter-Show II:
Experimente rund um die Energie – das Feuer als Symbol für die erste Energienutzung durch den Menschen

Unfallopfern aus der Pathologie waren ein Schocker, doch dieser löste sich nach dem Sketch wieder etwas auf.

Den hatte ich mit dem Satz angekündigt: »Liebe Zuschauer, folgen Sie mir bitte ins Jahr 2300.« Nun sahen die Zuschauer die unvergessliche Lore Lorentz vom Düsseldorfer »Kommödchen«, wie sie sich im Lotterbett räkelte und dabei mit ihrem Kollegen, Walter Hoor in einen Dialog kam. Die beiden Kabarettisten hatte ich extra für diese Sendung angeheuert, und den Text lieferte ich ihnen auch. Im Schlafzimmer stand ein angedeuteter Flachbildschirm von zwei mal drei Metern, simuliert mit der Bluescreen-Technik, während Hoor mit einer Fernbedienung hantierte – alles TV-Gerätschaften, die es 1975 noch gar nicht gab – so wie damals auch nur drei Programme existierten. Gelangweilt sagt Lore Lorentz: »Das ist ja das 84. Programm! Diese Scheißfernsehmacher, die strahlen nur noch Wiederholungen aus. Demnächst werden sie ihr eigenes Verwaltungsgebäude mit fest installierten Kameras filmen und ausstrahlen.« Dann zappte der Mann weiter. »Stopp!«, rief sie, »das ist keine Wiederholung! Sieh mal, die haben ja Schornsteine im Mund.« Das Rätsel löste sich auf der Stelle auf, als es Lore Lorentz dämmerte: »Ach ja, es ist doch eine Wiederholung aus dem Jahr 1975, da lief eine solche Sendung, in der eine eigenartige Menschenart vorkam, die hieß Homo smogensis. Wenn ich mich recht erinnere, ist sie aber schon im Jahre 2100 ausgestorben.«

Die 80er: »Alles Käse und dabei selbst gemacht«

Warum diese ulkige Überschrift? Antwort: »Alles Käse und dabei selbst gemacht« war eine der erfolgreichsten Sendungen der »Hobbythek«. Sie ging im Februar 1981 über den Schirm und erklärte einem Millionenpublikum, wie man Käse selber macht. Zuvor hatten wir professionellen Käsemachern über die Schultern geschaut und ihre Methoden für die eigene Küche abgeändert. Ein halbes Dutzend Sorten – vom Mozzarella über die Crescenza bis zum Allgäuer Bauernkäse – konnten wir nun selbst produzieren.

Das Panorama einer Dekade

Jenseits von Salzbad, Reifekammern und Käsesorten liest sich diese flauschige Epoche heute ein wenig unromantischer. Denn die 80er-Jahre waren alles andere als langweilig. Eine rasante technische Entwicklung sorgte dafür, dass die Menschen kaum noch aus dem Staunen kamen. Der Wissenszuwachs war zuletzt auch deshalb möglich, weil sich die Kommunikation dramatisch verbesserte. Die Digitalisierung der Welt, die später in eine regelrechte Revolution münden sollte, nahm gewaltig Fahrt auf. Mit dem Start des ersten Space Shuttle (1981) wurde die Voraussetzung für neue Forschungs- und Transportmöglichkeiten im Weltall geschaffen.

Luc Montagnier und Robert Gallo entdeckten 1983 und 1984 das AIDS-Virus. Mikrowellenherd, Anrufbeantworter, ABS und Airbag machten auf einmal das Leben bequemer und sicherer. Vom Katalysator am Auto sollte die Umwelt profitieren.

In Tschernobyl (1986) zeigte sich das Menetekel der Kernindustrie, und die Computerforschung machte Sprünge, bei denen manchmal selbst die Insider nicht mehr mitkamen.

Das Farbfernsehen hatte sich überall etabliert, Musikkassetten – kleine, kompakte, analog aufgenommene Magnettonbänder – und Walkman entzückten vor allem die Jugend. Mit Atari und Commodore C64 kamen Computer für jedermann auf den Markt, die Programmiersprachen hießen BASIC, PASCAL, COBOL, Forth, COMAL und C. Nachdem Bill Gates und Steve Jobs diese kryptischen Begriffe in die Umgangssprache übersetzten, verbreitete sich für den normalen Konsumenten diese Technologie. Das war deshalb möglich, weil die Speicherchips immer preiswerter wurden. Heimcomputer begeisterten, und schließlich tauchte aus der Nahtstelle von US-Militär und privaten amerikanischen Forschungseinrichtungen eine Technologie auf, die unsere Welt radikal verändern sollte: das Internet. Parallel dazu ein gleichfalls weltpolitischer Vorgang von geschichtlicher Bedeutung: In Berlin fiel die Mauer und ein undemokratisches politisches System, DDR genannt, implodierte zusammen mit dem kompletten Ostblock.

Meine Idee vom Volkscomputer

Die Zeit schien reif. Dennoch taten sich große Teile der Bevölkerung schwer, mit der neuen Technik klarzukommen. Ausgerechnet die Handwerker schienen nicht zu ahnen, welch faszinierende Möglichkeiten sich hinter einem Computergehäuse verbergen. Für mich, ihren heimlichen Verbündeten, schien sich mit dieser Resistenz eine Katastrophe anzubahnen: Wenn hier nicht rasch neues Denken einsetzt, könnte dieser wichtige Wirtschaftszweig schon bald in einer Sackgasse landen. Aber auch für die anderen – das »normale« Publikum – besitzt die Arbeit mit dem Computer viele Vorteile. Heute sind meine Überlegungen aus dem Jahr 1985 längst abgehakt. Doch was mich noch immer beschäftigt, ist diese Idee vom »Volkscomputer«, besser: Warum hat das seinerzeit nicht funktioniert? Denn diesen Rechner für alle hätte ich gerne durchgesetzt. In meinen Sendungen war er stets nur ein Randthema. Viel mehr Energie setzte ich außerhalb des Studios für dieses Projekt ein – etwa als ich mich bei vier Großen der deutschen Elektronikbranche umhörte und ihnen meine Idee präsentierte: Wer von euch kann einen Computer bauen, ohne das teure Display (denn diese Funktion könnte der TV-Bildschirm erfüllen), der leicht zu händeln, dessen Sprache zu verstehen und der nicht teurer als 500 Mark ist? Grundig, Loewe, AEG-Telefunken antworteten negativ: In Fürth, Kronach und Frankfurt wollte man grundsätzlich nicht an die Sache heran. Einzig TA Triumph-Adler zeigte sich interessiert, doch der Preis war alles andere als volkstümlich: 1 200 Mark. War also dieses Projekt jetzt gescheitert? Kaum, das belegt die folgende Ära. Denn mein nicht realisierter »Volkscomputer« liefert zwei typische Erklärungsmuster für die damalige Zeit: Erstens hätte man ihn doch schon bald irgendwann bauen können, denn es dauerte nicht lange, da waren wichtige Bauteile wie Speicherchips extrem billig und eröffneten damit die Chance, die unverständliche Programmier- in Alltagssprache umzuwandeln, und zweitens gab es Erdregionen, in denen Gedanken über die Realisierung utopisch anmutender Projekte von vornherein keine Spinnereien sind. »Die deutsche Industrie kannst du vergessen, ich gehe nach Taiwan«, sagte mir eines Tages mein Freund Gerd Brachmann, dem ich von meinen Plänen erzählte. Brachmann verfolgte Ähnliches und ließ tatsächlich auf der Insel seinen kleinen Kasten zu exzellenten Bedingungen zusammenbauen. Seine Marke »Medion« wurde zur Hausmarke des Handelsriesen ALDI und der Volkscomputer Realität.

Die »Wissenschaftsshow« – ein neues Format als Dolmetscher für die neue Zeit

Vor diesem Panorama starteten wir am 4. April 1984 im Dritten die »Wissenschaftsshow«. Zuvor hatte ich dem zuständigen Hauptabteilungsleiter beim WDR, Hansjürgen Rosenbauer, diese Idee nahegebracht. Dass wissenschaftliche Themen allgemeinverständlich und unterhaltsam aufbereitet und präsentiert werden sollten, leuchtete ihm ein. Der belehrende Zeigefinger kam nicht vor, und es sollte auch kein Telekolleg für Fortgeschrittene sein. Wir wollten mit der »Wissenschaftsshow« Menschen erreichen, die keine Fachzeitschriften lasen und die trotzdem an Trends und Ergebnissen interessiert waren. Deshalb sollte die Sendung unterhaltend und allgemeinverständlich, locker und ohne Ehrfurcht vor der hehren Wissenschaft präsentiert werden. Mit anderen Worten: Das Zuschauen sollte mehr Spaß machen – daher der Begriff »Show«. Zwei weitere Merkmale kamen hinzu: Die diffizilen, komplexen Themen wurden in enger Zusammenarbeit mit Wissenschaftlern und Technikern aufbereitet und in einem neuen Rahmen präsentiert. Dazu zählte auch das Outfit. Statt poppiger Weste oder offenem Hemdkragen war es nun die Fliege, mit der ich vor die Kamera trat. Das war ein symbolisches Zeichen dafür, dass wir es jetzt mit einem anderen Format zu tun hatten – die quirlige, facettenreiche »Hobbythek«, mit der man mich fast ausschließlich identifizierte, existierte noch immer, aber dieses hier war jetzt etwas Neues: eine monothematische Präsentation, für die auch das Bühnenbild neu ausgerichtet wurde, samt Symbolfiguren wie Aristoteles (für den Geist), lichtdurchflutetes Prisma (für die naturwissenschaftlich gestaltete Umwelt) und das Maskottchen Beo (für die belebte Natur). Beo war jener asiatische Starenvogel, dem wir das Sprechen beibrachten und der uns daher gelegentlich mitten in die Sendung quatschte.

Die Sache mit Ranga Yogeshwar

Von allen Jobs, die hinter den Kulissen zu erledigen waren, kam der Recherche eine besondere Bedeutung zu. Um eine aktuelle Sendung auf die Beine zu stellen, hatte ich mir einen Nachrichtenblock am Ende vorgestellt. Doch dessen Realisierung war aus finanziellen Gründen nicht möglich – trotz eines größeren Etats. Es fehlten die Mittel, um etwa den dpa-Wissenschaftsdienst zu beziehen. Und Google gab es noch nicht. Mittlerweile waren wir mit der »Wissenschaftsshow« schon fast drei Jahre auf Sendung, als Peter Meimeth, der von mir sehr geschätzte Kollege, der mit mir die Sendung gestartet hatte, eines Tages sagte: »Ich kenne da einen bei der Kernforschungsanstalt Jülich, der könnte so etwas machen.« – »So etwas«, das war die sogenannte Nachrichtenecke, die kontinuierliche Auswertung von internationaler Fachpresse sowie von Instituts- und Verbandsinformationen. »Dann lass ihn doch mal kommen«, sagte ich. Und so tauchte schon bald der neue zurückhaltende Mitarbeiter auf, der sich dann bei mir vorstellte. Er hieß Ranga Yogeshwar, war 28 Jahre alt, hatte an der RWTH Aachen Experimentelle Physik mit dem Schwerpunkt »Experimentelle Elementarteilchenphysik und Astrophysik« studiert.

Ranga Yogeshwar, WDR (Foto)
https://binged.it/2uAE7y1

Schon während unserer ersten Begegnung kam es zu einem Dialog, der unser Verhältnis prägen sollte. Der Anlass war so banal wie vielsagend: Irgendetwas im Studio lief mal wieder schief, und ich fluchte, wie ich das bei derartigen Gelegenheiten öfters tat – was jedoch nicht ernst gemeint war –, auf Luxemburgisch. In diesem Augenblick kam der neue Mitarbeiter aus der Reserve, ging auf mich zu und fragte: »Bass du é Letzeburger?« Ein Landsmann! Seine Mutter ist eine Luxemburger Künstlerin, sein Vater ein indischer Ingenieur. Und wie das halt so ist bei solch unverhofften Bekanntschaften, zumal man sich dann auch sympathisch findet: Man spricht über alles Mögliche und findet recht bald Vertrauen zueinander. In den darauffolgenden Wochen sah ich schon bald, dass Ranga sich für die Themen interessierte und mit kreativen Vorschlägen kam. So dauerte es nicht lange, bis ich ihn bat, selbst einmal zu moderieren: »Komm, moderier doch einmal mit mir, ich bringe dir das bei.« Schon bei seinen ersten Sätzen spürte ich, dass ihm der Auftritt vor der Kamera großen Spaß bereitete. Und weil ich auch das Talent sah, das in Ranga Yogeshwar schlummerte, baute ich ihn in der Folgezeit konsequent zu meinem Nachfolger auf.

Der Kontakt ging auch übers rein Berufliche hinaus. Ranga, der zu diesem Zeitpunkt in einer kleinen Wohnung in Köln-Nippes lebte, schien zwei Dinge zu vermissen: seine Jülicher Umgebung und die Möglichkeit,

Klavier zu spielen. Wenigstens bei Letzterem konnte ich ihm behilflich sein, sodass eines Tages ein Ibach-Flügel dort in der Nordstraße eintraf. Mein kleiner Privatkredit, den er mir auf Heller und Pfennig zurückzahlte, machte es möglich. Auch das andere Defizit ließ sich im Laufe der Zeit beheben. Unter den vielen Studenten, die wir in der Redaktion beschäftigten, war auch Ursula, eine besonders aktive Mitarbeiterin; sie ist heute Rangas Ehefrau. Übrigens unterstützten uns während der 30 Jahre zwischen 300 und 400 studentische Hilfskräfte. Einige von ihnen blieben sogar später im Beruf, unter ihnen mein Freund Dr. Norbert Lossau, der Leiter des Wissenschaftsressorts der Tageszeitung *Die Welt*.

AIDS – von wegen Schwulenkrankheit!

AIDS galt am Anfang als Schwulenkrankheit. Daher führte sie in der öffentlichen Wahrnehmung zunächst leider auch ein Schattendasein. Dabei war es ganz anders, denn der HI-Virus nahm keine Rücksicht auf die sexuelle Orientierung. Das wurde mir spätestens im San Francisco Hospital klar, wo ich in die Gesichter verzweifelter Männer und Frauen blickte. Das waren keineswegs nur Homosexuelle, sondern in der Mehrzahl sogar Heteros. Und so konnten wir in der »Wissenschaftsshow« mit dem Schwulen-Märchen aufräumen. Ranga Yogeshwar hatte dafür wichtige Vorarbeiten erledigt, indem er bei den Instituten der Viren-Entdecker recherchierte. Dabei gelang es, die theoretischen Grundlagen von AIDS plausibel zu erklären: Die T4-Helferzellen, das Zentrum des Immunsystems, war von dem AIDS-Virus befallen. Jetzt wurde auch die ARD auf uns und das Thema aufmerksam. In Co-Produktion mit dem Bayerischen Rundfunk kam es am 7. Mai 1987 zu dem Themenabend mit dem Titel »Die tödliche Schwäche«, bei dem sich nach dem umfangreichen Dokumentationsteil Experten und Politiker in einer Talkrunde zum Thema äußerten.

Über dieses Medienereignis gingen die Meinungen auseinander. Während die meisten Blätter die Sendung als Meilenstein in der AIDS-Berichterstattung begrüßten, fand sich die Hamburger Wochenzeitung *Die Zeit* zu einer eher zurückhaltenden Beurteilung bereit: »Die erste AIDS-Sendung der ARD, ausgestrahlt gleich nach der Tagesschau, wollte über den Stand der Forschung informieren und damit der Aufklärung ein Fundament verschaffen. Man war sich der Gefahr trockener Schaubild-Schulmeisterei wohl bewusst und verfuhr nach der Devise: Hauptsache, lustig und ›immer locker‹! (...) Mitten dazwischen WDR-Wissenschaftsredakteur Jean Pütz, live ›aus dem Körperinneren‹; mit enormer Moustache und geheimnisvoller Intonation ganz Magier zauberte er eine Doppelhelix aus Luftballons herbei und öffnete das HIV wie ein Überraschungsei: Da liegt er, der verderbliche Bauplan, bunt und schmuck wie eine Bernsteinkette. Hauptsache, lustig!« Diese Kritik sehe ich als konstruktiven Beitrag in einer oftmals hysterisch geführten Debatte. Auf jeden Fall wurden damit auch andere stutzig – von wegen »Schwulenkrankheit«!

Am 20. Mai und am 17. Juni 1987 griffen wir mit zwei Sendungen im Dritten (»AIDS, was ist das eigentlich?« und »Neue Medikamente für AIDS?«) das Thema erneut auf. Diesmal war auch Ranga Yogeshwar mit von der Partie. Nach beiden Sendungen war die Resonanz so gewaltig, dass ich mir heute sicher bin, dass es uns damit gelungen war, die Voraussetzungen dafür zu schaffen, dass die neue Seuche an Deutschland einigermaßen vorbeischrammte, wenn auch, wie ich finde, zu einem hohen Preis, und was mich auch persönlich besonders störte: Der lustvolle und unbeschwerte Umgang miteinander war vorerst zu Ende, und ein Zeitalter der Traurigkeit erwartete uns.

Am Puls der Zeit

Der Reiz des Neuen machte sich in allen Beiträgen bemerkbar. Ob es nun um die Chancen der aufkommenden Glasfasertechnologie oder das GPS-System, Reagans »Krieg der Sterne« oder urzeitliche Archebakterien ging – Erfindungen und Entdeckungen, sofern sie alltagstauglich waren – und das waren die meisten –, fanden bei uns ihr Forum. Bei den Archebakterien brachte mich mein Sohn Jörn auf die Spur: Der Doktor der Biochemie fand beim Tauchen vor dem Feuer speienden Stromboli zufällig eine neues Archebakterium – ein Ur-Bakterium, dem z.B. 120 Grad Celsius in der Meerestiefe nichts ausmachen.

Auf ein Merkmal mochten wir auch bei keiner der insgesamt 74 Sendungen der »Wissenschaftsshow« verzichten, und das war der prickelnde Reiz, der von allem Neuen, Unbekannten ausgeht. Schon mit unserem ersten Beitrag unter dem Titel »Röntgen ohne Strahlen« landeten wir einen

Volltreffer. Denn was im Frühjahr 1984 noch in einiger Ferne zu sein schien, wird heute in jedem Kreiskrankenhaus praktiziert: die Kernspintomografie.

Buchstäblich auf der gleichen Wellenlänge lagen auch die anderen Beiträge. »Die europäische Geotraverse« zum Beispiel beschäftigte sich mit neuen Erkenntnissen über die Erdkruste und berichtete über Deutschlands tiefstes Bohrloch bei Windischeschenbach in der Oberpfalz. Dort wurde zwar erst ab 1987 gebohrt, doch hatten wir bereits drei Jahre zuvor über diese Möglichkeit eines geowissenschaftlichen Großforschungsprojekts berichtet. Bis Oktober 1994 wurde zwischen Regensburg und Hof gebohrt, dann war nach 9 101 Metern und bei einer Temperatur von 265 Grad Celsius Schluss.

Glasfaser kontra Kupfer

Im Mai 1984 kamen wir mit der Sendung »Fernsehen per Glasfaser«. Hintergrund waren die bereits im Aufbau befindliche Technologie auf der einen, und das Beharrungsvermögen interessensgetriebener Politiker und Konzerne auf der anderen Seite. Mit der Entwicklung des ersten Lasers (1960) ließ sich Licht konzentriert durch ein Medium transportieren. Damit trat die gezielte Informationsübertragung über Lichtwellenleiter, sprich Glasfaser in die Realisierungsphase. Das erste optoelektronische Lichtwellenleiter-System wurde 1965 von dem Physiker Manfred Börner (AEG-Telefunken) erfunden. Sein optisches Weitverkehrs-Übertragungssystem kombinierte Laserdioden als Sender, Glasfasern als Übertragungs- und Photodioden als Empfangsmedium. 1966 meldete er das System zum Patent an. Weitere Pionierarbeiten in der Glasfaseroptik stammen von Charles Kuen Kao (Princeton) und George Hockham (London/Sydney). Das US-Unternehmen Corning Inc. produzierte und entwickelte 1970 den ersten Lichtwellenleiter, mit dem sich Signale, und zwar digital, auch über eine längere Strecke und ohne größere Verluste übertragen ließen. In den folgenden Jahren wurde die Nutzung von Lichtwellenleitern zur Übertragung von Telefonsignalen vorangetrieben, und bereits 1978 verband die Deutsche Bundespost zwei Vermittlungsstellen in Westberliner Bezirk Wilmersdorf über eine etwa

Glasfaser (Foto)
https://binged.it/2h54cjM

vier Kilometer lange Verbindungsstrecke aus mehreren Glasfasern. An der Pressekonferenz zur Präsentation dieses Projekts hatte ich teilgenommen. Doch wer angenommen hatte, dass nun eine neue Ära anbräche, zumal die neue Technik ständig verbessert wurde, sah sich getäuscht. Die Bundespost und später auch die vom Börsengang besoffene Telekom wollten den überfälligen Ausbau der Kommunikations-Infrastruktur nicht mit Glasfaser, sondern mit Koaxialkabel aus Kupfer realisieren. Als Ingenieur mit nachrichtentechnischer Vergangenheit verfolgte ich diese Entwicklung mit Entsetzen, wie hier vor allem die Post und deren Hoflieferant Siemens agierten. Sie haben die technologische Entwicklung in Deutschland erheblich behindert. Das war auch der Grund dafür, weshalb ich als 1. Vorsitzender der Wissenschaftspressekonferenz mit dem Bundespostminister Christian Schwarz-Schilling ein Hühnchen rupfen musste. »Sie wollen die Bundesrepublik zum Kupferbergwerk umgestalten«, sagte ich dem Minister, dessen Arbeit ich sonst sehr schätzte, während einer Diskussion ins Gesicht, weil dieser sich in den Kopf gesetzt hatte, die gesamte Bundesrepublik mit Koaxialkabeln zu beglücken, obwohl der Erfolg der Glasfasertechnologie schon längst absehbar war. Ganz offensichtlich verfolgte der Minister auch ein persönliches Interesse, denn er war bis zu seiner Ministerernennung Mitinhaber der Sonnenschein GmbH aus dem hessischen Büdingen, die veraltete Akkumulatoren auf Bleibasis produzierte. Diese Geräte waren für die Technologie in den notwendigen Verstärkerstationen unentbehrlich.

Ein zumindest in der deutschen Fernsehgeschichte einmaliger Vorgang dürfte der Einsatz unseres freien Mitarbeiters Reinhard Furrer gewesen sein, dem wir bei seiner Spacelab-Mission, dem ersten Projekt dieser Art mit deutscher Beteiligung (Start: 30. Oktober 1985), eine Kamera in das Space Shuttle »Challenger« mitgaben, mit der er für uns physikalische Experimente wie etwa die Auswirkungen der Schwerelosigkeit bei der Materialverarbeitung und auf den menschlichen Körper dokumentierte.

Reinhard Furrer, Astronaut (Foto)
https://binged.it/2v1Fpmf

Dagegen besaß die Frage »Haben Pflanzen Sinne?« eher bodenständigen Charakter. Wir belauschten unterschiedliche Gewächse wie zum

Beispiel fleischfressende Pflanzen, Rosen oder das Gemeine Fettkraut und stellten fest, dass sie ein primitives Nervensystem, basierend auf elektrischen Impulsen, besitzen. Bei dieser Gelegenheit kam mir Goethes »Heidenröslein« in den Sinn – jenes wunderschöne Volkslied mit den Zeilen:

»Knabe sprach: ich breche dich,
Röslein auf der Heiden!
Röslein sprach: ich steche dich,
dass du ewig denkst an mich.«

Auch die Frage »Helfen Gene heilen?« beschäftigte uns, zumal zu diesem Zeitpunkt (1987) das menschliche Gen noch nicht entschlüsselt war. Mittlerweile geht die Polizei längst mit »Kommissar DNA« auf Verbrecherjagd.

Wie gefährlich sind elektromagnetische Wellen, die von den Hochspannungsleitungen oder von Haushaltsgeräten ausgehen? Diese im Frühjahr 1989 gestellte Frage kann durchaus als Vorgriff auf den Umgang mit aktueller Technologie wie Bluetooth, WLAN oder Mobilfunk gesehen werden. Mit diesem Thema erfüllten wir offensichtlich auch die Wünsche eines ebenso neugierigen wie aufgeschlossenen Publikums und lagen daher mit unserem Konzept, Berichterstattung ohne Verteufelung, goldrichtig.

Die 15 großen Sendungen, von denen die meisten im Auftrag der ARD entstanden, bescherten uns in den 80er-Jahren viel Arbeit und Abwechslung. Auch hier hatten wir vielversprechende Entwicklungen im Visier.

»Computer auf vier Rädern – Elektronik im Dienste der Fahrsicherheit«

Was inzwischen unter dem Stichwort ABS längst Standard ist und Tausenden von Autofahrern schon das Leben gerettet hat, stand bei uns bereits im Januar 1981 auf dem Programm. Wir zeigten, welche Möglichkeiten es bald geben würde, komplizierte Fahrsituationen, wie etwa plötzliches Bremsen, zu meistern. Dabei wird durch die Regelung des Bremsdrucks ein mögliches anhaltendes Blockieren der Räder verhindert und die Bremssicherheit erheblich erhöht, weil gleitende Reibung weniger Haftung besitzt, als wenn das Rad korrekt abrollt. Das Auto kann dann nicht ausscheren. Mit diesem Beitrag griffen wir einen Trend auf. Denn es zeichnete sich ab, dass der geliebte fahrbare Untersatz bald nur noch von Elektronik beherrscht werden würde. Inzwischen hat dieser Prozess die internationale Automobilindustrie längst mit voller Wucht erfasst und ist lange noch nicht abgeschlossen. Allerdings konnten wir damals nicht ahnen, dass die Automobilindustrie – siehe Diesel-Skandal – einmal die Elektronik dazu benutzt, um die Autokäufer zu betrügen.

»Computer im Büro – Freund oder Feind?«

In den 80er-Jahren, der großen Zeit der Heimcomputer, hießen die Modelle Commodore VC20, C64, Sinclair ZX80/81, Schneider/Amstrad CPC 464/664, Atari XL/XE, Sinclair ZX Spectrum. Diese Geräte stehen inzwischen entweder längst im Museum, oder ihre Hersteller sind größtenteils von der Bildfläche verschwunden. All das war jedoch noch nicht absehbar, als wir im November 1982 über die Möglichkeiten der damals schon vorhandenen Datenverarbeitung informierten und damit den Nerv einer noch weitgehend nicht informierten Gesellschaft trafen. Denn unsere Frage lautete: Ist der Computer im Büro nun der Freund oder ein Feind? Das Beispiel im eigenen Haus, dem Westdeutschen Rundfunk, wo sich, wie schon berichtet, zunächst große Teile der Belegschaft gegen die neuen, bequemen Arbeitsmethoden wandten, belegt auf eindrucksvolle Weise eine Position in diesem Glaubenskrieg.

Der Reiz der Extreme

Mit der fünfteiligen Serie nutzte ich erstmals brandneue technische Möglichkeiten, um das, was ich mir vorgenommen hatte, mit ihrer Hilfe populär, aber nicht populistisch zu realisieren. Beispiel Digitalkamera für halb professionelle Anwendung: Mit ihr ließen sich bestimmt erstklassige Aufnahmen produzieren, dachte ich

Sony 1000 (Produktfoto)
https://binged.it/2v1toNt

mir. Das einzige Problem allerdings war der Preis. Das Gerät war noch sehr teuer und sollte auf keinen Fall das Budget meiner Redaktion übermäßig strapazieren. Wegen dieser finanziellen Beschränkung war es beispielweise auch nur selten möglich, Auftragsproduktionen zu vergeben. Anfangs kam mir eine Kreation der Firma Sony zu Hilfe, denn die hatte mit ihrer »Sony 1000« als einer der ersten Hersteller ein Gerät entwickelt, das meinen Bedürfnissen entgegenkam: mit elektronischem Bildstabilisator und der Möglichkeit zur Aufzeichnung auf Kassetten. Sony, die ihren Deutschland-Sitz in Köln hatte, stellte mir das Gerät unentgeltlich zur Verfügung.

Mit dieser Aktion wollte ich unsere Kameraleute jedoch nicht brotlos machen. Dafür schätzte ich sie und ihre Arbeit viel zu sehr. Mir ging es einzig und allein darum, mit selbst produzierten Bildern den Livecharakter meiner Reportagen und die damit verbundene Authentizität zu unterstreichen. Ich wollte hautnah dabei sein, wenn ich jene Eindrücke wiedergab, die mich gerade in der Sekunde fesselten, als ich sie an das Publikum weitergab.

Die vier Elemente

Für die Griechen waren Feuer, Wasser, Erde und Luft die Bausteine unserer Welt. Auch noch später, im Mittelalter, spielten die vier Elemente im Volksglauben eine große Rolle. Mich interessierte, welchen Einfluss sie auf die moderne Technik haben. Mit der Sendereihe »Reiz der Extreme« wollte ich dieser Frage auf den Grund gehen. Klar war, dass sie nicht in den Studios und auch nicht in der sendereigenen Werkstatt zu Köln-Bocklemünd beantwortet werden konnte.

Schon lange davor schwirrten mir viele Ideen durch den Kopf. Manchmal wusste ich gar nicht, wo ich anfangen sollte. Doch eines war mir immer klar: Ich suchte gewissermaßen auch eine körperliche Nähe zum Thema, denn ich war mittlerweile 47 Jahre alt und fühlte mich auf dem Höhepunkt meiner Leistungsfähigkeit. Es war eine ganz besondere Herausforderung, Experimente auch unter großem körperlichem Einsatz durchzuführen.

Unter Wasser ...

»Der Mensch unter Wasser« (1983) war der Versuch, mit ein paar physikalischen Experimenten zu erklären, wie sich der Druck auf Gegenstände sowie auf den menschlichen Körper unter Wasser auswirkte. Denn alle zehn Meter nimmt der Wasserdruck um 1 Bar zu, was zu erheblichen Belastungen in der Tiefe führt. Doch ging es dabei nicht nur ums Schnorcheln, sondern auch um größere Tiefen, bei denen man eine Druckluftflasche benötigt. Das Druckluftventil gleicht den Druck automatisch aus, sodass der Körperinnendruck gleich dem Außendruck ist. Damit können Tiefen bis 100 Meter erreicht werden – wobei bei 100 Metern schon 10 Bar ausgeglichen werden müssen. Andernfalls würde die Lunge lebensgefährlich zusammengepresst werden.

Meinen Tauchunterricht nahm ich auf Korfu, in der Schule für deutsche Tauchlehrer. Korallen, Fische und Wracks waren mir noch nie so nah wie in dieser Woche, in der ich sozusagen in doppelter Mission auf Korfu war: Ich lernte bei den besten Lehrern das Tauchen und drehte dabei den Beitrag.

Die Gefahren, die in der Tiefe lauern, erlebte ich am eigenen Leib. Fast wäre ich ertrunken, als ich mich in 30 Metern Tiefe verschluckte und so schnell wie möglich wieder nach oben wollte. Doch das wäre fatal gewesen, denn bei 3 Bar Überdruck, der in 30 Metern Tiefe herrscht, besteht die Gefahr, dass das im Blut angesammelte Kohlendioxid eine Embolie auslöst. Der Tauchlehrer, der sich in unmittelbarer Nähe befand, wollte mich deshalb festhalten, um mit mir langsam nach oben zu steigen. Doch ich schüttelte ihn in der Panik ab und machte mich allein auf den Weg nach oben. Zum Glück klappte dieses hochriskante Manöver. Wieder mal: Glück gehabt!

Übrigens, bei noch größeren Tiefen von mehr als 100 Metern muss die Luft in der Flasche durch ein Gemisch aus Helium und maximal 5 Prozent reinem Sauerstoff ersetzt werden. Damit wird die Gefahr einer Stickstoffembolie ausgeschlossen – allerdings mit dem Nachteil, dass die menschliche Stimme dort unten durch das Helium einen »Micky-Maus-Effekt« erfährt und kaum verständlich ist. Auch das habe ich vorgeführt.

... über Wasser

»Windsurfen in der Brandung« war der erste Teil der Serie. Um ihn in den Kasten zu bekommen, fuhren wir bis ans Ende der Welt. Schließlich konnte nichts dieses Phänomen optisch besser untermalen als die gerade in Mode gekommenen Surfbretter mit ihren Segeln. Und nirgendwo ließ sich dieses besser in Szene setzen als auf Hawaii, dem Mekka der Windsurfer, mit seiner fantastischen Brandung, seiner mystischen Landschaft und seinen freundlichen Menschen.

Alle Voraussetzungen waren erfüllt, als wir uns im Spätsommer 1982 auf die Reise machten. Selbst die erforderlichen Trainingseinheiten hatte ich zunächst vor Ibiza und auf dem Tegernsee absolviert; regelmäßiges Radfahren sorgte für die nötige Kondition.

Auf dem Zwischenstopp nach Honolulu lernte ich in San Francisco eine Surferin kennen, die sich ebenfalls auf den Weg zum Geburtsort des Windsurfens gemacht hatte. Dort machte sie mich mit der Surflegende Robby Naish bekannt. Auf Maui, der zweitgrößten Insel des Archipels, hatten wir unser Basislager in Lāhainā aufgeschlagen, einem ehemaligen Walfänger-Stützpunkt an der Nordwestküste. In dieser Umgebung mit ihren malerischen Holzhäusern schien die Zeit stehen geblieben zu sein. Doch konnte uns dieser touristische Aspekt nicht davon abhalten, unsere Arbeit zu erledigen. Und so fuhren wir jeden Tag auf die andere Seite der Insel, wo eindrucksvolle Wellen spektakuläre Manöver und damit fantastische Bilder ermöglichten. Die Besonderheit war, dass die Wellen dort regelrechte Röhren bildeten. Um das alles richtig ins Bild zu setzen, hatten wir sogar einen Taucher engagiert, dem eindrucksvolle Bilder mit seiner Unterwasserkamera, einer Novität, gelangen. Für mich, dem Surfanfänger, war das alles viel zu riskant. Diesen Job erledigte Robby Naish – ein Mann von gerade mal 20 Jahren, der aber schon seit sieben Jahren Weltmeister war, also ein extrem netter »alter Hase«, der immer neue Sprünge und Luftnummern zur Verfügung hatte. Wochen später, am heimischen Tegernsee, beendeten wir dieses Kapitel. Zwar gibt es hier keine Brandung, doch dienstbare Helfer wie Deutschlands größter Windsurfer Jürgen Hönscheid halfen mir, meine bescheidenen Surfkenntnisse im Bild zu dokumentieren. Das Echo auf »Windsurfen in der Brandung« war ausgezeichnet, und – kleiner persönlicher Nebeneffekt – ich war mir sicher, dass ich körperlich topfit war.

Robby Naish, der Windsurfer (Video)
https://binged.it/2v1QAuV

Auf der Erde

Pferde haben mich schon immer fasziniert. Doch leider hatte ich nie Gelegenheit, mich intensiv mit ihnen zu beschäftigen, außerdem fehlte mir das nötige Kleingeld. Im Sommer 1983 brach ich zu einer Reise in die Rocky Mountains auf. Die Weichen dafür half der frühere kanadische Generalkonsul in Düsseldorf zu stellen. Der Trip ging nach Calgary in der Provinz Alberta. Hier findet alljährlich im Juli die weltweit spektakulärste Pferdeshow statt. »Calgary Stampede« gilt als größte Rodeo-Show der Welt: Über eine Million Besucher in zehn Tagen und fast zwei Millionen Dollar Preisgeld. Während des Spektakels sitzt ganz Nordamerika vor dem Fernseher.

Sechs große Wettbewerbe standen auch 1983 auf dem Programm: Bullenreiten, Barrel Racing, Steer Wrestling, Lassowerfen, Reiten mit Sattel und Reiten ohne Sattel. Die beiden letzten Wettbewerbe lieferten den Titel für unsere Sendung: »Reiten mit und ohne Sattel«. Wir drehten großartige Szenen und näherten uns damit einer Welt, in der noch ganze Kerle zählten. Wildwestromantik lässt grüßen. Doch das größte Abenteuer stand uns noch bevor, nachdem wir die 120 Kilometer nach Banff zurückgelegt hatten. Das auf 1 000 Metern Höhe liegende Städtchen am Rand des Banff-Nationalparks beherbergt eine Tiermedizinische Hochschule mit Schwerpunkt Forschung an Quarter Horse und Indianerpferden (Pinto), in der über den wichtigsten Begleiter des Menschen in der Wildnis geforscht und gelehrt wird – künstliche Besamung inklusive.

Die anschließende Tour mit Sack und Pack auf dem Rücken der Pferde in die Rocky Mountains war ein unvergessliches Erlebnis – nicht nur wegen der Landschaft mit ihrer atemberaubenden Schönheit, sondern auch, weil ich, der »verweichlichte« Mitteleuropäer, mal wieder mit dem Wahren und Echten samt seinen Unwägbarkeiten konfrontiert wurde. Dazu gehörten auch die Moskitos, die sich zu wahren Plagegeistern entwickelten. Manchmal ging mit mir auch buchstäblich der Gaul durch. Dann preschte ich mit meinem Wallach »Andy« über die Lichtungen, während die übrigen im Tross gemächlich hintereinanderher trotteten. Das Ausbüxen vermittelte ein wunderbares Gefühl von Freiheit und zeigte mir, was der Trapper von einst dem von Staus geplagten Autofahrer von heute voraushatte. Der gesamte Transport ging mit den Quarter Horses. Kamerazubehör, Zelte und sogar ein kleiner Herd wurden den Packpferden auf den Rücken geladen. Campiert wurde im Zelt, und morgens gab es Ham and Eggs – unsere kanadischen Freunde hatten doch nicht auf alles verzichten wollen. So ging das sechs Tage lang. Doch mit einem hatten wir in dieser Zeit nicht gerechnet: Innerhalb weniger Stunden prasselte ein nicht enden wollender Platzregen auf uns nieder, der harmlose Flüsse und Bäche innerhalb von Minuten in reißende Ströme verwandelte. Reiter und Pferd konnten dann das andere Ufer manchmal nur schwimmend erreichen. Auch diese Reportage (Februar 1984) fand ein großes positives Echo und signalisierte, dass wir mit diesem Sujet durchaus richtiglagen und dass die Zuschauer Reportagen dieses Zuschnitts – Leben in der Wildnis – von uns erwarteten. Die Resonanz reichte immerhin für eine Einladung zum CHIO in Aachen, wo ebenfalls ein Western Riding auf dem Programm stand. Ich kann nicht sagen, dass wir uns blamierten, aber mit Susanne Kronzucker im Team reichte es nur zum vorletzten Platz.

In der Luft

Dann ging ich in die Luft. Den Geschmack am Ballonfahren fand ich bei einer Fahrt mit dem Gasballon. Wir starteten mit dem Team in Marl-Loemühle bei mäßigem Wind, der uns stetig in nordöstliche Richtung trug. Zwar wusste ich, dass jede Fahrt mit einer Ballonfahrertaufe ausklingen würde, jedoch nicht, wie diese Zeremonie im Detail ablief. Irgendwann war es dann so weit. Wir hatten gerade 30 Kilometer hinter uns, als wir Datteln, den »größten Kanalknotenpunkt der Welt«, passierten. Jetzt war für den Ballonfahrer Franz-Josef Burbach der Augenblick gekommen, mir erst eine Flasche Sekt und dann einen Kübel Sand über dem Kopf auszuleeren – eine klebrig-ekelhafte Angelegenheit, die mit einer Titelverleihung gekrönt wurde, denn ich durfte mich fortan in der Gilde der Ballonfahrer »Jean Prinz über dem Walde zu Datteln« nennen. Das allerdings machte die ganze Angelegenheit nicht besser, denn es musste ja auch noch gefilmt und moderiert werden, und auch die Maskenbildnerin war weit weg.

Monate später flatterte eine Einladung aus der Normandie ins Haus. Absender: Malcolm Forbes. Der amerikanische Medienmogul, Erfinder der nach ihm *benannten* Milliardärsliste, war selbst ein begeisterter Ballonfahrer und unterhielt im Château de Balleroy im Département Calvados das weltweit einzige Ballonmuseum (bis 1990); das Château war außerdem schon seit Jahren Austragungsort eines internationalen Ballonfestivals. Wir waren bestimmt nicht die Einzigen, die an diesem Sommersonntag des Jahres 1985 von den vielen Objekten beeindruckt waren, die am normannischen Himmel zu hängen schienen – bizarre Kunstwerke, die allen möglichen irdischen Vorbildern nachempfunden waren: Elefanten, Erdbeeren, Monster, Bären, aber auch Schlösser, Kirchen und Minarette.

Ballonfestival Château de Balleroy
(Foto)
https://binged.it/2v06rKR

Diese geballte Ladung an Fantasie ermöglichte einzigartige Bilder – von unten wie von oben. Fast hätten wir vor lauter Staunen eine sich anbahnende Katastrophe nicht bemerkt, als nur ein paar Hundert Meter von uns entfernt einer der wenigen mit Wasserstoff gefüllten Gasballons abzustürzen schien. Ein Casanova hatte sich die hübschesten Frauen in seinen Korb geholt und wollte ihnen die Welt zeigen. Vor lauter Testosteron hatte er dabei allerdings vergessen, das Sicherheitsventil, das den Druckausgleich in der Höhe ermöglicht, zu öffnen. In 1 000 Metern Höhe war dann der Druck so stark, dass der Ballon mit einem lauten Knall platzte. Völlig entgeistert schauten wir alle zum Himmel, als vom Ballon nur noch dessen Hülle und darunter der Korb zu sehen waren. Und das alles fiel wie ein Stein vom Himmel. Doch, ein Wunder! Etwa 100 Meter über der Erde fing sich der Ballon wieder, weil seine Hülle, dank des Netzes, an dem der Korb hing, plötzlich nach innen umklappte und wie ein Fallschirm funktionierte. Die schlaffe Hülle in dem Netz spannte sich und bremste den Fall so weit ab, dass es zwar zu einem extrem harten Aufprall, jedoch nicht zur Katastrophe kam. Mit ein paar Knochenbrüchen und käseweißem Gesicht wurden die geschockten Insassen aus dem Korb gehievt.

Element Luft: Paragleiter

Ich dachte an nichts Schlimmes, als an einem schönen Sommerabend 1984 direkt vor meinem gemieteten Ferienhäuschen an der Mole von Ibiza-Stadt ein Mann mit seinem seltsamen Fluggerät landete. Den Piloten hatte ich zuvor noch nie gesehen und das Gerät auch nicht. Der Held der Lüfte hieß

Mike Rickman, war Engländer und gelernter Fotograf, wohnte in Heiligenhaus bei Essen und outete sich als Fan: »Herr Pütz, das wäre doch etwas für Sie! Damit lassen sich ganz tolle Aufnahmen machen, Ihre Zuschauer werden begeistert sein.«

Bei Rickmans Gerät handelte es sich um ein Flugobjekt mit integriertem Fallschirm, einem Paragleiter, in Europa behördlich nicht zugelassen, doch in den Vereinigten Staaten sehr wohl. Rickman gelang es innerhalb weniger Minuten, den alten Fliegernerv in mir zu kitzeln.

Während wir vor dem Haus ein Glas Rotwein tranken und Rickman mir seine Fliegererlebnisse schilderte, gingen mir gleich mehrere Dinge durch den Kopf: Tolle Aufnahmen – Amerika – Paragliding! Wie wäre es, einmal auf diese Weise wie ein Seeadler über diese grandiosen Landschaften mit ihren atemberaubenden Schluchten und markanten Tafelbergen zu gleiten?

Im WDR reagierte man zunächst skeptisch. Die Chefs waren von mir einiges gewohnt, gerade bei der Realisierung der anderen Teile dieser Serie, aber ich war mir nicht sicher, ob sie Verständnis für dieses Anliegen zeigen würden. Zum Glück gaben sie dann doch grünes Licht für eine 14-tägige Reise, wobei sie ein wenig aufs Budget drückten. Mit an Bord: Mike Rickman.

Ein Problem war die Ausrüstung. Die Kameras aus dem Studio Washington waren zwar für die Schwergewichte der amerikanischen Politik, jedoch nicht für ein Leichtfluggerät geeignet. Also griff ich – zumindest für die Aufnahmen aus der Luft – wieder auf eine der bewährten Digitalkameras zurück.

Als Freund der indianischen Kultur und Lebensweisheiten hatte ich schon immer eine Schwäche für die Ureinwohner Nordamerikas. Jetzt hatte ich die Chance, sie endlich einmal an Ort und Stelle zu besuchen, auch wenn sie schon lange vom weißen Mann aus ihren ursprünglichen Stammesgebieten vertrieben worden sind, was ich für ein Verbrechen halte. Die Kulisse, die sich mir bot, war kaum zu toppen: Superstition Mountains, Grand Canyon und Monument Valley. Nachdem wir in Phoenix angekommen waren, wollte ich zunächst einmal üben, um mit dem Gerät richtig umzugehen. Zum Glück war das nicht schwer, schon nach einer Viertelstunde hatte ich es begriffen, alles schien kinderleicht. Es war ja auch nur eine Art Gokart mit Propeller und Fallschirm, mit dem ich erst einmal zwischen den Kakteen durchknatterte, ehe ich abhob. Wir flogen über dem Apachengebiet, den Superstition Mountains, ehe es dann acht Tage hintereinander in den Canyon de Chelly National Monument ging. Der Nationalpark liegt auf dem Gebiet der Navajos im Bundesstaat Arizona. Hier findet sich eine Ansammlung von 2 500 archäologischen Stätten, von denen die ältesten 3 500 Jahre alt sind und die auf eindrucksvolle Weise die vorkolumbianische Zeit dokumentieren. Wir sahen und filmten die imposanten Sandsteinfelsen sowie die über 700 Jahre alten Nischenbehausungen in den Felswänden. In ihnen hatten sich die Anasazi-Indianer vor wilden Tieren und Feinden geschützt. Der nächsten Etappe, auf die wir uns so sehr gefreut hatten, dem Grand Canyon, konnten wir uns leider nicht als Helden der Lüfte nähern, denn es stürmte gewaltig, und selbst einheimische Hubschrauber durften nicht starten. Schließlich Monument Valley. Die Ebene mit ihren weltberühmten Tafelbergen, Kulisse für unzählige Western, wird von den Navajos verwaltet; das war auch der Grund dafür, weshalb wir in dem 3 000-Einwohner-Nest Window Rock, das in der Navajo-Sprache Tségháhoodzání heißt, beim Häuptling erst einmal die Drehgenehmigungen einholen mussten.

Zum Glück hatten wir ausgezeichnetes Wetter und konnten uns an drei Tagen am Himmel bewegen. Wir umflogen die Felsen, verfolgten aus der Luft Kojoten und filmten Wildpferde. Es war einfach grandios – aber auch aufregend. Zum einen hatte ich riesiges Glück, als ich beim Start mit dem rechten Vorderrad in einen Sandhaufen krachte – kaum vorzustellen, was sich abgespielt hätte, wenn dieses Hindernis ein schöner Felsbrocken gewesen wäre –, und zum anderen war plötzlich mein Flugkamerad Mike Rickman verschwunden. Ich konnte mir keinen Reim darauf machen, wo er abgeblieben sein konnte. Ich suchte vergeblich den Himmel ab. Auch auf der staubigen Straße, die durch das Colorado-Plateau führte, sah ich keinen Mike. Irgendwann bemerkte ich, ein paar Hundert Meter entfernt, einen Wohnwagen. Bei näherem Hinsehen tauchte dort eine Frau auf, die wohl zu dem Gefährt gehörte. Als ich mich ihr näherte, dachte ich: Das kann doch nicht wahr sein! Der folgende Wortwechsel bestätigte: Bei der Dame handelte es sich um Uschi Obermaier. Die einstige APO-Ikone, die nun in den USA lebt, machte gerade Urlaub und war mit einem dieser typischen runden Alu-Wohnwagen unterwegs, den sie hinter einem Jeep herzog. Ihr Angebot, mit ihrem Auto nach Rickman zu suchen, nahm ich dankbar an. Wir fuhren die Gegend ab, doch fanden wir nur Mikes unbeschädigten Paraglider. Als wir nach zwei Stunden wieder zurückkamen, war mein »Co-Pilot« plötzlich da; er kam zu Fuß zurück, weil der Motor seines Gleiters gestreikt hatte. Da ich so verschwitzt war, bot mir Uschi Obermaier schließlich noch die Badewanne in ihrem komfortablen Gefährt an. Diese Offerte nahm ich liebend gerne an. Wenn jemand eine Reise tut, so kann er was erzählen ... Den Schlusspunkt unserer nordamerikanischen Himmelexkursion setzten wir in Flagstaff/Arizona, dem Eldorado der Fallschirmspringer. Dort beobachteten wir unsere »Kollegen« bei ihrem eindrucksvollen Formationsspringen. Bei dieser Gelegenheit flogen wir dann auch schon mal mitten durch die schönen Muster, die sie an den Himmel zauberten.

Zurück in Deutschland produzierten wir aus dem Filmmaterial zwei »Hobbythek«-Sendungen sowie den 60-Minuten-Beitrag »Fliegen an seidenen Fäden« für die ARD.

Episoden – Bei den Urzeitmenschen von Neuguinea

Mitte der 80er-Jahre hatte ich Kontakt mit dem jungen Mediziner Wulf Schiefenhövel, der damals am Max-Planck-Institut für Verhaltenspsychologie im oberbayerischen Seewiesen arbeitete. Schiefenhövel wollte gerade nach Papua Neuguinea aufbrechen, um dort eine noch relativ unbekannte Population, einen Stamm der Eipo, zu beobachten. Die kleinen Männer und Frauen hatten noch keinen Kontakt mit der Zivilisation, und mich reizte dieses Thema sehr, weil ich wissen wollte, inwieweit Emotionen und Verhaltensweisen des »Steinzeitmenschen« sich von denen des modernen Menschen unterscheiden. Die sich daraus ableitende Frage lautet: Tragen wir nicht alle diese ursprünglichen Instinkte als genetisch in uns verankerte Gefühle mit uns herum? Vielleicht liegt in der Antwort auf diese Frage auch die Erklärung für zahlreiche aktuelle Verhaltensweisen wie Abgrenzung/Populismus/Nationalismus. Denn Populisten benutzen die Urinstinkte, um ein Volk gleichzuschalten.

Ich bat Schiefenhövel, uns von seinen Beobachtungen zu berichten. Um ihn dabei zu unterstützen, rüsteten wir ihn mit einer 16-mm-Beaulieu-Filmkamera und der entsprechenden Menge Filmmaterial aus. Eine brauchbare Videokamera gab es noch nicht, ebenso wenig Lademöglichkeiten im

Urwald. Daher die Beaulieu, die sich wie eine Taschenuhr mechanisch aufziehen ließ. Mit diesen Utensilien und unseren besten Wünschen im Gepäck machte sich Schiefenhövel in Begleitung von Frau und Kind auf die Reise.

Entscheidend für den Wert der Expedition war das passive Verhalten des Wissenschaftlers: Er war nur registrierender Beobachter, kein Akteur, und mischte sich demzufolge auch niemals in den Alltag ein; und vor allem spielte er nicht den Missionar. So wurde er Augenzeuge von Kämpfen zwischen benachbarten Stämmen mit Pfeil und Bogen, und er erlebte grausame Rituale wie Mutproben, als Jungen von 20 Meter hohen Gestellen sprangen, um endlich zu den Alten zu gehören. Zu den Initiationsriten gehörte auch, dass die Jungen für vier Wochen in den Urwald gehen mussten, um sich dort zu behaupten. Erst dann wurden sie in die Männergilde aufgenommen.

Er waren eindrucksvolle Bilder, die der junge Wissenschaftler mitbrachte. Sie zeigten, wie sich die Menschen Tattoos ritzen ließen, während in der einen oder anderen Hütte Schrumpfköpfe baumelten.

Die zweiteilige Sendung »Begegnungen mit Menschen aus der Urzeit – Eipo« lief am 18. Februar und 18. März 1987 in der »Wissenschaftsshow« (ARD).

Die 90er: Mit Riesenschritten ins neue Jahrtausend

Die Dekade war vom aufkommenden Internet und dem Siegeszug des Personalcomputers geprägt. Aber auch die Medizin und die Gentechnik verzeichneten Innovationsschübe, die noch wenige Jahre zuvor kein Mensch für möglich gehalten hatte.

Die Fernsehsendung »Bilder aus der Wissenschaft«, die bereits seit 1973 existierte und bei der sich im Monatsrhythmus NDR, WDR und BR abwechselten, stand ebenfalls – zumindest was den WDR-Part betraf – vor einer Zäsur, denn der WDR-Moderator Alexander von Cube, der die Sendung im

Wechsel mit Günther Siefarth moderierte, ging in Pension. Und so übernahm ich die Redaktion und Moderation des WDR-Teils. Titel der ersten Sendung: »Bakterien hautnah«. Mit dieser Sendung – wie auch bei den folgenden unter meiner Verantwortung – stellte ich den Menschen in den Mittelpunkt. Die Sendungen sollten vor allem jene ansprechen, die keine speziellen Fachzeitschriften lesen und trotzdem an Ergebnissen und Trends moderner Naturwissenschaft interessiert sind. Insofern gab die Sendung auch Orientierungshilfe. Gleichzeitig wollte »Bilder aus der Wissenschaft« beweisen, dass es auch »Sensationen im Detail« gibt, über die es sich lohnt, nachzudenken. Die einzelnen Titel sprechen für sich.

Die Alten – Tabu oder Thema?
Doch noch immer hatte die »Hobbythek« ihren Charme nicht verloren. Mit dem praxisorientierten Format kamen wir immer wieder zu überraschenden Erkenntnissen – vor allem dann, wenn es mir gelungen war, einmal über den Tellerrand europäischer Befindlichkeiten zu blicken. Und so wusste man, dass Japan das Eldorado der Alten war. Dort lebten unverhältnismäßig viele Hundertjährige, von denen die meisten noch relativ fit zu sein schienen. Was also lag näher, als sich im »Land der untergehenden Sonne« einmal die nicht unterzukriegenden Alten anzuschauen?

Kinsan und Ginsan

Die Damen hießen Kinsan und Ginsan. Die Zwillingschwestern lebten in einem Vorort der Millionenstadt Nagoya. Nicht nur hier, zwischen Osaka und Tokio, besaßen sie Kultstatus. Für das ganze Land waren sie der wandelnde Beweis für ein gesundes, selbstbestimmtes Leben im hohen Alter. Schließlich waren sie schon 101 Jahre alt und seit ihrem 100. Geburtstag Medienstars und damit bestens geeignet, auch uns etwas über die Geheimnisse des Alters zu verraten.

Da der Etat beschränkt war, reiste ich allein – als Redakteur, Kameramann, Regisseur und Tontechniker, alles in einer Person – nach Japan. Ich wusste, dass es nicht so einfach sein würde, Kontakt mit Kinsan und Ginsan zu bekommen, geschweige denn, sie zu befragen. Erst der Kontakt zu Michael Jungnitsch, einem Manager von TÜV Rheinland, der schon seit Jahren in Japan arbeitete und einen Verwandten der beiden kannte, versprach Hoffnung. Dagegen wollte Dolmetscher Fumio Yagi wetten, dass sie uns nie und nimmer in ihr Haus lassen würden, weil man sie bisher bei derartigen Anlässen immer in ein Studio kutschiert hatte, und auch Dr. Tokunaga, ein renommierter Ernährungsexperte, war skeptisch. Wenn wir sie trotzdem zu Gesicht bekämen, meinte er, dann nur gegen viel Geld, denn die Damen kennten mittlerweile ihren Tarif.

Und so tasteten wir uns allmählich an Kinsan und Ginsan heran. In ihrem Wohnbezirk mit den typischen Holzhäusern und den kleinen Vorgärten fragten wir Einheimische nach dem Haus der beiden. Keiner wusste es oder wollte es wissen – auch nicht die Inhaber der Lebensmittelläden, die wir nacheinander betraten. Hier fiel nur das unbeschreiblich reichhaltige Angebot von frischem Gemüse, Obst und Fisch ins Auge. Schließlich bekamen wir dann doch den entscheidenden Tipp: Wir erfuhren, dass die beiden Damen manchmal persönlich zum Einkaufen vorbeikamen, dass sie viel Fisch kauften und im Übrigen ein sonniges Gemüt hatten. Mit etwas Lampenfieber nahmen wir Kurs auf ihr Häuschen.

Es öffnete ein schon in die Jahre gekommener Mann – später stellte sich heraus, dass der 65-Jährige ein Enkel war –, der sich freundlich nach unseren Wünschen erkundigte. Jungnitz brachte in sehr beredter und überzeugender Art unser Anliegen vor, und dann dauerte es auch nicht lange, bis der Enkel uns hereinließ.

Kinsan und Ginsan (Foto)
https://binged.it/2vkXNr1

Kinsan und Ginsan saßen im Schneidersitz im Wintergarten. Schon nach wenigen Sekunden verwandelte sich ihr freundliches, erwartungsvolles Lächeln in euphorisches, schallendes Lachen, das nicht nur mich ein wenig verunsicherte. Den Grund lieferten Hein Blöd und Käpt'n Blaubär, jene Figuren aus der WDR-»Sendung mit der Maus«, die man in Japan bestimmt noch nie gesehen hatte. Als Gastgeschenk (Omiyage) hatte ich den Zwillingen die ulkigen Figuren überreicht, die in diesem Fall als Wärmeflaschen funktionierten – und damit auch eine nahezu euphorische Heiterkeit ausgelöst. Ich hatte wohl das richtige Gastgeschenk ausgesucht. Es dauerte Minuten, bis Kinsan und Ginsan sich wieder beruhigt hatten.

Mit diesem Geschenk hatte ich ihre Herzen erobert. Nun baute ich die etwas größere Kamera als Totale auf, während ich mit der Handkamera die Zwischenschnitte realisierte. Es wurde ein ungezwungenes, fröhliches Gespräch, die beiden betagten Damen amüsierten sich über meine Fragen, und der Dolmetscher kam kaum mit dem Übersetzen nach. Schließlich gelang es mir sogar, sie auf das rote Sofa in ihrer guten Stube zu setzen.

Die einstündige Unterhaltung eröffnete mir Einblicke in eine völlig fremde Welt, 20 000 Kilometer von der unsrigen entfernt, die aber bei genauer Betrachtung doch gar nicht so fremd ist. Es wurde über Politik gesprochen, wobei die Damen meinten, dass man auf keinen Fall resignieren dürfe, auch wenn die politischen Verhältnisse manchmal nicht gerade ermutigend seien. Hass gegenüber Fremden – auch gegenüber den Amerikanern, die im letzten Krieg Atombomben auf Japan geworfen hatten – hegten sie nicht mehr, dafür würden sie ihren Kaiser verehren. Der Glaube an die Zukunft werde von ihnen und ihrer großartigen Familie gelebt. Kinsan und Ginsan waren Bauerntöchter, und beide hatten Bauern geheiratet. Bis ins hohe Alter hinein hatten sie gearbeitet. Kinsan hatte elf, Gisan fünf Kinder bekommen. Zusammen hatten sie 13 Enkel und 14 Urenkel. Für diese Familie seien sie dankbar, denn sie würde es ihnen ermöglichen, in Würde alt zu werden – auch ein Geheimnis des Alters!

Es war ein nicht alltägliches Gespräch und passend für unsere Sendung »Spezialitäten aus Japan – Rezepte zum Jungbleiben« (»Hobbythek«, 27. Juli 1998). Das Wichtigste, antworteten sie auf meine Frage, nach dem Geheimnis ihres Alters, seien Fröhlichkeit und der Drang, immer aktiv zu sein. Dazu gehöre auch die richtige Ernährung. Was aber war die »richtige Ernährung«? Die Antwort aus einem 101 Jahre alten Mund: »Außer Gemüse sind es Fisch und Meeresfrüchte.« Und, natürlich, Konbu. So heißt Seetang auf Japanisch. Leider würden immer mehr Eltern dieses ihren Kindern nicht mehr kochen, dabei sei es doch so gesund. Ernährungswissenschaftlich gesehen hatten die beiden Alten recht: Algen besitzen einen hohen Anteil an Mineralstoffen und Vitaminen, aber auch lebenswichtige Proteine, insbesondere aber Ballaststoffe. Für das Sushi bilden sie den Rahmen.

Natürlich kochten die 100-Jährigen noch immer selbst. »Und was ist Ihre Lieblingsspeise?« – »Meeresfrüchte, eindeutig Meeresfrüchte!«, antworteten beide wie auf Kommando. Durch die Zahnlücke hörte sich diese Antwort ziemlich exotisch an. Kinsan äußerte sich etwas ausführlicher:

Sie esse Fisch lieber gekocht, und auch Sushi mochte sie. Dieses müsste aber nicht unbedingt Fisch beinhalten, denn es würde auch sehr gut mit Krabben, Tintenfisch oder Gemüse schmecken. Wichtig sei, dass Sushi in Algenblätter eingerollt werde, das sei gesund. Alles in allem meinte sie, sollte man sich nicht einseitig ernähren. Die japanische Küche mit ihrer Vielfalt sei dafür wie geschaffen.

Während die Zwillinge von den Vorzügen der japanischen Küche berichteten, wurde Dolmetscher Fumio Yagi neben mir immer unruhiger. In seiner Mimik las ich, dass wir bald gehen sollten. Nachher sagte er mir, warum: Falls nur einer der beiden Damen während des Gesprächs etwas zugestoßen wäre, hätte er nach altem Brauch Harakiri machen müssen. Die Zwillinge bemerkten die Unruhe ihres Landsmanns und meinten, ich solle ruhig noch bleiben, denn es würde ihnen großen Spaß bereiten, sich mit mir zu unterhalten. Dann verrieten sie mir noch ein Rezept für eine – wie ich sie nenne – »Japanische Pizza«. Mit dieser Kreation gewann ich viele Jahre später beim bekannten »Promi-Dinner« des Privatsenders VOX, der mich dafür engagiert hatte, den 1. Preis und damit 5 000 Euro, die ich für einen guten Zweck spendete.

Mit »Aligato« – auf Deutsch »Danke schön« – beendete ich das unerwartet zustande gekommene freundliche und höchst informative Gespräch. Doch damit war für Kinsan und Ginsan nicht Schluss. Sie wollten sich noch persönlich von den deutschen Zuschauern verabschieden. Mir und meinen Begleitern gaben sie noch einen besonderen Tipp mit auf den Weg: Immer fleißig arbeiten, dann bleibt man gesund.

Die Sendung »Spezialitäten aus Japan, Rezepte zum Jungbleiben« ging am 27. Juli 1998 über den Bildschirm. Es war die 282. »Hobbythek«. Fast zeitgleich erschien das Begleitbuch *Lebenselixiere aus Fernost*. Kinsan starb am 23. Januar 2000 und Ginsan am 28. Februar 2001. Sie wurden 107 bzw. 108 Jahre alt.

Anekdoten

Zimtsohlen und Zuckermäuse

Asien war immer eine Reise wert, vor allem wenn es um den medizinisch-ernährungswissenschaftlichen Teil meiner Sendungen ging. Die

Recherche-Reise nach Vietnam im Sommer 1995 hatte allerdings für mich einen besonderen, persönlichen Bezug. Das Land hatte Kriege gegen Japaner, Franzosen und Amerikaner überstanden, wo vor allem beim letzten schreckliche Mittel wie Chemiewaffen à la Agent Orange und Napalm eingesetzt wurden. Diese Gedanken waren mir nicht fern, als ich an der Universität in Ho-Chi-Minh-Stadt, dem früheren Saigon, meine Gesprächspartner fragte, weshalb es im öffentlichen Bild des Landes so viele Alte gebe. Eigentlich brauchte es für eine Erklärung nicht der Gespräche mit Professoren und Dozenten sowie der evolutionären Erkenntnis, wonach Mangel widerstandsfähig macht. Dass die 30-, 40-, 50-jährigen Männer aus nachvollziehbaren Gründen nicht so stark präsent waren, leuchtete ein, ebenso wie die vielen Jungen überraschten – und die vielen Alten. Eine Parallele zum Deutschland der frühen 50er-Jahre tat sich mir auf, denn bei uns war es fast genauso: Viele Junge, viele Alte, aber die mittleren Jahrgänge waren durch den Krieg dezimiert.

Neben diesen Fakten waren es aber auch noch andere Erlebnisse, die ich von dieser Reise mitbrachte. An der Uni erfuhr ich nebenbei Details über eine im Westen nahezu unbekannte Methode der Fußpflege: In den Schuhen und Sandalen vieler Einheimischer steckten dünne Einlegesohlen, die mir erklärungsbedürftig schienen. Der Professor lüftete das Geheimnis. Es handle sich um Zimtsohlen. Er vermittelte mir den Kontakt zu einer kleinen Firma, die in einem Hinterhof Sohlen produzierte. Ein Dutzend Frauen saßen dort an Nähmaschinen und nähten präzise eine Sohle nach der anderen zusammen. Das Produkt bestand aus zwei dünnen, aufeinanderliegenden Lagen aus strapazierfähigem Stoff, zwischen die Puder aus Zimtrinde und Zimtholz kam. Schon am nächsten Tag testete ich bei Dreharbeiten im feucht-heißen Klima des Mekong-Deltas die Entdeckung. Der Effekt: Es roch zwar sehr stark nach Weihnachten, aber wesentlich angenehmer als sonst bei ähnlichen Expeditionen. Ich empfahl meine Errungenschaft in der »Hobbythek« mit dem Ergebnis, dass die Zimtsohlen auch noch nach 30 Jahren in einschlägigen deutschen Geschäften ein Renner und auch übers Internet zu beziehen sind.

Zimtsohlen aus Vietnam (Video)
http://bit.ly/2u1lbVp

Auch in Ho-Chi-Minh-Stadt werden dem ausländischen Touristen jene Vergnügungen geboten, die nach landläufiger Meinung zu jedem Asien-Trip gehören. Das fängt schon im Taxi an. In meinem Fall war es eine Rikscha, die mich vom Hotel »Shangri-La« zu einer ebenso berühmten Bar in der Thi Sach Street brachte. Sie hieß wie Coppolas Antikriegsfilm »Apocalypse Now«, was die Vermutung zulässt, dass die Vietnamesen eine gehörige Portion Galgenhumor besitzen müssen. Ausgerechnet ein Amerikaner gab mir diesen Tipp: Das sei der Treffpunkt aller Beatniks. Kaum hatte ich in dem Gefährt Platz genommen, als der hinter meinem Rücken strampelnde Fahrer mich fragte: »Do you want marijuana?« – »No.« Kurz danach: »Do you want cocaine?« – »No.« Dann sollte es wenigstens bei der dritten Offerte klappen: »Do you want girls?« – »No.« Komischer Vogel, werden wir beide voneinander gedacht haben, und da war die Fahrt und damit auch das zauberhafte Freiluftkino in dieser quirligen Stadt an diesem frühen schwülen Tropenabend schon zu Ende. Nun also in die angesagte Bar. Dort führte eine mehrstufige Treppe nach oben. Überall saßen Beatniks hier herum. Es roch überall ein wenig nach Haschisch. Und alle schienen mit sich und der Welt zufrieden zu sein. Kaum zu glauben, dass hier noch vor wenigen Jahrzehnten Bomben geworfen und auf offener Straße Menschen erschossen wurden.

Zwei Stunden später spielte sich auf der Rückfahrt das Gleiche ab. Meinem amerikanischen Begleiter, der von einer anderen Rikscha kutschiert wurde, hatte ich zuvor angekündigt, dass ich diesmal ein Experiment machen und »Girls« ordern würde – in der Gewissheit, dass mir der damit verbundene Spezialwunsch in diesem Lande nicht erfüllt werden könnte. Als der Fahrer, wie erwartet, aufs Thema kam, sagte ich: »Yes, girls, but only with big tits!« Es dauerte vielleicht 20 Sekunden, und da präsentierten sich die ersten Girls: Auf einem Mofa umkreisten sie mich – fünf, sieben, acht Mofas mit je zwei Girls, die auch noch etwas anderes gemeinsam hatten, eine aufgeknöpfte Bluse, ausdrücklich für mich. Die Buschtrommel hatte funktioniert. Sie lachten und winkten und wollten nur das eine: mein Geld. Doch was sie zu bieten hatten, entsprach nicht meiner Jux-Anfrage: »Not enough!«, rief ich, und die Girls nahmen es sportlich.

Elfenbeinküste: In der »Schweiz Afrikas«

Vielen Europäern galt die Elfenbeinküste (Côte d'Ivoire) lange Zeit als die »Schweiz Afrikas«: Zivilisiert-friedlicher Umgang, ausländische Investoren und relativer Wohlstand. Allzu gerne hätte ich über dieses Musterland berichtet – endlich mal etwas Positives von einem geschundenen Kontinent, aus einem Entwicklungsland mit Hoffnung. Schon als Student hatten mich Probleme der Dritten Welt interessiert.

Mein Freund, der belgische Kaufmann Henri Fecherolle mit Wohnsitz in Köln, hatte mir zuvor gesagt, dass es an der Elfenbeinküste das beste Bergamotteöl gebe. Das ätherische Öl ist einer der wichtigsten Stoffe bei der Herstellung von Duftwässern. In der »Hobbythek« hatten wir es neben dem Orangenblütenöl bei der Herstellung unseres Kölnisch Wassers »4812« eingesetzt. Tatsächlich ist die Elfenbeinküste weltweit der größte Bergamotte-Lieferant. Dort wachsen die kleinen grünen Zitrusfrüchte, aus deren Schale das Öl gewonnen wird, in Plantagen, die bis an den Horizont reichen. Die Ländereien sind fast alle in der Hand kleiner Bauern. Ganz anders als beim zweiten Exportschlager: Kakao. Er ist das Geschäft der Großkonzerne. Auf schlechten Straßen ruckelte ich von einer Bergamotteplantage zur anderen. Und natürlich auch von einer Kakaoplantage zur nächsten. Kakao interessierte mich aber auch noch aus einem anderen Grund. Ähnlich wie in Costa Rica, wo ich mich für die Kaffeepflanzer einsetzte, wollte ich auch hier meine Möglichkeiten nutzen, um den Bauern in Westafrika die Chance zu geben, mit ihrem Produkt in Europa – auch ohne Kindersklaven – den Preis zu erzielen, den es verdient. Aus diesem Grund hatte ich immer wieder in meinen entsprechenden »Hobbythek«-Sendungen auf den fairen Handel hingewiesen, jene europäische Kampagne, deren Ziel die Verbesserung der Lebens- und Arbeitsbedingungen von Kakaobauernfamilien durch fairen Handel ist. Damit stimmte ich auch mit Marie-Jeanne N'Zore Kombo, der bekannten Gewerkschafterin von der Elfenbeinküste, überein: »Die Verbraucher müssen Druck auf die Unternehmen ausüben, sonst wird sich die Situation in den Anbauländern nicht verbessern.«

Henri Fecherolle war sozusagen mein Türöffner. Er vermittelte mir eine Audienz bei der Ministerin für Wissenschaft und Bildung. Von ihr erfuhr ich, dass das Land mit seinen in etwa gleich großen Religionsgruppen von Muslimen und Christen im Umbruch sei und man schon bald in die neue Hauptstadt Yamoussoukro umziehen werde. Yamoussoukro ist der Geburtsort des katholischen Staatspräsidenten Félix Houphouët-Boigny (1905–1993), der das Land mehr als 30 Jahre lang regierte. In Europa machte Yamoussoukro Schlagzeilen, als bekannt wurde, dass der fromme Präsident dort für 150 Millionen Dollar einen zweiten Petersdom bauen ließ. Aller spöttischen Kommentare zum Trotz weihte 1990 Papst Johannes Paul II. den »Petersdom im Urwald«.

Ich machte mich auf den 240 Kilometer langen Weg von der Hafenstadt Abidjan nach Yamoussoukro – und ich war überrascht, denn in Yamoussoukro, der Hauptstadt in spe, standen nur wenige Häuser. Es waren die Botschaften einiger Länder. Außerdem schöne, große Boulevards. Doch auf denen herrschte wenig Verkehr, und auch die Geschäfte, Restaurants und Bars rechts und links von ihnen musste man sich dazudenken. Auch die Basilika, über die so viel gesprochen wurde, war nicht zu sehen. Erst zehn Kilometer außerhalb der Stadt grüßte sie von einem Hügel herab. Notre-Dame-de-la-Paix liegt auf exterritorialem (vatikanischem) Gebiet, sie ist ein privates Geschenk des Präsidenten an den Papst und wird von Dominikanern verwaltet. Einer von ihnen begleitete mich auf die fast 160 Meter hohe Kuppel. Das werden bestimmt tolle Bilder, dachte ich mir, während ich die Kamera auspackte. Doch erst einmal genoss ich einen grandiosen Rundblick – und siehe da: Drüben, über dem Tal auf einem anderen Hügel, präsentierte sich das Gegenstück, eine noch größere Moschee mit imposanten Minaretten. Ein komisches Gefühl beschlich mich: Stehen diese religiös motivierten Prestigebauten vielleicht doch am Beginn einer neuen, wahnwitzigen Ära, in der es nur noch um den rechten Glauben in der Welt gehen sollte? Tatsächlich brachte Jahre später der religiös motivierte Bürgerkrieg zwischen Christen und Moslems diesen Musterstaat an den Rand des Abgrunds. Damit reihte sich die Elfenbeinküste nahtlos in das Schicksal anderer Länder Schwarzafrikas ein.

Notre-Dame-de-la-Paix (Artikel + Bild)
http://bit.ly/2nRT1uL

Für einen historischen Irrweg steht auch der Sklavenhandel des 18. und 19. Jahrhunderts. Die Hinterlassenschaften dieses Menschheitsskandals kann man ein paar Kilometer westlich von Abidjan, in einer

Lagune, besichtigen, in der vor 200 Jahren Menschen aneinandergekettet auf die Segelschiffe warten mussten, die sie nach Nordamerika brachten. Arabische Schlepper hatten sie zuvor im Landesinnern gefangen und hierher- gebracht, um sie als Sklaven an die Christen zu verkaufen. Dabei haben die meisten dieser Menschen das Ziel nicht erreicht; entweder soffen sie auf hoher See ab oder sie verdursteten oder verhungerten während ihrer »Reise«. Als ich mir dieses halb verfallene Bauwerk mit seinen noch vorhandenen Eisenringen anschaute, liefen mir eiskalte Schauern den Rücken hinunter, und ich dachte: Wenn diese Mauern reden könnten ...

Tatsächlich war es mit der »Schweiz Afrikas« bald zu Ende. Schon wenige Tage nach meiner Abreise las ich, dass der wunderschöne Markt von Abidjan einer Brandstiftung zum Opfer gefallen war. Ich habe selten eine Markthalle gesehen, in der eine solche Vielzahl von exotischen Nahrungsmitteln feilgeboten wurde. Die tausend Gerüche, die wir in unserer Sendung vom Sommer 1997 leider nicht transportieren konnten, habe ich noch immer in der Nase ...

Bei den Fliegen-Fängern von São Tomé

Der Inselstaat São Tomé/Príncipé, einst portugiesische Kolonie und bis zur Unabhängigkeit zur Provinz deklariert, hat einiges zu bieten. Zum Beispiel die Angolares und Forrós, zwei friedlich zusammenlebende Bevölkerungsgruppen mit unterschiedlicher Musik, Kreolsprachen und Lebensräumen. Die einen sind Fischer, die anderen Nachkommen der Plantagenarbeiter. Oder auch den Urwald von São Tomé, der wegen seiner Pflanzenvielfalt zu den bedeutendsten seiner Art in Afrika zählt, während die Vogelwelt ein weiteres Naturwunder des Landes ist: 15 der unzähligen hier beheimateten Arten gibt es nur auf São Tomé.

Briefmarken-Motiv Sao Tomé (Foto)
https://binged.it/2u1B3XP

Diese Traumlandschaft stand in krassem Gegensatz zu den Erfahrungen, die wir bei der Anreise machen mussten. Das fing schon in Lissabon an, wo wir vier Stunden lang auf die Boeing der Fluggesellschaft TAP warteten, ehe es losging. In der Zwischenzeit fanden wir ausgiebig

Gelegenheit, uns auf unser Zielgebiet einzustimmen. Die Halle glich »Klein-Afrika«: bunt, laut, lustig.

Das ließ sich vom anschließenden knapp achtstündigen Flug leider nicht behaupten. Das Flugzeug war ausgebucht, und den Passagieren standen mit Ausnahme derjenigen der Business Class nur zwei Toiletten zur Verfügung. Nach dem Essen bildete sich vor den Toiletten eine beeindruckende Schlange. Da ich dringend aufs Örtchen musste, steuerte ich das Business-Class-WC an, doch damit war die Stewardess nicht einverstanden. Im folgenden Disput bedeutete ich der Dame, dass ich nun hier an Ort und Stelle meine Notdurft zu verrichten gedenke, und mit dem Satz »Pinkeln ist ein Menschenrecht!« führte ich meine Hand an den Hosenschlitz, dann drängte ich mich an der Stewardess vorbei und erreichte die WC-Kabine. Damit war aber die Affäre noch nicht beendet, denn beim Zwischenstopp in Abidjan wollten sie mich als »renitenten Passagier« aus dem Flieger hinausweisen. Das konnte ich verhindern, indem ich der Dame charmant, aber deutlich zu verstehen gab, dass ich alle rechtlichen Mittel ausschöpfen würde, um im Mitgliedsland der Europäischen Union dieses Menschenrecht einzuklagen.

Die zehn Tage, in denen wir uns auf den beiden Inseln aufhielten, fielen in die Zeit, in welcher der Inselstaat von einer der größten Malariaverseuchung seiner Geschichte heimgesucht wurde. Ahnungslos kamen wir in São Tomé an, und schon bald bemerkten wir auf der Nachbarinsel Príncipé die vielen Menschen, die auf Feldern saßen und Tsetsefliegen fingen – für statistische Zwecke, wie uns erklärt wurde. Das waren Wissenschaftler – Schwarze und Weiße –, die im Auftrag der Weltgesundheitsorganisation (WHO) arbeiteten und mit ihrem Mikroskop jede einzelne Mücke untersuchten.

Auch sonst fanden wir – sieht man vom unbeschreiblichen Zauber der Landschaft ab – keine besonders einladende Atmosphäre vor. Unser Hotel glich mehr einer Bruchbude, die Klimaanlage war defekt und der Krach der mit der Renovierung beschäftigten Handwerker enervierend.

Die Inseln mit ihren 200 000 Einwohnern liegen fast genau am Äquator im Golf von Guinea, 400 Kilometer vom afrikanischen Festland entfernt. Der kleine Staat ist bitterarm, und gäbe es nicht den Blauen Marlin, jenen Schwertfisch, den man vor der Küste jagen kann, würde sich kaum jemand hierherverirren.

Wir drehten für die Sendung »Hobbythek auf Reisen«. Wir zeigten die Schönheit dieser einzigartigen, entrückten, doch bettelarmen Inselwelt mit ihren menschenleeren goldgelben Stränden und dem vulkanischen Hochgebirge, das sich hinter dem undurchdringlichen Regenwald auftürmt. In Príncipé verläuft übrigens jene Linie auf der Straße, die den Äquator markiert. »Es ist so leicht von der nördlichen auf die südliche Halbkugel so kommen«, sagte ich in die Kamera, während ich mit einem Bein im Norden und mit dem anderen im Süden stand.

Auch der Rückflug gestaltete sich ähnlich chaotisch wie der Hinflug. Wir hatten zwar ein gültiges Ticket, doch dieses musste noch einmal bestätigt werden. Zum Glück wurden wir auf diese Schikane rechtzeitig aufmerksam gemacht. Sonst wäre es uns so ergangen wie jenem US-Amerikaner, der mit seiner Ehefrau wieder nach Hause wollte und trotz gültigen Flugscheins nicht mit an Bord sollte, weil er ihn nicht hatte bestätigen lassen. Jetzt lief er aufgeregt durch die stickige Halle und bot bereits Eingecheckten 2 000 Dollar für einen Platz – doch die nächste Maschine nach Lissabon ging erst in zwei Wochen. Er hatte Glück und fand zwei Tauschwillige. Aber die mit achtstündiger Verspätung eintreffende Maschine für den Rückflug war überbucht. Nun dauerte es noch einmal vier Stunden bis zum Start, denn der Herr Staatspräsident samt Entourage wollte auch mit und hatte sich verspätet. Es war eine Reise, die man nicht gerne jeden Tag erleben möchte: Hektik, Gedränge, Geschrei, Gerüche, keinerlei Gepäckkontrolle – dann endlich hob die TAP-Maschine ab. Natürlich hatten wir unseren Lissaboner Anschlussflug verpasst und mussten noch einen Tag dranhängen – doch in dieser fabelhaften Stadt war das keine Zeitverschwendung. Dass uns dort die Taxifahrer nach Strich und Faden beschissen, war nur ein winziges Wermutströpfchen.

Auch das waren die 90er-Jahre: Der Fall der Mauer …

Bei aller Zurückhaltung gegenüber nationaler Überschwänglichkeit habe ich den 9. November 1989 aus ganzem Herzen begrüßt. Endlich schien dieses merkwürdige Staatsgebilde, genannt DDR, dieses Horrorregime mit Stacheldraht und Schießbefehl an der Grenze im Orkus zu verschwinden. Schon wenige Wochen nach dem historischen Ereignis fuhr ich ohne irgendwelchen Auftrag nach Ost-Berlin. Ich dachte, dass jetzt der Augenblick gekommen sei, um die Möglichkeiten einer Kooperation meiner Redaktion mit den Wissenschaftskollegen des DDR-Fernsehens (DFF) auszuloten. Man könnte auch sagen, dass ich die Wiedervereinigung in meinem beruflichen Umfeld konkret und aus Überzeugung verwirklichen wollte. Doch erwies sich der Kontakt zur DFF-Zentrale in Berlin-Adlershof zunächst schwieriger als erwartet. Denn die werten Kolleginnen und Kollegen ließen mich über eine Stunde lang in ihrem schmucklosen Pförtnerhäuschen warten. Sie schienen diese Art von Westkontakt zu scheuen wie der Teufel das Weihwasser – man kann ja nie wissen ... Dann endlich kam eine Kollegin auf mich zu. Roswitha Puls war Redakteurin beim DFF und moderierte dort »Hobbies, Tipps – so wird's gemacht«. Roswitha Puls hatte genügend Zivilcourage, sie war anders als ihre eingeschüchterten und wortkargen Kollegen, die noch immer in der Kommandokultur der DDR zu Hause waren, in der jeder Schritt vorgeschrieben und fast jeder Satz mehr oder weniger vorgeplappert war. Die junge Frau half mir, diese ungewohnt-komische Situation zu verstehen. Noch heute bewundere ich sie dafür. Später bat ich sie, als Co-Autorin und Moderatorin bei der »Hobbythek« mitzumachen.

Roswitha Puls, DDR-Fernsehen (Foto)
https://binged.it/2u16Xns

In den folgenden Wochen und Monaten kam es zu mehreren Reisen in die Noch-DDR – diesmal sozusagen in offizieller Mission. Als Vorsitzender der Wissenschaftspressekonferenz (WPK) fuhr ich auf Einladung von Bundesforschungsminister Heinz Riesenhuber mit dessen Pressesprecher Christian Patermann nach Leipzig. Riesenhuber war übrigens für mich der intelligenteste Wissenschaftsminister, den Deutschland je hatte. In Leipzig also trafen wir uns in einem früheren Bonzen-Hotel mit Ost-Journalisten, um mit ihnen über die Philosophie freier Medien zu diskutieren: Unabhängige, unparteiische und solide Berichterstattung statt Kadergehorsam und Korruption – vor allem im Hinblick auf Wissenschaft und Forschung. Denn ihre Ergebnisse sind extrem leicht zu manipulieren. Auffällig auch hier: die zurückhaltende und fachspezifisch orientierte Denkart der Ost-Kollegen.

Mit einigen von ihnen trafen wir uns danach auch in (Ost-)Berliner Luxushotels – für mich kein ungewohntes Terrain, seit ich dort vor Jahren den DDR-Vorzeigewissenschaftler Manfred von Ardenne (1907–1997) interviewt hatte, der mit seiner Thermotherapie gegen Krebs für Aufsehen sorgte. Manfred von Ardenne interessierte mich für meine Sendereihe »Televisionen – die Welt des Fernsehens« (1978), weil er neben seinen rund 600 Erfindungen auch ein Pionier der Fernsehtechnik war, dem im Dezember 1930 die erste Fernsehübertragung mit einer Kathodenstrahlröhre gelang. Der Physiker von Ardenne war ein außergewöhnlicher Wissenschaftler, der in einem totalitären System Narrenfreiheit genoss, vielleicht auch weil er mit seiner Krebstherapie, die sich später als Irrweg herausstellte, zahlreiche Ostblock-Bonzen und Ölpotentaten in die DDR lockte und damit auch für Devisen sorgte.

Manfred von Ardenne, DDR-Wissenschaftler (Foto)
https://binged.it/2uF4fWT

… und die Wissenschaftsformate der Öffentlich-Rechtlichen formierten sich neu

Noch gab es die »Hobbythek« (bis 2004) und auch »Bilder aus der Wissenschaft« (bis 1992). Doch schon seit einiger Zeit dachten die Senderchefs über neue Formen der Wissenschaftsberichterstattung nach. Grund dafür war ein angeblich verändertes Zuschauerverhalten. Inwieweit das Aufkommen der Privaten dabei tatsächlich eine Rolle gespielt hat, vermag ich nicht zu beurteilen – auffällig ist nur, dass auch in anderen Bereichen der Berichterstattung, bei den Printmedien, der Häppchenjournalismus plötzlich Einzug hielt. Offensichtlich gibt es eine Parallele zwischen den elektronischen Medien und Markworts *Focus*, der diese Form von Magazinjournalismus nicht ohne Erfolg ab 1993 lancierte. »Kurz, knackig und vielseitig« sollte auch »Globus« gestrickt sein – jene Nachfolgesendereihe, die, ebenfalls ab 1993, bis April 2000 reihum von den ARD-Anstalten produziert wurde und an welcher der WDR 14-mal beteiligt war. Kurzer Einschub: Heute weiß man, dass die journalistische Minimalisierung, wie sie damals praktiziert wurde, eine Art Vorläufer jener Twitter-Unkultur ist, der selbst der derzeit amtierende amerikanische Präsident verfallen ist.

Mit 140 Zeichen Islamismus oder Immigrationsprobleme zu erklären, ist Donaldismus vom Allerfeinsten.

»Bilder aus der Wissenschaft« wurde mit dem Wissenschaftsmagazin »Globus« zusammengeführt und abwechselnd als »Globus – Forschung und Technik« und »Globus – Umwelt« alle zwei Wochen dienstagabends in der ARD gezeigt. Von 1993–2000 zeichnete ich mit der Redakteurin Gabriele Conze im Westdeutschen Rundfunk für »Globus – Forschung und Technik« verantwortlich. Für mich persönlich bedeutete die »Globus«-Machart eine Niederlage. Denn mein Plädoyer für das ebenso bewährte wie erfolgreiche monothematische Sendeschema, in dem ich die einzige Möglichkeit sah, komplexe Zusammenhänge in für jedermann verständlicher Weise und mit viel Hintergrund zu vermitteln, dieses seit Jahrzehnten praktizierte Erfolgsmodell, verhallte ohne Erfolg. Die Wissenschaftsredakteure aus den anderen ARD-Sendern hatten sich durchgesetzt, und so wurde mir quasi verboten, dass wir mit dem WDR nun aus der Reihe tanzten. Es handelte sich um einen der ganz wenigen Eingriffe in meine Autonomie als Redaktionsleiter, aber er war gleichzeitig der massivste. Dabei war unsere erste Sendung über das Faszinosum des Riechens und der Nase noch klassisch monothematisch. Ich hatte sie aus Trotz so strukturiert, aber mir damit gleich einen Rüffel aus der Münchner ARD-Zentrale eingefangen; und so musste die Folgesendung zum Gemischtwarenladen werden: »Umweltbeobachtungen mit dem Heißluftzeppelin«, »Chlornotstand in unseren Schwimmbädern« und »Neues von der Medizinfront« – alles kurz und knapp, ein buntes Potpourri kreuz und quer durch Themen, die die Menschen angeblich interessierten. Dass dem nicht so war, belegten schon bald die Einschaltquoten. Denn leider erhielt »Globus« nie das Ansehen der alten, renommierten »Bilder aus der Wissenschaft«. Nach sieben Jahren war Schluss. Trotzdem: Dieser Stilbruch ärgert mich noch heute, und ich habe mich auch zu keiner Sekunde mit dieser Sendeform identifiziert.

Gabriele Conze, WDR-Redakteurin
(Foto)
https://binged.it/2uEQkQl

Das neue Ökomagazin »Dschungel« (1999–2003), das mir der WDR als Trostpflaster anheftete, konnte über diese Schmach nicht hinwegtäuschen. Der Untertitel des Magazins, das ich moderierte und dessen

Redaktion Gabriele Conze leitete, hieß »Leben und leben lassen« – darauf bestand ich, denn er war Programm und sollte ganz bewusst als Gegenentwurf zu jenen humorfreien, miesepetrigen und durch Grünen-Ideologie verbauten Sendungen verstanden werden, die seit einiger Zeit über den Bildschirm flimmerten und deren triefendes Gutmenschentum den Blick für die Realität verstellte. Denn uns ging es nicht um die große Anklage, sondern – getreu dem Motto von Ursache und Wirkung – ganz einfach um eine Antwort auf die Frage, welche Folgen dieses oder jenes Handeln haben könne. Die unter dem Begriff »Technologiefolgenabschätzung« zu verstehenden Handlungsempfehlungen waren zu diesem Zeitpunkt schon geläufig, doch ging es uns darum, diese Idee von »Risiken und Nebenwirkungen« einem breiten Publikum – und damit auch den wirtschaftlich und politisch Verantwortlichen – nahezubringen. Mittlerweile spricht nichts dagegen, ein derartiges Kriterium auch auf die Politik auszudehnen: Eine »Politikfolgenabschätzung« wäre beispielsweise ein sinnvolles Korrektiv, um die Folgen politischen Handelns mit kybernetischem Denken mittel- und langfristig abzuschätzen. Eine Reduzierung von Aktivismus und Verantwortung auf die Dauer einer Legislaturperiode, wie sie häufig in der politischen Praxis festzustellen ist, wäre dann hinfällig.

Köln-Bocklemünd, 29. Dezember 2004. Der Westdeutsche Rundfunk hatte sich für diesen Tag etwas Besonderes einfallen lassen: Mit einem Empfang für 600 geladene Gäste und rotem Teppich wollte man mit mir in den WDR-Studios den 30. Geburtstag der »Hobbythek« feiern. Bettina Böttinger und der Kabarettist Jürgen Becker moderierten die Aufzeichnung, während ich auf einer Art Thronsessel 90 Minuten lang das Geschehen verfolgen und den Mund halten musste – ein Querschnitt aus 30 Jahren »Hobbythek« und anderen Wissenschaftssendungen. Das war zwar eine nette Geste, die mir jedoch ziemlich peinlich war. Denn Aufhebens um meine Person mochte ich nicht.

Drei Jahre nach meinem 65. Lebensjahr, dem »Erreichen des gesetzlichen Rentenalters«, war dann Schluss; die vergangenen Jahre war ich noch als freier Mitarbeiter im Geschirr, und ein Jahr vor der offiziellen Pensionierung (2001) hatte ich die Redaktionsleitung meiner Entdeckung Ranga Yogeshwar übergeben.

Die »Hobbythek-Show« – bis März 2004 gingen 345 Sendungen über den Schirm – dokumentiert ein einmaliges journalistisches Projekt, das wenig später im Programmdirektor Fernsehen, Ulrich Deppendorf, seinen Liquidator fand. Ihm schien das Format nicht mehr zeitgemäß, und auch mit meiner Empfehlung, die ausgezeichnete und kompetente Kollegin Sabine Fricke mit meiner Nachfolge zu betrauen, konnte der einstige Rechtsreferendar aus Dinslaken und ARD-Wahlanalytiker nichts anfangen. Dass sich die selbstbewusste Redaktion gegen dieses gutsherrliche Vorgehen nicht gewehrt hatte, stimmt mich bis heute sehr traurig – vor allem wenn ich ins Gästebuch meiner Homepage blicke (http://www.jean-puetz.net/gaestebuch/index.php). Dort kommt hundertfach immer wieder dasselbe Thema zur Sprache, so wie es im September 2016 – noch zwölf Jahre nach Ende der Sendereihe – beispielsweise Volker Strauß aus dem südbadischen Rheinfelden formulierte: »Sehr geehrter Jean Pütz, habe Ihre ›Hobbythek‹-Sendungen aufgesogen wie mit einem Schwamm. War sehr enttäuscht, als es aufgehört hat.«

Sabine Fricke, WDR (Foto)
https://binged.it/2uFd8Qb

Das bevorstehende Ende der legendären Sendung war während dieses Abschiedsevents ziemlich präsent. Und so war es unvermeidlich, dass darüber gesprochen wurde. Eines der zahlreichen Gespräche dieses Abends blieb nicht folgenlos. Ich sei noch viel zu jung, um in Rente zu gehen, meinte ein Kollege vom ZDF und schob gleich hinterher, dass ich in die Sendung »Volle Kanne« mit meinem speziellen Profil sehr gut passen würde. Eigentlich war das Thema Fernsehen mit diesem Abend für mich erledigt, und ich verspürte auch keine große Lust, mich noch einmal über eine lange Strecke auf dieses Abenteuer einzulassen. Was ich mir jedoch durchaus vorstellen konnte, war ein Modell, bei dem ich nach langen Jahren der Pflicht so etwas wie die Kür hätte machen können: Themen, die mir zu 100 Prozent und mehr Spaß machten und die ich in eigener Regie entwickelte. Und während wir uns unterhielten, lief schon so etwas wie ein kleiner Film dazu in meinem Kopf ab.

Der Kollege vom Lerchenberg ließ nicht locker. Offensichtlich hatte sich mein Drang nach Freiheit und Autonomie in der Redaktionsarbeit bis nach Mainz herumgesprochen. Drüben, in Wiesbaden-Bierstadt, würde man ein eigenes Studio nahe einer großen Requisitenabteilung extra für mich konzipieren, in dem ich meine Beiträge produzieren könnte. Die Verlockung war riesig: Endlich wieder mein eigener Herr sein, weg von Instanzen und Gremien und einfach nur schöne Dinge realisieren. Diese Gedanken faszinierten mich, und so machte ich schließlich den Sprung zur »Konkurrenz«.

Doch so einfach, wie ich mir ihn vorgestellt hatte, war dieser Wechsel nicht. Das fing schon damit an, dass man mich beim ZDF wie eine Trophäe behandelte. Dort sollte ich in einer Pressekonferenz entsprechend präsentiert werden. Mein bisheriger Intendant Fritz Pleitgen, der mich stets gefördert hatte und den ich sehr schätze, sah darin einen Affront. Er sorgte dafür, dass es nicht zum geplanten Auftritt im »Mittagsmagazin«, dem gemeinsamen Format von ARD und ZDF, kam. ZDF-Intendant Markus Schächter persönlich teilte mir diese Entscheidung kurz vor der Sendung mit, nicht ohne darauf hinzuweisen, dass man dieses in 14 Tagen nachholen könne: »Wir lassen uns das nicht vorschreiben; kommen Sie in zwei Wochen wieder, dann haben wir das diskutiert.«

Den Konflikt, den ich nun mit meinem ehemaligen Intendanten hatte, bedauerte ich sehr. Doch bot sich mir die Gelegenheit, noch einmal Grundsätzliches über dieses Thema zu sagen. In Telefonaten und Briefen machte ich klar, dass für mich letzten Endes nie etwas anderes infrage kommen würde als die Arbeit bei den Öffentlich-Rechtlichen: »Lieber Herr Pleitgen, ich habe vor vielen Jahren ein hochlukratives Angebot von RTL abgelehnt«, verriet ich dem Intendanten. Damit meinte ich die Offerte des luxemburgischen Privatsenders, der sich gerade in Köln etablierte und mich gerne zum stellvertretenden Direktor – nach Helmut Thoma – gemacht hätte. Zweimal kam es in der »Tomate«, einem Lokal in der Aachener Straße, zu Gesprächen mit Thoma und dem RTL-Intendanten Gust Graas, doch konnten sie mich nicht überzeugen, der Stallgeruch der Öffentlich-Rechtlichen hatte mich (zum Glück) stärker im Griff, als ich dachte. Die folgende Absage bereute ich nie, zumal ich bei meinem zweiten Sohn Jean aktuell immer wieder mitbekomme, welche zweifelhaften Formate er sich vor allem von den Privaten gelegentlich »reinzieht«.

Nun also Wiesbaden-Bierstadt. Das ZDF-Studio dort war eher eine Werkstatt, und vielleicht gefiel es mir deshalb so gut. Hinzu kam, dass mich mein unentbehrlicher Assistent Horst Minge begleitet hatte und wir in Michael Ruthardt, der leider viel zu früh verstorben ist, einen hochkompetenten Requisiteur hatten. Doch der Traum von einer freien Arbeit in angenehmer Atmosphäre zerplatzte rasch. Denn gleich drei Aufpasser-Hierarchien fühlten sich für mich zuständig: die Redaktion der Produktionsgesellschaft Medizin, die ZDF-Redaktion und die verantwortliche Redakteurin der Sendung »Volle Kanne«. Aus dieser ebenso unübersichtlichen wie unbefriedigenden Situation, die vom Wiehern des Amtsschimmels noch übertönt wurde, entstanden fast täglich Konflikte, die ein konzentriertes Arbeiten unmöglich machten. Nach zwei Jahren und 200 Kurzbeiträgen hatte ich es endlich satt.

DIE SACHE MIT DER WISSENSCHAFT

Wo anfangen – und wo aufhören – bei diesem Thema, vielleicht beim Bibelwort »Macht euch die Erde untertan« oder doch erst beim realen Anfang? Was mit der Sesshaftigkeit des Menschen begann, als dieser vor rund 80 000 Jahren vor Christus damit anfing, über sich und seine Umgebung nachzudenken und dabei Phänomene registrierte wie den Wechsel der Jahreszeiten oder die periodischen Bewegungen der Himmelskörper – seit jener Zeit sind alle auf der Suche nach der Wahrheit. Dabei ist dieser Abschnitt nur ein Wimpernschlag in der Geschichte des Lebens.

Es ist eine ewige Suche, gespeist aus stetiger Neugier. Sie ist auch jetzt, in unserem frühen 21. Jahrhundert, noch nicht zu Ende. Denn wenn man bedenkt, dass starke Kräfte aus Politik und Religion seit jeher nichts unversucht lassen, um die Wahrheit zu verfälschen und sie ihrer Ideologie anzupassen – der moderne Begriff »postfaktisch« spricht Bände –, wird deutlich, wie wichtig mutige und unabhängige Wissenschaft für die Gesellschaft ist, heute mehr denn je. Nicht gerade witzig finde ich es, wenn in einem Land wie den USA, wo man mit der Wissenschaft vielleicht am korrektesten umgeht, religiös motivierte Scharlatane und Sektierer massenweise unterwegs sind. Die sogenannten Kreationisten, die angeblich zehn Prozent der dortigen Bevölkerung ausmachen, versuchen, mit obskuren Ideen massiv Einfluss auf die reale Faktenwelt zu nehmen. Nicht nur, dass sie an die sieben Tage dauernde Schöpfungsgeschichte glauben (und damit alle evolutionstheoretischen und genetischen Erkenntnisse über den Haufen werfen), sondern auch, weil sie belegbare Fakten wie etwa den Klimawandel leugnen – und das in einem Land, in dem eine ebenso hochsensible wie hochqualifizierte Science-Community zu Hause ist, die über jede Neuerung sofort im Bilde ist. Wieweit der Einfluss der evangelikalen Christen und ihres politischen Arms, der »Tea Party« geht, zeigt, dass in einigen US-Bundesstaaten Fächer wie »Kreationismus« und »Intelligent Design« in den Schulen auf dem Stundenplan stehen. Damit soll der biblische Schöpfungsglaube den Naturwissenschaften Konkurrenz machen.

Trotz solcher Skurrilitäten hat die Wissenschaft Dimensionen angenommen, die man noch vor 30 Jahren nicht für möglich gehalten hätte. Mitunter könnte man sogar den Eindruck gewinnen, dass es nun erst richtig losgeht mit der Entdeckung, Erforschung und Optimierung aller Lebensumstände – die Digitalisierung macht's möglich.

Um den Überblick über diesen ebenso faszinierenden wie überlebenswichtigen Ausschnitt der Menschheitsgeschichte nicht zu verlieren, ist es sinnvoll, wenn ich mich auf jene Ereignisse konzentriere, die mich während meiner Lebenszeit geprägt und begleitet haben. Denn auch diese 80 Jahre sind spannend genug – allein schon deshalb, weil es keine Epoche gibt, die so massiv in das Leben eingegriffen hätte wie die zurückliegenden paar Jahrzehnte. Denn in dieser Zeit hat sich 100 Mal mehr Wissen angehäuft als in der gesamten Menschheitsgeschichte zuvor.

Dennoch sei an dieser Stelle ein kleiner Exkurs in die Steinzeit erlaubt. Als die Menschheit vor fast zwei Millionen Jahren geboren wurde, ging es in der Savanne neben der Suche nach Werkzeugen erst einmal um die Beherrschung des Feuers – entweder weil es als Wildfeuer gezähmt werden musste oder weil es sich, etwa nach einem Blitzschlag, als flächendeckende Bedrohung darstellte, der man sich nur durch Flucht entziehen konnte. Dieses Projekt war auch deshalb für den Menschen überlebenswichtig, weil die dabei eingesetzten »Techniken« zielgerichtetes Denken und Handeln voraussetzten. Das betraf die Erschließung neuer Nahrungsquellen durch bislang unbekannte Methoden der Zubereitung (kochen, braten, grillen) ebenso wie die Überwindung des Urgefühls »Angst«. Der Mensch ist das einzige Lebewesen, dem dies gelang, und es war eine seiner größten Kulturleistungen. Dies sollte man nicht vergessen, wenn wir uns die Frage stellen, wie es um die Sache mit der Wissenschaft bestellt ist. Ähnliches mag wohl auch Friedrich Schiller bewegt haben, wenn er im »Lied von der Glocke« (1799) zu der Erkenntnis kommt: »Wohltätig ist des Feuers Macht, wenn sie der Mensch bezähmt, bewacht.« Aber auch: »Wehe, wenn sie losgelassen, wachsend ohne Widerstand, durch die volksbelebten Gassen, wälzt der ungeheure Brand …«

Was dieser »Zähmung« folgte, waren Evolution, Kommunikation und Emanzipation – eine geradezu atemberaubende Kaskade von Entwicklungen, Erfindungen, Errungenschaften und Eroberungen: die Antike mit ihren grandiosen Baumeistern, Mathematikern, Medizinern und Philosophen oder die Zeit der Aufklärung mit ihren Astronomen, Technikern und Entdeckern. Epochemachend waren sie für mich allesamt, auch wenn leider vieles zwischenzeitlich in Vergessenheit geraten ist. Während heutzutage die Urdemokratie der Griechen mit ihren zahlreichen Facetten und Spielregeln vielfach Bewunderung auslöst, kommt der sogenannte moderne Mensch beim Studium technischer Problemlösungen, wie sie von den Römern inszeniert wurden, nicht mehr aus dem Staunen: kilometerlange Wasserleitungen (Aquädukte), Abwassertechnik, Fußbodenheizung, Bäder- und Toilettenkultur machen noch heute jedem Interessierten klar, dass es sich hier um kultivierte Herrschaften und nicht um Barbaren handelte. Im Römisch-Germanischen Museum zu Köln können die Besucher über die Latrinen schmunzeln, die dokumentieren, dass das große Geschäft in Colonia Claudia Ara Agrippinensium häufig zum kollektiven Abgang und zur Brutstätte der einen oder anderen Latrinenparole wurde.

Latrinen, Römisch-Germanisches Museum, Köln (Zeichnung)
https://binged.it/2uFgUca

Weshalb sich dieser kulturelle Fortschritt, den ein römischer Abwasserkanal letztendlich darstellte, dennoch in Luft auslöste und folgende Generationen beispielsweise im Mittelalter unter hygienischen Bedingungen hausten, die buchstäblich zum Himmel stanken, wird nicht nur mir ein ewiges Rätsel bleiben. Und so dominierte jahrhundertelang der »Kallendresser« – so hieß in Köln jener Zeitgenosse, der seine Notdurft auf der Straße verrichtete. Kein Wunder, dass sich dann in den Regenrinnen, die zu regelrechten Abwasserkanälen wurden, Ratten und Mäuse tummelten, und Seuchen samt Krankheiten aller Art die Menschen hinwegrafften. Zwischen 1347 und 1353 fielen allein 25 Millionen der Pest zum Opfer, das war ein Drittel der damaligen europäischen Bevölkerung. Die

Überlebenden flüchteten bei ihren Erklärungsversuchen in die Religion, den Aberglauben oder in den Hass auf Minderheiten. Dabei lag der Grund ganz woanders. Da man Ursache und Wirkung verwechselte, verzichtete man aufs Waschen, weil man glaubte, das Wasser würde die Krankheiten übertragen. Tatsächlich waren es aber Flöhe, die die Ratten und Mäuse befielen und damit, wie wir heute wissen, die Nager zu perfekten »Mikrobenbomben« machten.

Erst der französische Bakteriologe Louis Pasteur (1822–1895) bestätigte die Vermutung, dass die Seuchen nicht Gottes Wille sind, die sich durch Gebete und fromme Taten verhindern ließen, sondern dass sie aus einer kleinen, unsichtbaren Welt stammen, die man bisher – weil es auch keine Mikroskope gab – nicht wahrgenommen hatte. Pasteur wurde zusammen mit dem Berliner Arzt Robert Koch (1843–1910) zum Begründer der modernen Bakteriologe und Mikrobiologie. Erst 1894 entdeckte der schweizerisch-französische Arzt und Bakteriologe Alexandre Émile Jean Yersin (1863–1943) den Pest-Erreger, ein stäbchenförmiges Bakterium, das nach ihm benannt wurde: Yersinia pestis.

Louis Pasteur und Robert Koch (Foto)
https://binged.it/2u1702F

Erste Impulse: Am Anfang steht die Neugier

Für mich waren das die echten Heldentaten. Keine Scharmützel und Schlachten wildgewordener Feldherrn und Könige, sondern das Nachdenken über Ursachen und Wirkung menschlichen Elends und dessen Behebung. Das hat bei mir alle Glocken läuten lassen. Und so drangen die Töne dieser »Zukunftssinfonie« sogar bis nach Remich an der Mosel. Dort, in der guten Stube des Hauses Machergasse 11, lag jedes Jahr der aktuelle Jahrgang des Buches *Das neue Universum* unter dem Weihnachtsbaum – eine Jugendbuchreihe, die sich auf anschauliche Weise mit den damaligen Möglichkeiten den Themen Wissen, Forschung, Abenteuer und Unterhaltung (Science-Fiction) widmete. Dann konnte ich es kaum abwarten, bis es wieder einmal so weit war – auch wenn ich längst nicht mehr an das Christkind glaubte – und mir ein guter Geist dieses Buch mit dem roten Leineneinband schenkte.

Meine späteren Aktivitäten und vermeintlichen Erfolge, die mir während meiner Zeit im Handwerker-Internat gelangen, gingen größtenteils auf die Lektüre dieser Bücher zurück, auch wenn der Versuch, beispielsweise eine fliegende Untertasse zu bauen, leider fehlschlug. Die Technik war noch nicht so weit. Heute bin ich davon überzeugt, dass es funktionieren könnte, denn es gibt den linearen Motor mit reibungslosen Gleiteigenschaften, wie er z.B. für den »Transrapid« entwickelt wurde. Dagegen klappte die Konstruktion eines »Tauchsieders«, wenngleich dessen Anwendung, wie ich schon bald bemerkte, höchst gefährlich hätte werden können. Gerade dieses Projekt zeigte, worauf es mir bei aller Tüftelei ankam: Ich wollte mir und meiner Umgebung das Leben so angenehm wie möglich machen – mit anderen Worten, der »Tauchsieder« aus Türstoppgummi und zwei Schweißdrähten mit Anschluss an 220 Volt und Erwärmung durch direkten Stromfluss durch das Wasser war der Versuch, zu mehr Komfort zu kommen und ein Manko zu beheben, denn in meinem Zimmer floss nur kaltes Wasser ins Waschbecken.

Dieser Drang, handfeste, praxistaugliche »Produkte« zu schaffen, schien grenzenlos. Das Radio, das ich mit der elektronischen Wehrmachtsröhre RVP 700 aus Stahl und einigen Flachbatterien als Anodenspannung und der Methode der Super-Head-Technologie zum Empfang der Mittelwelle für die notwendige Anodenspannung gebastelt hatte, gehört ebenso in diese Sammlung wie jene Leuchtstofflampe, die ich mithilfe des energiestarken RTL-Langwellensenders und einer Antenne aus heiterem Himmel zum Leuchten brachte. Als ich dieses meinen staunenden Schulkameraden vorführte, glaubten nicht wenige an Zauberei – und wie es sich für einen ordentlichen Zauberer gehört, behielt ich Methode und Lösung als Betriebsgeheimnis für mich.

Der Praxis ging die Theorie voraus, und das waren in meinem Fall Dutzende von Büchern zum Thema Mathematik und Physik, über Logarithmen und Modelle – aber auch sonstige zahlreiche Veröffentlichungen, die erklären, was letztlich die Welt zusammenhält. Unter ihnen Abhandlungen, die in mir, dem jungen Katholiken, einiges bewegten. Dazu gehörte Galileo Galileis (1554–1641) Kampf gegen bornierte Dogmatiker und sein Bann durch die römische Kirche, der in mir starke Zweifel an der Zuständigkeit der Religion für naturwissenschaftliche Fakten und deren Bewertung säte. Giordano Bruno (1548–1600), der wegen seiner Thesen von der Unendlichkeit des Weltraums und der ewigen Dauer des Universums auf dem Scheiterhaufen landete, berührte mich ebenso, wie mich die »Erfolgsstorys« der Moderne faszinierten: Den Titel von Friedrich Dessauers (1881–1963) Röntgen-Biografie, *Die Offenbarung einer Nacht*, nahm ich buchstäblich wörtlich, indem ich das Buch in einer Nacht verschlang. Auch die anderen Werke des leider vergessenen Physikers, Unternehmers und Reichstagsabgeordneten aus Aschaffenburg, wie zum Beispiel *Leben, Natur, Religion: das Problem der transzendenten Wirklichkeit* oder *Philosophie der Technik. Das Problem der Realisierung* bewegten mich. Hinzu kamen Biografien über die Gebrüder von Humboldt sowie über die Denker und Macher Gottfried Wilhelm Leibniz, Carl Friedrich Gauß und Nicolaus August Otto – Praktiker, die auf solidem theoretischem Fundament arbeiteten. Mich beeindruckte das so sehr, dass auch mich die angewandte Forschung zeitlebens nicht mehr losließ.

Friedrich Dessauer, Roentgen-Biograf (Foto)
https://binged.it/2vLOHQY

Gottfried Wilhelm Leibniz, Universalgenie (Foto)
https://binged.it/2tFHZdS

Gebrüder von Humboldt, Preußische Gelehrte (auf der Münze)
https://binged.it/2u1DOIN

Zu den ersten Erfahrungen während der Zeit an der Kölner Ingenieurschule gehörte schon bald, dass man mithilfe von Mathematik plötzlich Aufgaben und Erkenntnisprobleme lösen konnte, die mit normalem Menschenverstand nicht zu realisieren waren. Das beeindruckte mich riesig: Mathe als wichtiges Mittel, jedoch kein Selbstzweck. Vektorrechung mit ihren realen, imaginären und komplexen Ebenen sowie die Infinitesimalrechnung und die Lösung von Differenzialgleichungen wurden zu einer meiner großen Leitschienen in die Welt der analytischen Geometrie, der Logik und des Kalküls. Parallel dazu die Erkenntnis, dass es nur drei unabänderliche Grundkräfte gibt, die das Geschehen im Universum ebenso bestimmen wie auf unserer kleinen Erde: die Gravitation, die elektromagnetische Kraft und die Kernkraft.

Wissenschaft und Gesellschaft: Fortschritt für alle

Technik ist die Überlistung und Wissenschaft die tiefere Kenntnis der Naturgesetze. Diese Interpretation erklärt am ehesten Funktion und Nutzen zweier zivilisatorischer Errungenschaften, ohne deren Realisierung die Menschheit noch in der totalen Ahnungslosigkeit – und Unmündigkeit – stecken würde. Die Wissenschaft, dieses großartige Gebäude aus Gesetzmäßigkeiten, ursächlichen Zusammenhängen und Erfahrungen bei gegenseitiger Kontrolle, war noch nie eine Veranstaltung, die sich im Verborgenen abspielte. Selbst in China, der ältesten noch immer bestehenden Kulturnation der Erde, ging man mit den Errungenschaften der Technik in die Öffentlichkeit. Schließlich hatte man ja auch etwas vorzuweisen: Papier (1. Jahrhundert), Porzellan (2./3. Jahrhundert), Buchdruck, Kompass und Schwarzpulver (alle im 11. Jahrhundert) sind Meilensteine in der menschlichen Zivilisation, von deren Existenz man zum damaligen Zeitpunkt im fernen Europa keine Ahnung hatte – und wenn, dann hätten vermutlich mächtige Instanzen wie etwa der Klerus sie zu verhindern gewusst. Oder aber, wie das Beispiel des Pulvers zeigt, anders eingesetzt: statt zu lustigen Knalleffekten und Feuerwerken bei Festivitäten (wie bei den Chinesen), hatte man es hier dank der Neu-Erfindung durch den Franziskanermönch Berthold Schwarz in Flinten und Kanonen gesteckt, als buchstäblich todernstes Mittel zur Unterjochung von Nachbarn und fremden Völkern.

Chinesischer Feuerwerker (Zeichnung)
https://binged.it/2uEIPch

Für mich hatten niemals Einzelpersonen, Völker oder Ideologien die Wissenschaft gepachtet. Auch heute nicht, in diesem kalifornischen Zeitalter, wo viele der Meinung sind, dass durch das Silicon Valley der Geist der Menschheitsgeschichte weht. Dafür ist unsere Welt viel zu komplex, und die Staaten sind außerdem viel zu abhängig voneinander. Und so ist auch die alte Kaufmannsregel, wonach derjenige, der bestellt, auch bezahlt, in Sachen Wissenschaft höchst problematisch, denn Wissenschaft gehört allen.

Auch wenn oft legitime Rechte der Wissenschaft – aber auch der Industrie – missbraucht werden, um lästige Konkurrenz abzuhalten, ist es für mich unabdingbar, dass es Schutzmechanismen wie Patente oder Verbrauchergesetze gibt. Ich bin mir sicher: Wenn es keine Patente mehr gibt, die das geistige Eigentum wirksam schützen, wird auch nicht mehr so viel geforscht werden. Eine der Konsequenzen wäre, dass unsere Gesellschaft mittelfristig im Verfall begriffen wäre. Denn Forschung heißt Wohlstand, und Wohlstand bedeutet soziale Sicherheit.

Das betrifft auch den Ausverkauf industriellen Potenzials. Wenn eine Firma wie unlängst der Augsburger Roboterspezialist Kuka, ein Aushängeschild für Industrie 4.0, nach China verkauft wird, sollte es den Deutschen, aber auch den Europäern, nicht gleichgültig sein. Um solche Fälle in Zukunft auszuschließen, empfehle ich die Einrichtung eines von der EU und der Wirtschaft gesteuerten Europäischen Technologiefonds, der verhindern soll, dass in Schwierigkeiten geratene Technologieunternehmen für billiges Geld ins nicht europäische Ausland verkauft werden können. Bei der »Bankenrettung« hatte ein ähnliches Prinzip ja auch funktioniert. Wenn Lenin wirklich jemals recht gehabt hätte, dann in einem solchen Fall: »Die Kapitalisten werden uns noch den Strick verkaufen, mit dem wir sie aufknüpfen.« Das heißt nicht, dass ich gegen die Globalisierung bin; sie sollte aber auf jeden Fall so funktionieren, dass sie Gleichheit der Chancen sowie Fairness garantiert und kleinen wie mittleren Ländern, die ohne großes politisch-militärisches Druckpotenzial ausgestattet sind, nicht irgendwelche Gesetze aufzwingt.

Ob der Technologiefonds jemals Realität wird, vermag ich nicht zu sagen, weil mir ein Blick in die Vergangenheit zeigt, dass Politiker bei derartigen Fragen häufig überfordert zu sein scheinen. Nehmen wir nur einmal das Beispiel Transrapid. Zeigt es nicht auf eindrucksvoll-beängstigende Weise, wie hier Hightech-Knowhow verschleudert wurde? Inzwischen ist es schon längst vergessen, wie mit diesem großartigen Projekt einst mit fadenscheinigen, pseudoökologischen Argumenten umgesprungen wurde. Dass dieser Skandal dem Hightechstandort Deutschland kein gutes Zeugnis ausstellte, kann man sich denken: Jahrzehntelang haben die Techniker deutscher Topadressen viel Geisteskraft und der deutsche Steuerzahler viele Milliarden in ein Projekt investiert, um es schließlich China Railways quasi zum Nulltarif zu überlassen.

Aber auch die zahllosen kleinen und mittelständischen Unternehmen im Lande – von denen nicht wenige mit einem beachtlichen Forschungspotenzial gesegnet sind – haben ein Recht auf öffentliches Wohlwollen. Doch sieht die Realität leider noch immer etwas anders aus. Wenn ein deutscher Handwerksmeister durchschnittlich anderthalb Arbeitstage in der Woche benötigt, um Formulare auszufüllen oder andere Vorgaben zu erledigen, dann stimmt da etwas nicht.

Staatliche Kreativität sollte sich vielmehr auf einem ganz anderen Terrain nützlich machen, etwa wenn es darum geht, Start-ups wirkungsvoll zu unterstützen. Dass hier einiges mittlerweile geschehen ist, steht außer Frage. Dabei will ich nicht verhehlen, dass viele dieser Start-ups aus staatlichen Forschungseinrichtungen hervorgingen, so wie es die Aufgabe einer modernen Forschungspolitik ist, innovative Ideen zu fördern.

Zum Thema »unerkannte/unterbewertete Innovation« folgendes traurige Bespiel: Es schmerzt noch immer, wenn, wie im Fall »MP3 Player«, deutsches Knowhow aus dem Fraunhofer Institut für Integrierte Schaltungen und der Universität Erlangen-Nürnberg zwar zu einem globalen Schlager – jedoch auch für andere, amerikanische Unternehmen zur sprudelnden Profitquelle – wurde, weil die deutsche Industrie – in diesem Fall unter anderem die Siemens AG – nicht bemerkt hatte, welche Möglichkeiten sich da für die digitale Tonübertragung und Speicherungstechnologie auftaten. Bell Laboratories war besser im Bilde und erkannte das immense Vermarktungspotenzial, das dahintersteckte.

Staatliche Unterstützung ist in solchen Fällen immer sinnvoll, so wie auch ein funktionierendes Staatswesen ohne Bürokratie nicht auskommt. Beide sind Teile einer funktionierenden Infrastruktur und dürfen nicht vernachlässigt werden, selbst wenn sie sich auf das Minimum beschränken sollte. Alles, was sich in diesem Kontext bewegt, ist für mich ebenfalls Teil der Wissenschaften – wie etwa Jurisprudenz, Soziologie, Psychologie –, also nicht nur die von der Technik beherrschten Fächer. Sie sorgen, gemeinsam mit der Kunst, für jene Gesamtatmosphäre, in der die Gesellschaft gedeiht. Ein Volk, das seine Kultur nicht schätzt, ist ebenso dem Untergang geweiht wie jenes, in dem Ignoranten aller Art Wissenschaft und Technik verteufeln. Ohne diese Leistungen, da bin ich mir sicher, müsste Europa seine Bevölkerung auf ein Zehntel reduzieren, über 50 Millionen Menschen könnten nicht überleben.

Schuldenbremse – aber bitte nicht bei Bildung und Wissenschaft

Grips ist unser einziger Rohstoff. Wir haben kein Öl und keine Diamanten, keine Seltenen Erden und kein Gold. Trotzdem ist Deutschland die größte Volkswirtschaft Europas und die viertgrößte der Welt. Den Grund dafür liefern seit Kaisers Zeiten (Stichwort »Made in Germany«) die vielen Menschen, die Tag für Tag an ihrem Arbeitsplatz, ob Kleinbetrieb oder Großkonzern, immer wieder zukunftsträchtige Qualitätsprodukte hervorbringen und Dienstleistungen erbringen. Mit einem Pro-Kopf-Einkommen von fast 46 900 Dollar liegt Deutschland laut Statistischem Bundesamt auf Platz 20, jedoch bei den Bildungsausgaben von 4,7 Prozent des Bruttoinlandsprodukts (BIP) auf Rang 63 – hinter Weißrussland, aber noch vor dem Irak. Die Vernunftbegabten aller Länder brauchen über diese Platzierung nicht zu diskutieren, denn Platz 63 geht gar nicht. Vor allem nicht auf lange Sicht, denn dann sind Wohlstand und soziale Sicherheit gefährdet. Die Herausforderungen heißen China, Indien, Japan und Korea. Aber auch sonst werden viele heute noch unsichtbare Entwicklungen dafür sorgen, dass in der kommenden Generation die Welt der Produzenten und Dienstleister von einem dramatischen Modernisierungsschub erfasst wird. Die Zukunftsmärkte, so viel lässt sich schon jetzt sagen, heißen Digitalisierung (vor allem Industrie 4.0), Biotechnologie, Mobilität und Umweltschutz.

Eine Schuldenbremse, wie sie im Maastricht-Vertrag festgeschrieben ist, sollte aus Gründen der ökonomischen Stabilität im Euroraum auf jeden

Fall bestehen bleiben. Müssen es aber tatsächlich drei Prozent sein, wenn andere, extrem wichtige Haushaltspositionen darunter leiden? Übergeordnete Sparzwänge, die in Deutschland die Ausgaben für Bildung, Forschung, Wissenschaft und Infrastruktur einschränken, halten unser Land auf Dauer nicht zukunftsfähig. Denn auch hier funktionieren die ökonomischen Gesetze: Eine Volkswirtschaft, die nicht in ihre Zukunft investiert, geht unter. Deshalb die große Bitte an die Politik: Verschont diese vier Bereiche vor dem Rotstift, holt sie aus der Schuldenbremse heraus, denn sie stehen für die Perspektiven unserer Kinder! Stattdessen könnte »Maastricht« zwei und nicht drei Prozent betragen, dafür könnten aber die Ausgaben für alles, was mit Bildung und Forschung zu tun hat, unangetastet bleiben. Genügend hochqualifizierter Forschungsnachwuchs ist für unser Land nicht genug. Dessen »Produktion« ist nicht billig.

Dieses Thema ist heute aktueller denn je. Ein persönliches Beispiel aus dem Jahr 1968: Mein Kölner Professor Erwin K. Scheuch empfahl mir, eine Dissertation zum Thema »Arbeiterkinder und ihre mangelnde Präsenz sowie ihre Chancen an den Universitäten« zu verfassen. Scheuch glaubte, in meiner Biografie ein Motiv für diese Arbeit zu erkennen. Ich hatte schon damit angefangen, als – zum Glück – der WDR mit seinem Angebot dazwischenkam.

Bei der Nachwuchsförderung, um wieder zum Thema zu kommen, geht es aber längst nicht mehr nur ums Geld. Es geht um die Gleichheit der Chancen. Auch in den Klassenzimmern sollten jene Voraussetzungen geschaffen werden, damit die bei vielen Schülern unbeliebten MINT-Fächer wieder ein wenig Glanz erhalten. Dann müssen die Lehrpläne durchforstet und Schwerpunkte gesetzt werden. Und wenn dann trotzdem noch junge Wissenschaftler nach ihrer Ausbildung ins Ausland übersiedeln, weil sie dort bessere Chancen sehen, sollte ebenfalls über die Ursachen nachgedacht werden, denn es sind nicht immer nur familiäre Gründe, wenn der Umzugswagen plötzlich vor der Haustür steht.

Ich gehöre gerne einer Arbeitsgruppe zur Verbreitung Algorithmischen Denkens an, die von Professor Ulrich Trottenberg, dem einstigen Leiter des Fraunhofer Instituts für Algorithmen und Wissenschaftliches Rechnen in St. Augustin, initiiert wurde. Diese Arbeitsgruppe möchte vor allem den Algorithmus in der Künstlichen Intelligenz fortschreiben und damit an einer Entwicklung teilhaben, die schon bald die naturwissenschaftliche Diskussion beherrschen wird.

Bei allem, was Institute und staatliche Stellen in dieser Richtung unternehmen, sollte nicht übersehen werden, dass der Staat von der Förderung des eigenen Nachwuchses auch profitiert. Was liegt näher für die Behauptung dieser These als das eigene Beispiel? Ich wäre nie Akademiker geworden, hätte mich die sogenannte öffentliche Hand nicht vorübergehend geführt: 35 000 bis 40 000 DM Förderung – vom Lastenausgleich bis zum BAföG-Vorgänger Honnefer Modell – erhielt ich. Bereits nach fünf Berufsjahren hatte ich diese Investition wieder zurückgezahlt – als Steuern. Seither freut sich das Finanzamt, wenn es mal wieder den Bescheid schicken darf. Summiert auf die Jahre sind das 400 bis 500 Prozent Rendite.

Nachhaltigkeit und Technikfolgenabschätzung

Zum Glück wurde die Technik-Skepsis, die seit Jahrzehnten das Klima in Deutschland nicht unwesentlich mitbestimmte, in letzter Zeit von einer gewissen Nachdenklichkeit abgelöst. Grund dafür ist, dass die Politik – nicht erst mit der »Energiewende« – begriffen zu haben scheint, dass man dem Volk nicht alles vorsetzen sollte, was die Industrie vielleicht für nützlich hält und propagandistisch fördert. Mit der »Hobbythek« war es uns gelungen, dieses Denken aufzubrechen, indem wir unseren Anspruch »Selbst ist der/die Mann/Frau« den Werbesprüchen entgegenstellten. Das war nicht immer leicht und hat uns manchen Ärger eingebracht. Damit versuchten wir, den Bürger immun gegen Verlockungen aller Art zu machen. In dieses Gemälde von Aufklärung und Optimismus zählt auch eine umfangreiche Verbraucherschutzgesetzgebung sowie das wachsende Bewusstsein in der Bevölkerung, dass wir tatsächlich, um mit Jane Fonda zu reden, keine »zweite Welt im Kofferraum« haben. Natur- und Umweltschutz sind Konsens und Gott sei Dank nicht mehr ausschließlich das Monopol der Grünen. Selbst bis weit ins bürgerliche Lager hinein, wo man jahrzehntelang dem Thema mit Schulterzucken begegnete, ist man dafür sensibel geworden.

Das Niveau ebenso objektiver wie verantwortungsvoller Information lässt sich auf Dauer nur halten, wenn der Wissenschaftsjournalismus weiter wie bisher die Bühne hat, die er braucht. Denn er hechelt nicht etwa nach dem Motto »bad news are good news« platten Tagessensationen hinterher, sondern informiert fundiert. Das letzte Wort liegt ohnehin beim Bürger, er muss sich selbst seine Meinung durch Verstehen bilden. Genauso habe ich meine Aufgabe verstanden: verständliche, nachvollziehbare Informationen für alle, nicht hysterisch, sondern faktisch. Auch nicht postfaktisch. Im Klartext bedeutet dies, dass Information und Verstand die einzigen Kriterien sein sollten, die bestimmen, was auch in Wissenschaft und Forschung zu geschehen hat.

Und schließlich: Was um Himmels willen spricht gegen das Prinzip, sich über alles, was sich an technischen Neuerungen anbietet, ausführlich Gedanken zu machen? Technikfolgenabschätzung wird zwar propagiert, doch inwieweit sich dieses zu einem zuverlässigen Instrument etabliert hat, lässt sich nur schwer sagen. Noch immer werden viele Entscheidungen nicht nur in den Labors oder in den Vorstandsetagen der Konzerne getroffen, sondern in den Kabinettssälen der Politik. Von einer Abschätzung der Politikfolgen habe ich allerdings noch nichts gehört.

Vorbilder

Würde man mich fragen, welche Wissenschaftler, Publizisten oder sogenannte einfache Menschen mich am meisten beeindruckt haben, müsste ich antworten: Natürlich waren es in der ersten Kategorie die ganz Großen – von Pythagoras über Kopernikus bis zu Wilhelm Conrad Röntgen –, die mich interessierten und auch prägten. Doch waren es nicht nur Naturwissenschaftler, die mir imponierten und die ich an dieser Stelle nennen möchte, weil sie für mich und meine Arbeit wichtig waren.

Von den Wissenschaftlern unter meinen Zeitgenossen waren es Männer wie Albert Schweitzer (1875–1965) oder der Chemiker und Doppel-Nobelpreisträger Linus C. Pauling (1901–1994), der mir durch sein Lehrbuch *Grundlagen der Chemie* diese Wissenschaft plausibel machte, indem er mir plastische Einblicke in die Verbindungsmechanismen der Moleküle gab und diese teilweise mit didaktischen Abbildungen erklärte. Damit war Chemie für mich mit einem Schlag kein »Buch mit sieben Siegeln« mehr, sondern lebendige, begreifbare und Fantasie anregende Wissenschaft. Später hatte ich das Glück, diesen großartigen Wissenschaftler (1954 und 1963) zu interviewen.

Schweitzer (Friedensnobelpreis 1952) sowie Pauling haben mich durch ihr menschlich-wissenschaftliches Format beeindruckt. Albert Schweitzer hätte vielleicht gleich drei Karrieren machen können: die des Arztes, des Theologen oder des Organisten. Stattdessen half er den Menschen in Westafrika aus Not und Krankheit. Und welchen jungen Menschen kann Albert Einstein unbeeindruckt lassen? Durch reines Denken hat er die Tore zur modernen Physik sperrangelweit geöffnet, indem er das Prinzip von der Konstanz der Lichtgeschwindigkeit definierte. Mit der Relativitätstheorie bewies er, dass zum Beispiel die Masse eines Körpers von seiner Geschwindigkeit abhängt. Leider spuckte er damit allen Science-Fiction-Autoren in die Suppe, denn die verbreiten noch immer die schöne Geschichte, dass bei Ausflügen ins Universum teils mit Überlichtgeschwindigkeit Galaxien und Planeten erreichbar sein könnten, die Tausende von Lichtjahren entfernt sind – was der Relativitätstheorie fundamental widerspricht. Einsteins größtes Verdienst allerdings war, die Beziehung zwischen Energie und messbarer Masse hergestellt zu haben. Seine Formel $e = mc^2$ bedeutet, dass wenn ein Atom durch Kernspaltung oder Kernfusion Masse verliert oder gewinnt – was messbar ist –, enorme Energiemengen frei werden. Auf diesem Prinzip beruhen beispielsweise die aus meiner Sicht gefährlichen Kernreaktoren.

Das Prinzip der Energiegewinnung aus der Sonne, nämlich das Fusionsprinzip, bei dem Wasserstoffatome fusionieren, auf die Erde zu holen, ist bisher nur in Form von Zerstörung durch die Wasserstoffbombe gelungen. An den Bemühungen, dies auch für friedliche Zwecke zu nutzen, ist die Wissenschaft bisher gescheitert, denn man braucht dazu Temperaturen von über 100 Millionen Grad Celsius – eine solche Temperatur hält kein Körper aus, und deshalb arbeitet man daran, das bei dieser Temperatur entstehende Plasma mittels magnetischer Kräfte einzufangen wie in einem Gefäß. Hier ist man, was die Grundlagenforschung betrifft, schon sehr weit gekommen, weil eine internationale Kooperation entstanden ist, die auf anderen Gebieten nie funktionieren würde. Es ist sozusagen ein Traum der Menschheit, die Fusionsenergie, die Einstein mit seiner Relativitätstheorie beschrieben hat, für friedliche Zwecke zu nutzen. Das Problem der Energieknappheit wäre damit – das sage ich jetzt unter Vorbehalt – für alle Zeiten gelöst. Als ich die Folge »Fusionsenergie« aus meiner Sendereihe »Energie, die treibende Kraft« vorbereitete, sagte man mir, dass dieses Thema in 30 bis 40 Jahren gelöst sei. Das war im Jahre 1969. Kürzlich, bei einem Besuch im Greifswalder Max-Planck-Institut für Plasmaphysik, wo die Fusionsforschung schon sehr weit fortgeschritten ist, sagte man dasselbe: Die Zeitspanne ist geblieben, es soll noch einmal 30 bis 40 Jahre dauern.

MPI für Plasmaphysik, Greifswald
(Foto)
https://binged.it/2ePSau4

Die Relativitätstheorie hat noch eine andere Facette: Wenn die Lichtgeschwindigkeit eine Konstante darstellt, dann gilt das nicht für die Zeit. Das beschreibt Einstein mit dem Begriff Zeitdilatation. Die Konsequenz: Sollten einmal Astronauten mit hoher Geschwindigkeit die Erde verlassen und wieder zurückkehren, dann wären die Lebewesen auf der Erde uralt und sie noch jugendlich frisch – auch eine physikalische Tatsache, die die Fantasie enorm beflügeln kann.

Natürlich haben mich auch noch andere Wissenschaftler beeinflusst, darunter mancher Nobelpreisträger, aber auch Lehrer von der Volksschule bis zur Universität, denen es gelungen war, mir wissenschaftliches Denken beizubringen. Ralf Dahrendorf, der auch eine sehr starke publizistische Ader besaß, imponierte mir wegen seiner messerscharfen gesellschaftspolitischen Analysen. Bereits 1998 stellte er die These auf, dass das 21. Jahrhundert zu einem »Jahrhundert des Autoritarismus werden« könne. Die Herren Trump, Erdoğan, Putin, Kaczyński und Orban lassen grüßen.

Aber auch die naturwissenschaftlich ambitionierten Publizisten brauchten sich nicht zu verstecken. Hoimar von Ditfurth, Horst Stern, Heinz Haber und Ernst von Khoun waren mindestens genauso politisch, denn es war ihnen gelungen, den Wissenschaftsjournalismus von den Niederungen der Klüngel-Berichterstattung zu befreien und ihm jenen Rang zu geben, der ihm gebührt: unbestechlich, verständlich, kompetent, mutig – und nicht langweilig.

Es ist klar, dass in einem langen Leben – vor allem wenn es sich in der Öffentlichkeit abspielt – viele Menschen ihren ganz persönlichen Fußabdruck hinterlassen. Einer der ersten war mein Freund Hanns Dieter Hüsch (1925–2005), der verstorbene Kabarettist vom Niederrhein. Wir kannten uns seit der Kölner Studienzeit. Später, in den reiferen Jahren, waren wir Pate bei der NRW-Stiftung für Naturschutz, Heimat- und Kulturpflege: Hanns Dieter war zuständig für den Niederrhein und ich für die Eifel, wo ich mich für die Narzissentäler um Monschau verpflichtet fühlte.

Hanns Dieter Hüsch, Kabarettist (Foto)
https://binged.it/2v1we55

Ich weiß nicht, weshalb es gerade Menschen wie Hanns Dieter Hüsch sind, mit denen mich so vieles verbindet; vielleicht ist es doch deren Nachdenklichkeit und Zivilcourage, die mir imponieren. In diese Kategorie gehören auch Dieter Hildebrandt (1927–2013), Gerhard Polt und Dieter Nuhr. Bei aller vermeintlichen Schnoddrigkeit, die man ihnen unterstellt, besitzen sie einen Wesenszug, den offensichtlich nicht nur der Naturwissenschaftler gepachtet hat, sie sind wahrheitsliebend und korrekt – Polt wegen seiner liebenswerten bajuwarischen Art, Dumpfbacken auf den Zahn zu fühlen, und Nuhr, weil er die Schieflage in der Gesellschaft auf humorvolle und anschauliche Weise zur Sprache bringt.

Der WDR-Hauptabteilungsleiter Michael Schmid-Ospach war der Vorgesetzte, bei dem ich mich am wohlsten gefühlt habe. Er war souverän, kompetent und hatte ein gutes Gefühl für Menschen und Situationen; er überzeugte durch seine Art, ohne den großen Zampano zu machen. Auch Hansjürgen Rosenbauer, der ebenfalls zur Riege meiner Chefs gehörte und später der erste Intendant des Ostdeutschen Rundfunk Brandenburg (ORB) wurde, fällt in diese Kategorie. Bei einer der von ihm moderierten »Revue«-Formate kam es zur peinlichsten Situation, die mir je in einer Livesendung widerfuhr, als ich in der »1. Mai Revue« beim Fassanstich den Zapfhahn nicht richtig traf und der Gelsenkirchener

Knappenchor plötzlich im Bierschaum stand. Insgesamt waren es nur vier »Revue«-Sendungen (Weihnachten, Silvester, Neujahr und 1. Mai), mit denen wir das Publikum beglückten. Und schließlich Dieter Thoma, der langjährige Chefredakteur des WDR-Hörfunks. Während ich diese Zeile schreibe – Ende Mai 2017 –, haben wir diesen großartigen Journalisten und Menschen in Köln beerdigt. Niemals werde ich seinen journalistischen Anspruch und seinen Wunsch an mich vergessen: »Junge, mach bitte Sendungen für den Bürger auf der Straße! Damit tust du der Demokratie einen riesigen Gefallen.« Dieser Satz wurde zu meiner Kompassnadel. Auch ein anderer lebt nicht mehr: Roger Willemsen (1955–2016). Dieser blitzgescheite, sprachgewaltige Publizist hatte mich immer wieder beeindruckt, vor allem wegen seiner furchtlos-charmanten Art, seines Blicks über den Tellerrand und seiner liberal-kritischen Einstellung.

Großen Respekt hatte ich auch vor den sogenannten »einfachen Menschen« wie zum Beispiel meinem Vater, der mit großer Disziplin sein nicht immer einfaches Leben meisterte. Sein Charakter war kerzengerade und sein Verstand groß – so groß wie die Liebe, die er seiner Familie entgegenbrachte. So geerdete und verlässliche Menschen, die wenig Aufhebens von sich und ihren Lebensumständen machen, nötigen mir allergrößte Hochachtung ab und zeigen mir immer wieder, dass es eigentlich auf ganz andere Dinge ankommt als auf das, was gerade hochgejazzt wird und durch die Medien geistert. Daher ist es für mich auch eine Selbstverständlichkeit, das eine oder andere Projekt zu unterstützen, das nicht unbedingt vom Scheinwerferlicht medialer Aufmerksamkeit gestreift wird, das aber sinnvoll ist, weil es mit seinem sozialen oder ökologischen Anspruch überzeugt.

Dazu gehört auch, dass ich niemals den Mund halten werde, und ich mich einmische. Facebook ist mittlerweile zu meinem individuellen Sender geworden, mit dessen Hilfe ich unter dem Motto »Der Vernunft eine Chance« kommuniziere, wenn ich mich zu tagespolitischen Fragen äußere.

Erfüllte Prophezeiungen

Das ist ein Kapitel für sich. Da die einzelnen Themen bereits an anderer Stelle in diesem Buch abgehandelt sind, soll es hier nur einen gestrafften Überblick geben.

1. Kernenergie: Die begründeten Einwände, Risiken und Irrtümer wurden von mir bereits in den frühen 70ern formuliert – lange vor Tschernobyl und Fukushima.
2. Digitaltechnik: Der Siegeszug dieser Wissenschaft mit ihren atemberaubenden Konsequenzen für alle Lebensbereiche stand für uns schon im Sommer 1973 fest, nachdem überall die Automatisierung rasant zunahm und Software Hardware allmählich ablöste.
3. Industrie 4.0: Die legendäre Reportage »Intelligenz in Miniatur – Mikroprozessoren revolutionieren die Technik« (September 1977) warf ein für damalige Verhältnisse utopisches Schlaglicht auf künftiges Produktions- und Freizeitverhalten.
4. Glasfasertechnologie: »Fernsehen per Glasfaser« hieß eine Sendung im Mai 1984. Zu diesem Zeitpunkt hielten Konzerne und Politiker noch am Koaxialkabel fest – einer der Akteure, Bundespostminister Christian Schwarz-Schilling, war familiär mit der Sonnenschein GmbH im hessischen Büdingen verbunden, die veraltete Akkumulatoren auf Bleibasis produzierte. »Wollen Sie die Bundesrepublik zum Kupferbergwerk umgestalten?«, fragte ich ihn. Heute ist das kein Thema mehr.
5. Satelliten-Fernsehen/Nachrichtentechnik
   Mit »Fernsehen aus dem Weltraum – Satellitendirektempfang für jedermann« (August 1978) überraschten wir nicht nur unsere Zuschauer, sondern auch einige liebe Kollegen in der ARD. Heute stehen Dutzende von »Sendemasten« im Weltall, 99 Prozent der Erdbevölkerung können damit erreicht werden.
6. Gesundheit: »Jeder raucht für sich allein« war der mediale Startschuss für eine Entwicklung, die fast ein Vierteljahrhundert zum Erfolg führte: Das Bewusstsein und die Gesetzgebung änderten sich – die Zahl der Raucher ging überall drastisch zurück. Das Magen- und Zwölffingerdarm-Bakterium Helicobacter pylori, das als Verursacher von Magengeschwüren und Krebs lange Zeit von den Medizinpäpsten in

aller Welt geleugnet wurde, machten wir erstmals 1989 einem breiten Publikum bekannt – samt ausführlich erklärten prophylaktischen Anwendungen. 16 Jahre später war das Helicobacter pylori nur noch insofern ein Thema, als es die Königlich Schwedische Akademie der Wissenschaften in die Begründung für den Nobelpreis für Physiologie oder Medizin an Barry Marshall (Australien) und John Robin Warren (USA) geschrieben hatte.

Fazit und Ausblick

Unsere Sendungen waren alles andere als Ratespiele. Die Analysen und Prognosen mögen vielleicht dem einen oder anderen Kritiker wegen der bewusst gewählten einfachen Sprache ein wenig »volkstümlich« vorgekommen sein – doch eines sollten sie mit Sicherheit nie sein: verantwortungslos in die Welt gesetzte Behauptungen und Spekulationen. Alles hatte Hand und Fuß und auch die möglichen Entwicklungen, über die wir berichteten, hatten im Nachhinein einen sehr realen Hintergrund. Und so gab es auf meiner Langstrecke einige Stationen, die für mich als Techniker und Soziologe allein schon deshalb so prickelnd waren, weil ich bei ihnen hautnah miterleben konnte, wie aus Utopie plötzlich Wirklichkeit wurde bzw. wie um den richtigen Kurs gekämpft wurde. An dieser speziellen konstruktiven Art, dem Erkennungszeichen seriöser Wissenschaft, hat sich bis heute nichts geändert.

Aktuelles Beispiel: die E-Mobilität. Während die Grünen glauben, man würde mit der E-Mobilität das ökologische Ei des Kolumbus finden, bin ich sehr skeptisch. Ich frage mich, wo sollen denn die vielen Straßenparker die Energie nachladen – soll das vielleicht nur den betuchten Eigenheimbesitzern möglich sein? Und zweitens: Wenn im Auto mit Batteriestrom geheizt und gekühlt werden soll, verringert dies die Reichweite fast um die Hälfte. Drittens: Womit will die deutsche Automobilindustrie denn überhaupt noch Geld verdienen, wenn die aus Fernost stammenden Batterien schon 30 bis 40 Prozent der Produktionskosten verschlingen?

Viertens: Wie kann verhindert werden, dass der »Computer auf Rädern« nicht doch von Hackern manipuliert wird?

Angesichts dieser ungelösten Fragen plädiere ich für ein modifiziertes Hybrid, bei dem eine neu zu bildende Hochleistungsturbine von 20 bis 30 Kilowatt nur die Funktion hat, die Batterie zu laden, womit sich die Batteriegröße auf die Hälfte reduzieren lässt. Ein solches Auto braucht dank der neuen, fantastischen elektrischen Antriebsmotoren kein Getriebe mehr und bringt deshalb weniger auf die Waage als ein herkömmliches Gefährt. Natürlich lässt sich die Batterie zu Hause und an der Tankstelle mit Solarstrom aufladen, aber wenn eine Steckdose nicht in der Nähe ist, funktioniert das Auto auch, denn Sprit kann aus regenerativem Wasserstoff hergestellt werden.

Doch ist Wasserstoff nur eine bedingte Option, denn er besitzt pro Kilogramm nur die Hälfte der Energie wie zum Beispiel Benzin. Aber es gibt einen Ausweg: Solarer Wasserstoff könnte chemisch mit CO_2-Abfällen, die sonst die Atmosphäre aufheizen, zu flüssigen, garantiert regenerativem Kraftstoff aufgebaut werden. Die Technologie dafür zeichnet sich bereits ab.

Wissenschaftsjournalismus (WPK) oder: Wissen darf niemals Herrschaftswissen werden

Ulrich Lohmar (1928–1991) war Vorsitzender der Stiftung für Kommunikationsforschung im Stifterverband für die Deutsche Wissenschaft, als er im Sommer 1985 die bekanntesten deutschen Wissenschaftsjournalisten nach Mayschoß an der Ahr einlud. Anlass des Treffens war der Versuch, die Berichterstattung in den deutschen Medien über Wis-

Ulrich Lohmar, Initiator der Wissenschaftspressekonferenz (Foto)
https://binged.it/2tFvPBR

senschaft und Technik in unabhängige Bahnen zu lenken. Mit dieser Idee rannte der Bildungspolitiker und langjährige SPD-Bundestagsabgeordnete (1957–1976) bei mir offene Türen ein.

Über die Jahre hatte sich ziemlich viel Unmut in mir angesammelt, da es in Verlagen und Sendeanstalten üblich war, Berichte zu drucken oder zu senden, deren Anlass oft nicht erkennbar war. Abgesehen davon wurden Themen aus Wissenschaft und Technik nach wie vor von den Redaktionen stiefmütterlich behandelt, was damit zu tun hatte, dass auf den entsprechenden Redaktionsstühlen häufig Juristen oder Schöngeister Platz genommen hatten. Den 15 Kolleginnen und Kollegen, die sich in Mayschoß getroffen hatten, war dieses Problem bewusst, und sie wollten auch alles tun, um diesen Zustand baldmöglichst zu beenden. Das bedeutete auch das Ende von Abhängigkeiten, Kumpanei und Grauzonen. Der Wissenschaftsjournalismus sollte aus dieser selbst gewählten Nische mit ihren vielen Annehmlichkeiten, Hofberichterstattung und Luxusreisen inklusive, treten.

Das Ziel, die Gründung einer Interessenvertretung von unabhängigen, weder der Politik noch der Wirtschaft oder anderen Organisationen verpflichteten Wissenschaftsjournalisten, fand im Tschernobyl-Jahr 1986 bei den Großadressen des Landes rasch Unterstützung: Max-Planck-Gesellschaft, Stifterverband für die Deutsche Wissenschaft, Großforschungseinrichtungen (heute Helmholtz-Gemeinschaft Deutscher Forschungszentren), Wissenschaftszentrum NRW sowie die Wissenschaftsministerien in Bonn und Düsseldorf waren bereit, diese Idee auch finanziell zu unterstützen.

Und so wurde aus der Gründungsversammlung in Mayschoß mit 15 Kolleginnen und Kollegen im Laufe der Zeit eine Organisation von rund 300 Mitgliedern, die sich dieser, wie ich sie nenne, »Mafia der Vernunft« verpflichtet fühlen: unabhängig bis ins Mark sowie sachgerechte und verantwortungsvolle Berichterstattung aus dem gesamten Bereich der Wissenschaft, Medizin und Technik. In der Praxis bedeutete dies, dass nur diejenigen in der WPK Mitglied werden konnten, die mit keiner Pressestelle verbandelt sind. Selbst die Pressesprecher der Forschungsinstitute blieben außen vor. Die Institute selbst wurden Mitglieder des Kuratoriums, waren aber in der Mitgliederversammlung nicht stimmberechtigt, durften aber die WPK als Förderer tatkräftig unterstützen. Das war auch deshalb notwendig, weil die meisten Journalistenkollegen kaum mehr als 100 Mark Mitgliedsbeitrag im Jahr zahlen konnten.

Die Wissenschaftspressekonferenz heißt heute »wpk – Die Wissenschaftsjournalisten« und hat ihren Sitz in Köln. Für mich war es eine große Ehre, diesen Verband von 1990–2003 geleitet zu haben.

Homepage WPK
http://wpk.org/

PLÄDOYER FÜR EINE LIBERALE GESELLSCHAFT

Was haben das Weltbild von Nikolaus Kopernikus (1473–1543) und liberale Ideen gemeinsam? Antwort: Die Absage an willkürliche, von Menschen erfundene Dogmen und Vermutungen, häufig religiös motivierte Naturdeutungen, die, wie wir heute wissen, mit der Realität nichts zu tun haben. Dieser Vergleich steht aber auch für jene unzähligen Fälle, in denen es um den ewigen Konflikt zwischen den Herrschenden und der Wahrheit geht – Konflikte, die, wie der schöne Begriff »Fake News« belegt, durch die Möglichkeiten der Kommunikationsgesellschaft eine neue Dimension erhalten haben. Doch anders als heutzutage, wo sich (Stichwort »postfaktisch«) offensichtlich allenfalls Wahlen damit manipulieren lassen – was schlimm genug ist –, waren vor rund 300 Jahren die Konsequenzen aus Lügen und obrigkeitsstaatlicher Propaganda, geprägt von Thron und Altar, verheerender. Die einzige Chance, die das gemeine Volk hatte, war der Widerstand – geleistet von Einzelkämpfern vom Schlage eines Robin Hood, Don Quijote oder Hans Kohlhase alias Michael Kohlhaas sowie von Volksbewegungen, die sich gegen Gewalt und Willkür richteten. Manchmal mündete der Volkszorn sogar in Revolutionen, die allerdings danach sehr häufig ihre Kinder fraßen. Vorteile, wie sie etwa die Französische Revolution (1789) versprach, wurden oft erst später sichtbar.

Unterstützt wurden diese für den Bürger teilweise schmerzhaften Entwicklungen durch Geistesgrößen. Das waren Denker wie John Locke (1632–1704), der die Legitimität der Regierenden von der Zustimmung der Regierten abhängig machte; Montesquieu (1689–1755), der Vater der Gewaltenteilung oder Voltaire (1694–1778), der auf die Vernunft setzte und die Feudalherrschaft kritisierte. Auch Jean-Jacques Rousseau (1712–1778), der u.a. die Entfremdung des Menschen beklagte, und Immanuel Kant (1724–1804) gehören dazu. Der Spruch des Letztgenannten »Habe Mut, dich deines eigenen Verstandes zu bedienen« ist für jeden kritischen Geist die Aufforderung, sich an der Lösung der Probleme, die sich um ihn herum auftürmen, zu beteiligen. Und so lesen sich diese Schriften auch noch heute stellenweise wie eine Gebrauchsanweisung zum Ungehorsam. Auf jeden Fall sind sie Anleitungen zur praktischen Vernunft, weil sie die Gleichheit aller Bürger vor dem Gesetz fordern und unmissverständlich erklären, dass der Mensch kein willenloses, in Abhängigkeit gehaltenes Individuum ist. Statt den Trieben skrupelloser und gewalttätiger Machthaber ausgeliefert zu bleiben, besitze der Mensch unveräußerliche Rechte gegenüber der anonymen Macht namens Staat wie auch gegenüber dessen leibhaften »Dienern«. Wenn das kein Donnerschlag war!

Leider profitierte von diesen Erkenntnissen zunächst nur die Oberschicht der weißen Rasse. Andere Völker, wie z.B. die in Südamerika oder Afrika, hatten nichts von diesem zivilisatorischen Fortschritt. Im Gegenteil: Sie waren entweder schon fast vernichtet oder wurden gerade in die Sklaverei getrieben. Für die Europäer jedoch bedeuteten diese Ideen nicht nur das Überleben – weil sie aus dem rechtlosen Individuum den Bürger machten –, sondern sie waren auch der Beginn einer neuen Ära. Plötzlich kamen in Wissenschaft und Kunst Talente an die Oberfläche, die jahrhundertelang im Volk geschlummert hatten.

Die von den Denkern des 17. und 18. Jahrhunderts für sich und ihre Ideen reklamierten Maßstäbe waren ebenso neu wie unerhört: Freiheit, Gleichheit, Brüderlichkeit. Damit war der Bürger geboren – mit dem Ergebnis, dass alle fragwürdigen Ordnungen irgendwann einmal dort landeten, wo sie hingehören: im Abfalleimer der Weltgeschichte. Ohne diese Großtaten der europäischen Aufklärung wäre es vermutlich niemals zum modernen England, zur Französischen Revolution oder zur amerikanischen Unabhängigkeitserklärung gekommen.

Emanzipation statt Repression bedeutet letztlich Demokratisierung aller Lebensbereiche. Die Gleichstellung von Mann und Frau, gleiche Bildungschancen für jedermann, die Trennung von Kirche und Staat sowie

Sozialstandards waren nicht immer eine Selbstverständlichkeit und sind es sogar auch heute noch nicht überall. Diese großartigen Ideen – Menschen- und Bürgerrechte, Rechtsstaat, Gewaltenteilung, parlamentarische Demokratie – habe ich zu meiner ganz persönlichen Leitkultur gemacht, wobei mir ein Aspekt immer sehr wichtig schien: Bei der Realisierung demokratischer Prinzipien kommt es immer auf die jeweiligen soziologischen Verhältnisse an. Gleichheit bedeutet Gleichheit der Chancen – auf jeden Fall nicht Gleichmacherei, denn die führt allenfalls zur autoritären Herrschaft.

Für jeden jungen Menschen, der wie ich die »tausend braunen Jahre« überlebt hatte, brachten die frühen 50er-Jahre des vergangenen Jahrhunderts etwas bisher Neues für Deutschland: das Angebot, in einer friedlichen, weitgehend entspannten und optimistisch gestimmten Umgebung, in einem Rechtsstaat mit all seinen Mitwirkungs- und Mitbestimmungsmöglichkeiten, das zu realisieren, was man sich fürs eigene Leben vorgenommen hatte.

Früher Lehrmeister: Alfred Müller-Armack

Für mich ist die soziale Marktwirtschaft mit dem Zusatz »ökologisch« die größte Erfindung der modernen Volkswirtschaft. Sie gibt dem Individuum die Freiheit, in der jene Kreativität entsteht, die sich nicht erzwingen lässt. Dann bilden sich im Idealfall nicht nur die Preise nach Angebot und Nachfrage, auch umweltschädigende und sozial unverträgliche Produktionsmethoden können begrenzt bzw. ausgeschaltet werden. Gegen den Missbrauch dieser Idee, etwa durch Monopole, spielt das Bundeskartellamt eine wichtige Rolle.

Alfred Müller-Armack (1901–1978), der Mann mit der Halbglatze und markanten Brille, dozierte ex cathedra. Er war eine glaubwürdige Figur, die uns spröde und ziemlich humorfrei in ihr faszinierendes Ökonomiemodell einweihte: die in soziale Bindungen eingebettete liberale Marktwirtschaft. Sie ist das Gegenteil von Planwirtschaft, die zwangsläufig in den

Totalitarismus führen muss, weil festgesetzte Preise eine fatale Kettenreaktion auslösen: Mangel – Schwarzmarkt – Mondpreise – Korruption – Funktionärswirtschaft. Da konnte auch, wie am Beispiel DDR zu sehen war, keine »Preis-Stasi« etwas ausrichten. Das heißt, dass Planwirtschaft nicht ohne Diktatur funktioniert – ob nun durch die »Arbeiter- und Bauernklasse« oder durch milliardenschwere Oligarchen, die den kompletten Staat gekapert haben.

Freiheit, die ich meine

Wenn eine sogenannte moderne Gesellschaft immer komplizierter zu werden scheint, ihr Wissen sich alle zwei Jahre verdoppelt – aber auch gleichzeitig die Widersprüche häufen –, kann eine solche Entwicklung zwangsläufig zu einer Entfremdung zwischen wissenden und nicht wissenden Bürgern führen. Es besteht die Gefahr, dass die Kluft immer größer wird und das demokratische System sich selbst aushöhlt, weil es nach dem (notwendigen) Prinzip funktioniert, wonach jede Stimme zählt. Zu einer Kapitulation der Demokratie darf es aber nie kommen. Schon daher habe ich es von Anfang an als Antrieb für meine eigene journalistische Arbeit gesehen, jene Menschen im weitesten Sinne aufzuklären, die nicht gerade im Verdacht standen, unbedingt etwas mit Bildungsnähe zu tun zu haben. Dass mir dabei das modernste Medium, das Fernsehen, zur Verfügung stand, betrachte ich als einen weiteren großen Glücksfall.

Ich weiß, Angst ist ein schlechter Ratgeber – insbesondere für den Mann oder die Frau von der Straße. Ob Klimawandel, Finanzmarktkrise, Eurokrise, Digitalisierung, Flüchtlinge, Globalisierung etc. – die Angst vor dem sozialen Abstieg hat, wie mittlerweile zahlreiche Studien belegen, bereits einen Großteil selbst aus der Mittelschicht im Griff. Unsicherheit und Verzagtheit sind dabei, die Herzen der Menschen zu erobern.

Trotzdem bezweifeln viele Ökonomen, dass Pessimismus oder »German Angst« angebracht sind. Dafür ist die aktuelle wirtschaftliche Situation (Sommer 2017) zu gut. Die Arbeitslosenquote liegt auf niedrigstem Niveau, und die Steuerquellen sprudeln. Die Statistiker bilanzieren einen

Handelsbilanzüberschuss, der im Ausland wegen seiner Höhe zunehmend auf Irritation stößt. Damit nicht genug, mit seinem dualen Ausbildungssystem rangiert Deutschland international auf den vorderen Plätzen, und noch immer werden hierzulande die meisten Patente angemeldet. Die grobe Infrastruktur stimmt weitgehend, auch wenn der tägliche Verkehrsstau, die mangelnde Glasfaservernetzung für gelegentlichen Frust sorgen und der Bau des Berliner »Regierungsflughafens« eine Vorlage fürs Kabarett liefert. Trotzdem: Dass Wohlstand und Sicherheit nicht vom Himmel fallen, weiß jeder informierte Bürger, ebenso wie er darüber im Bilde ist, dass dies alles über die Jahrzehnte hinweg erarbeitet wurde, und zwar wohl auch weil Arbeitgeber und Gewerkschaften – anders als in vielen anderen Ländern der Welt – vernünftig sind und am selben Strang ziehen. Sozialer Frieden, Rechtssicherheit und wissenschaftliches Potenzial sind das Synonym für Standortvorteil. Ich hoffe sehr, dass dies auch dann noch gilt, wenn der Konjunkturmotor einmal ins Stottern kommen sollte.

Frieden

Die Deutschen haben sich ihr Nest scheinbar weit weg von Konflikten aller Art gebaut. Noch nie in der Geschichte gab es in Mitteleuropa eine so lange Phase des Friedens: Keine Religionshändel, keine Grenzstreitigkeiten, keine militärischen Überfälle, kein Krieg. Mit dem Ende des Kommunismus schienen nun endgültig Bedrohung und Krieg von der Landkarte Mitteleuropas verbannt. Der friedliche Fall der Mauer wurde für mich zur größten Heldentat in der deutschen Geschichte.

Das Friedensprojekt Europa ist ein Ergebnis der Aufklärung, weil die Völker des sogenannten Alten Kontinents endlich und hoffentlich dauerhaft erkannt haben, dass militärische Konflikte nicht mehr die Lösung sind. Diese Einsicht ist das Resultat eines mitunter schmerzlichen demokratischen Reifeprozesses, dessen überragendes Merkmal der radikale Bruch mit den alten Machtstrukturen ist. Statt Feudalismus und Adel, Militär- und Polizeistaat – oder auch der »Diktatur des Proletariats« – konnten sich auf dem einst geschundenen Kontinent endlich Vernunft und Menschlichkeit durchsetzen, auch wenn die Landkarte diesbezüglich noch immer einige weiße Stellen aufweist.

Oft frage ich mich, ob es früher jemals eine Generation gab, der es vergönnt war, in einer solch langen Phase des Friedens zu leben. Mir fällt keine ein. Gemordet und marodiert wurde hier fast immer – wie übrigens auch in den anderen Landstrichen des christlichen Abendlandes. Weder die Religion noch ein politisches System konnten das verhindern. Allein der Gedanke an die vielen vernichteten Menschenleben mit ihren Potenzialen treibt mir einen kalten Schauer über den Rücken: Erster Weltkrieg 17 Millionen Tote, Zweiter Weltkrieg mindestens 60 Millionen Tote. Daran habe ich in jenen Minuten nicht gedacht, als ich den Krieg endgültig hassen lernte. Mein kompromissloses Eintreten für den Frieden wurde in besagter Kölner Bombennacht geboren – wie auch die später gewonnene Einsicht, dass niemals wieder Verbrecher und Scharlatane die Macht über das Volk erlangen dürfen. Daher rührt mein politisches Engagement. Und so ist es auch nur das Volk – und sonst niemand –, das dafür zu sorgen hat, dass unsere Demokratie auch für die nächsten Generationen unbedingt erhalten bleiben muss.

»Die Würde des Menschen ist unantastbar.« Wann überhaupt hat es jemals in unserer Geschichte einen solch atemberaubenden Satz gegeben? Ist er nicht die Umkehr dessen, was man seit Karl dem Großen über Jahrhunderte hindurch mit dem Volk veranstaltete – und was dieses sich gefallen ließ? Nichts entlarvt das Gegenteil mehr als der Spruch der Nazis: »Du bist nichts, dein Volk ist alles«. So lautet bis in die heutigen Tage der Klassiker für alle Diktatoren. Zur Verzwergung des Individuums darf es jedoch nie wieder kommen. Damit kein Missverständnis entsteht: Ehrliche »Liberalität« – dieser unverzichtbare Pfeiler für Frieden und Demokratie – hat nichts mit einer bestimmten politischen Partei zu tun. Sie ist eine Geisteshaltung, die man auch als »Roter«, »Schwarzer« oder »Grüner« pflegen kann; nur den Braunen und den Tiefroten geht sie aus historischen Gründen ab. Dennoch hört es sich für eine Demokratie gut an, wenn auch die Stimme von Freidemokraten, die sich nicht – wie früher – als Anhänger einer Klientelpartei verstehen, in diesem Chor laut und deutlich zu vernehmen ist.

Obwohl man einiges an unserem politischen Alltag aussetzen kann, halte ich es mit Winston Churchill. Sein Spruch »Die Demokratie ist die schlechteste aller Staatsformen, aber es gibt keine bessere« konnte bis zum heutigen Tag noch nicht widerlegt werden.

Populismus

Es ist ein menschlicher Urinstinkt, der noch aus der Savanne stammt, weil er dort unentbehrlich fürs Überleben war: Alles, was fremd ist, ist gefährlich. Hinzu kommt, dass Fehler immer nur die anderen machen. Und so haben sich Fremdenfeindlichkeit und die Suche nach dem Sündenbock bis in die heutigen Tage im Instinkt der Menschen gehalten. Für Machthaber aller Art sind sie – zusammen mit der Urkraft Neid – auf verführerische Weise jene Werkzeuge, mit denen sich Gefühle für Aversion und Ausgrenzung am einfachsten mobilisieren lassen. Zusammen mit dem religiösen Fanatismus, gleich welcher Herkunft, können sie zu einem teuflischen Gemisch werden.

Was aber in der Jäger-und Sammlergesellschaft von überlebenswichtiger Bedeutung war, sollte heutzutage ausgedient haben. Vor allem der religiöse Fanatismus, wie er im politischen Islam praktiziert wird, hat in unserer Gesellschaft nichts zu suchen. Die primitive Formel der Diktatoren »Wenn du nicht für mich bist, bist du gegen mich« ist der Offenbarungseid des menschlichen Geistes.

Die Gesellschaft – nicht nur in Deutschland – ist inzwischen zu komplex geworden, als dass sie holzschnittartige Vergleiche und Lösungen verträgt. China liefert dafür das beste Beispiel. Nachdem die sogenannte Viererbande mit ihrer Kulturrevolution ein Milliardenvolk fast in die Steinzeit getrieben hätte, brauchte es einen Visionär vom Schlage Deng Xiaoping (1904–1997), der das Ruder herumriss. Innerhalb von 30 Jahren holten die Chinesen alles nach, wofür die Europäer 150 Jahre brauchten. Und aus den vielen blauen Ameisen wurde ein Volk, das dem Rest der Welt nun auf Augenhöhe begegnet. Dieses Beispiel zeigt, dass Abschottung, Engstirnigkeit und Besserwisserei keiner Gesellschaft auf Dauer guttun. Dennoch: In Sachen Menschenrechte hat die Volksrepublik China noch einen immensen Nachholbedarf. Es wäre fahrlässig, von »Demokratie« zu sprechen, denn das System wird so lange nicht stabil sein können, solange Andersdenke im Gefängnis verschwinden.

Der Hinweis auf eine komplex gewordene Gesellschaft gibt uns Anlass, einer immer wieder auftauchenden Forderung von »Basisdemokraten« zu begegnen: dem Wählervotum per Volksabstimmung. Damit kein Missverständnis entsteht: In Kommunen mit überschaubaren Verhältnissen ist es sinnvoll, etwa über eine Straßenführung oder die Errichtung eines Seniorenstiftes abzustimmen. Doch gilt das auch, wenn es um Steuersätze, Bundeswehreinsätze oder internationale Handelsabkommen geht? Ich meine: Nein. Abgesehen von systemrelevanten Einwänden, wonach sich die repräsentative Demokratie damit allmählich selbst abschaffen würde, bezweifle ich, dass die übergroße Mehrheit der Bevölkerung in der Lage sei, komplexe Vorgänge in ihrer Tragweite richtig abzuschätzen. Ein Experiment aus meiner »Pützmunter-Show« hat mir diese Vermutung auf drastische Weise bestätigt: Vor dem Publikum blies ich einen Luftballon prall, den anderen nur halb auf. Ich verband beide mit einem Röhrchen samt Absperrhahn. Dann fragte ich ins Auditorium: »Was geschieht, wenn ich, oder besser einer aus dem Publikum, diesen Hahn öffnet? 1. Werden beide Ballons gleich groß? Oder 2.: Entleert sich der kleine in den großen? Oder 3.: Geht der große in den kleinen?« Ich ließ meinen Zuschauern kurz Zeit zum Nachdenken. Dann das Ergebnis: Regelmäßig entscheiden sich um die 70 Prozent für die erste Möglichkeit (gleich groß) – und das ist regelmäßig falsch. Nur fünf bis zehn Prozent entscheiden sich für die richtige Lösung (der kleine Ballon entleert sich im großen). Die Moral von der Geschichte: Auch Demokratie bedarf des Sachverstandes, und daher meine ich, dass gewählte Abgeordnete dazu eher in der Lage sind.

Bildung

Wenn mir der Inhaber eines kleinen Bauunternehmens erzählt, dass sich Lehrlingskandidaten bei ihm melden, die nicht in der Lage sind, die Grundfläche einer Fliese zu berechnen, dann ist das bestimmt nicht die Regel. Dennoch sollte die Frage erlaubt sein, was im deutschen Bildungssystem, für das der Steuerzahler Jahr für Jahr immerhin Milliarden abliefert, nicht funktioniert. Oder ist das Wissen einer der banalsten geometrischen Formeln schon zu viel verlangt? Mein Bauunternehmer ist übrigens nicht der Einzige, der über ein solches Phänomen staunt, auch die Handwerkskammern berichten über ähnliche Erfahrungen.

Auch ein anderes Phänomen rückt zunehmend in den Fokus: die Akademisierung der Gesellschaft und die damit verbundene Geringschätzung aller handwerklichen Tätigkeiten. Vielleicht braucht es wirklich eine Aufwertung – die Meisterprüfung sollte mit dem Bachelor gleichrangig sein –, um diese sich auftuende Lücke zu schließen. Was nach außen ein Imagegewinn wäre, hätte intern gravierende Folgen: Nur ein Handwerker, der seinen Beruf versteht, ist, wie ich schon sagte, auch zu politischen Einschätzungen in der Lage. Dass ein solcher Prozess auch noch für das nötige Selbstbewusstsein sorgt, versteht sich von selbst. In diesem Zusammenhang fällt mir meine Mutter ein. Sie fasste ihren Lebenstipp für mich in dem Satz zusammen: »Werde Handwerker, das hat einen goldenen Boden!« Ob sie damals schon vorausgesehen hatte, dass gute Handwerker eines Tages immer rarer werden und sich tatsächlich auf »goldenem Boden« bewegen würden, weiß ich nicht.

Bildung macht sicher und selbstständig. »Das Einzige, was man dir nicht abnehmen kann, ist das, was du im Kopf und Herzen trägst«, lautete vor 80 Jahren der fatalistisch-optimistische Spruch emigrierender Juden. Diese Erkenntnis aus finsteren Zeiten ist universell. Bildung ist tatsächlich die einzige Ressource, die jederzeit und an jedem Ort eingesetzt werden kann. Wer sie besitzt, hat es in der Regel nicht nötig, Rattenfängern hinterherzurennen. Deshalb macht Bildung auch unabhängig. Und was für das Individuum gilt, trifft auch fürs sogenannte große Ganze zu. Um die letzten Talente zu mobilisieren, sollten Bund und Länder noch viel mehr in Bildung, Ausbildung und Wissenschaft investieren. Gleichzeitig sollte sich die Politik anstrengen, um noch besseres pädagogisches Personal zu kommen bzw. die Rahmenbedingungen in den Schulen so zu gestalten, dass Lehren und Lernen für alle wieder mehr Spaß macht.

JEAN PÜTZ IM GESPRÄCH: ÜBER DIE LIEBE, DIE ARBEIT UND WAS SONST NOCH ALLES IM LEBEN WICHTIG IST

Koautor Reinold Rehberger (l.) und Jean Pütz beim Interview

»Make love, not war«

Lieber Herr Pütz, Sie haben über drei Jahrzehnte lang den Wissenschaftsjournalismus in Deutschland mitgeprägt. Sie wurden zur Fernsehikone und zum Erklärer der Nation. Seit 13 Jahren sind Sie im Unruhestand. Welche Themen sollten in diesem Buch noch einmal erklärt werden?

Da fielen mir schon einige ein. Das wichtigste, denke ich, ist die Liebe. Ohne sie säßen wir jetzt nicht hier. Sie ist der Motor von allem.

Was bedeutet dieses Gefühl für die Arbeit? Stimuliert, blockiert oder belastet sie?

Wenn Sie mich so fragen, vermute ich, dass Sie denken, ich hätte auch in Sachen Liebe ein etwas abenteuerliches Leben geführt.

Genau das!

Nun ja, es war die Zeit von Flower-Power, der 68er-Bewegung, als ein neues, bislang unbekanntes Lebensgefühl eine ganze Generation erfasst hatte. »Make love, not war« war ein Plädoyer für die Liebe und eine Kampfansage gegen jede Art von Krieg und Gewalt. Diesem Gefühl hatte man sich gerne hingegeben, zumal es auch einen rational begründbaren Hintergrund hatte und auf Menschen, die auf Vernunft setzten, einen gewissen Charme ausübte.

Das heißt, Liebe – was immer das ist – könnte letzten Endes stimulierend gewirkt haben?

Ich nenne es »Lust«. Sie strahlt als starkes Gefühl auf alle menschlichen Bereiche aus und motiviert am stärksten. Sie stachelt die Kreativität an, und das sollte unbedingt genutzt werden. Bei mir jedenfalls war es so. Aber schauen Sie auch, was sich alles allein schon in der Vergangenheit bei den Malern, Musikern und Literaten abspielte. Mal abgesehen von der Arterhaltung – die Menschheit hätte auf unzählige Kunstwerke verzichten müssen, wenn ihre Schöpfer nicht ihre ureigensten Gefühle umgesetzt hätten. Das ist auch eine Bestätigung dafür, dass der Sexualtrieb nicht unterdrückt werden sollte – und für mich der Appell: Bitte, nicht zu viel Selbstbeherrschung beim Sex!

Wie war es denn bei Ihnen?

Ich wurde in eine sehr prüde katholische Familie hineingeboren. Alles, was einen pubertierenden Jungen interessierte, war tabu. Das bedeutete, dass ich eigentlich ein Spätzünder war, bei dem sich nur die Fantasie bewegte. Irgendwann aber brach es dann aus mir heraus. Ich war schon 18 Jahre alt, als ich zum ersten Mal mit einer Frau intim war. Sie hat mich regelrecht verführt. Vor lauter Aufregung versagte ich dabei auch noch im ersten Anlauf.

Das ist doch nichts Dramatisches.

Doch, für mich schon, weil die Umstände so ungewöhnlich waren. Sie müssen sich vorstellen: Da kommt eine vielleicht fünf Jahre ältere Frau aus wohlhabender luxemburgischer Familie in einem riesigen amerikanischen Straßenkreuzer nach Remich angerauscht, und alle meine Kumpels, die das mitbekamen, wunderten sich, dass sie mit mir in ihrem Schlitten wegfuhr.

Wohin ging denn die Reise?

Nicht weit, nur ins Welleschter Bösch. Das war ein nahe gelegener kleiner Wald.

Zum Maiglöckchenzählen ...

Natürlich nicht! Es war schon mehr: Als es nämlich zur Sache ging und ich erstmals in meinem bislang keuschen Leben einen herrlichen Busen anfassen durfte, bekam ich einen Kloß in den Hals, und es versagte mir nicht nur die Stimme. Erst nachdem ich ihr Verständnis spürte und wir auf die geräumige Rückbank gewechselt hatten, wo sich die erforderlichen Unterweisungen besser handhaben ließen und ich dabei zu einem standhaften Partner werden konnte, kehrte in mir die notwendige Ruhe ein – beste Voraussetzungen für den nun bald einsetzenden emotionalen Vulkan.

Danach war es also vorbei mit der Keuschheit?

Das kann man sagen; es ging bergauf, wenn auch mit Hindernissen. Trotzdem: Die Zeit vor dieser Spritztour ins Gebüsch war manchmal schon etwas quälend. Denn mir war klar, dass ich oft an mir etwas

Unkeusches getan hatte. Für die Bereinigung dessen war der Beichtstuhl der zuständige Ort. Doch schon bald kam ich dahinter, dass Sex grundsätzlich nichts Schlimmes sein konnte, vor allem nachdem ich intensiv die Tierwelt beobachtet und festgestellt hatte, wie dort beispielsweise oft unter großer Aufopferung und unvorstellbarer Mutterliebe Tiere ihre Brut schützten. Das hat mich sehr beeindruckt, vor allem als ich sah, wie es diese Lebewesen mit der Verantwortung hielten. Das hat mich näher an die Schöpfung und nicht an selbst ernannte Kontrolleure gebracht.

Wie hat sich dieser gesellschaftliche Druck sonst noch ausgewirkt?

Sex fand im öffentlichen Leben, anders als heute, so gut wie kaum statt. Allenfalls fiele mir da eine Bar mit ihren Schönheitstänzerinnen ein. Frivole Titelbilder hingen an keinem einzigen Kiosk. Man musste schon ein paar Kilometer um die Ecke nach Frankreich fahren, um zum Beispiel das Magazin *Paris – Hollywood* zu kaufen, das wöchentlich mit einer anderen imposanten Oberweite auf der Titelseite aufwartete. Es gab eine Zeit, da machte diese Form der Informationsbeschaffung meiner Clique und mir großen Spaß.

Seit ich denken kann, hat mich diese geheimnisvolle Welt interessiert und inspiriert – vor allem seit ich dahintergekommen war, dass, wie schon in diesem Buch an anderer Stelle erwähnt, mein Opa Jean Mohr kein Kostverächter war und sich unter »Messalina« etwas sehr Konkretes vorzustellen vermochte. Das Buch mit einem Bildnis dieser antiken, verführerischen Schönheit fand ich als Jugendlicher in einer Kiste auf dem Dachboden. Dort hatte Opa Jean noch einige weitere erotische Bücher deponiert, unter anderem ein Opus zum Thema: Wie verführt man Frauen?

Hatten Sie keine romantischen Erlebnisse vor der Fahrt mit dem Straßenkreuzer?

Doch. Es begann auf der Insel Langeoog im Sommer 1954. Ich kam mit meinem Freund bei unserer Europa-Tour per Rad auf der Ostfrieseninsel an. Endlich wollte ich mal das Meer sehen. In der Jugendherberge traf ich auf Ellen mit ihren wundervollen Zöpfchen. Ich verliebte mich unsterblich in sie. Aber es war nur eine platonische Liebe. Danach schrieben wir uns ellenlange Liebesbriefe. Dieses Schreiben, das Ringen nach Worten, so viel weiß ich heute, war etwas ganz anderes als die Pflichtaufsätze im Unterricht. Es hatte mir sehr geholfen, mich auszudrücken – vor allem auch in Bezug auf meine Gefühle. Ich war, was Frauen angeht, auch in den Jahren danach trotzdem ziemlich zurückhaltend.

Wenn man sieht, dass heute die jungen Menschen schon mit 13, 14 Jahren ihre ersten Erfahrungen sammeln, könnte man von sich selbst denken, man habe etwas versäumt.

Das kann ich von mir nicht behaupten, denn ich habe es in Hülle und Fülle nachgeholt. Ich weiß nicht, was der »richtige« Zeitpunkt ist, ich weiß nur, dass ich eine hohe Vorstellung von Liebe hatte, und ich habe in dieser Zeit sehr gerne den Passus aus Schillers »Lied von der Glocke« gelesen, wo es heißt: »Errötend folgt er ihren Spuren, denn er ist von ihrem Gruß beglückt ...« Diese sehr gefühlvolle Art von Liebe, die hier zum Ausdruck kommt, habe ich sehr stark in mir gespürt. Es war also mehr dieses absolut romantische Gefühl; erst viel später kam das Sexuelle dazu. Ich weiß noch, wie ich mich mit einem anderen Freund abgesprochen hatte, dass wir beim Sex, wenn es dazu kommt, erst mal nur an den Busen greifen. Das war für mich die einladende Seite an der Frau, »das andere« konnte ich mir zunächst nicht vorstellen. Eine der Ursachen dafür könnte möglicherweise gewesen sein, dass ich mit zwölf, 13 zum ersten Mal richtig begriffen hatte, wie ich gezeugt wurde, und dabei Ekelgefühle bekam und meine Eltern eine Zeit lang schräg anschaute.

Hat man in Ihrer Familie nie darüber gesprochen?

Ich sagte doch: Alles war tabu. Ein einziges Mal nur hatte mein Vater »Aufklärungsarbeit« geleistet. Das war, als ich nach Hause kam und ihm erzählte, dass mich ein fremder Mann gestreichelt und dabei gesagt habe: »Ach, bist du ein schöner Junge!«

Was war passiert?

Ich stand in der Stadt Luxemburg vor einem Nachtlokal und betrachtete die Schönheitstänzerinnen auf dem Plakat. Sie hatten alle einen schwarzen Balken über dem Busen, was mich schon ein wenig störte. Und dann kam dieser Mann. Sein Pech war aber, dass ich mich überhaupt nicht als attraktiv empfand und ich außerdem nicht wusste, was er wollte. Mein Vater sagte dann, dass das ein »Homosexueller« gewesen sei – ein Begriff, den ich zuvor noch nie gehört hatte, was dazu führte, dass mir diese Menschen danach höchst verdächtig vorkamen. Es hat Jahre gedauert, ehe ich, nicht zuletzt in Köln während meiner Studienzeit, die dazu richtige Einschätzung fand. Heute bin ich ein großer Verfechter der sexuellen Selbstbestimmung, denn jeder Jeck ist anders.

Welche Rolle spielte Köln außerdem bei Ihrer sexuellen Emanzipation?
Zunächst war ich ziemlich einsam. Ich war ja der Junge von der Mosel, der von Tuten und Blasen keine Ahnung hatte. Ich ging unter anderem in eine Tanzschule, deren Name mir noch immer geläufig ist – Schulerecki –, um Kontakte zu knüpfen, denn ich war ja dem weiblichen Geschlecht zugetan. Der Karneval eröffnete mir ein zusätzliches Betätigungsfeld.

Bei meiner sexuellen Emanzipation haben natürlich auch die Erkenntnisse der modernen Sozialwissenschaften eine große Rolle gespielt – vor allem der berühmte *Kinsey-Report*, der ein paar Jahre zuvor erschienen war und mir klargemacht hatte, dass ich mit meinen Vorstellungen von Sexualität nicht alleine auf der Welt war.

Folgten Sie einem bestimmten Beuteschema?
Ja. Schön musste sie sein und Grips haben sowieso. Ich schlief auch nur mit Frauen, vor denen ich Respekt haben konnte – nie mit einer Prostituierten, denn mein vorsexueller Jagdinstinkt ließ das nicht zu. Außerdem musste ich die Frauen zuerst auch immer intellektuell überzeugen. Es war ein wundervolles Spiel. Ich war – zugegebenermaßen – ein Lustmolch, allerdings mit einer wichtigen Einschränkung: »So viel Lust wie möglich, aber nicht auf Kosten anderer – und auch nur so, dass man am nächsten Tag auch noch Lust haben konnte.« Dieses Prinzip war und ist für mich wie in Stein gemeißelt. Ich bin mir sicher, dass es mich auch vor Drogenkonsum bewahrte.

Das klingt ja richtig nach Emanzipation in der Kiste …

… das ist es auch. Es geht auch hier um Gleichberechtigung – und die ist mir ganz wichtig. Meine Erfahrung sagt: Auch Frauen haben Lust auf Lust, selbst wenn einige Emanzen das vielleicht nicht hören wollen. Niemand hat das Recht, Erwachsene in ihrer Fantasie oder der Umsetzung zu bevormunden. Schöner Sex ist immer ein Gemeinschaftsprojekt auf Augenhöhe.

Diese theoretischen Überlegungen haben eine ziemlich frühe Zäsur, sprich Ehe, trotzdem nicht verhindert.

Ja, das stimmt. Der Medizinerball 1959 blieb nicht folgenlos.

War das Liebe auf den ersten Blick?

Und wie! Mich packte ein kaum zu bändigendes Gefühl von Zusammengehörigkeit und Glück, mit dem sich tatsächlich Berge versetzen ließen. Unser Sohn Jörn ist ein Kind der Liebe.

Trotzdem hielt Ihre Ehe nicht …

Das hat viele Gründe. Einer, über den ich mich nicht ausbreiten möchte, lag im Haus der Schwiegereltern. Ein anderer war die bereits erwähnte Wohnsituation.

Sie sagten eingangs, dass Sie nicht glaubten, übermäßig attraktiv zu sein. Warum?

Das weiß ich nicht. Ich war nicht besonders selbstbewusst und glaubte – da war ich vielleicht gerade zwischen 16 und 18 Jahre alt –, dass ich kaum eine Chance haben würde, eine schöne Frau »mein Eigen« zu nennen. Trotz dieser negativen Selbsteinschätzung wurde ich bald zum Womanizer. Es hat mich angemacht, wenn mich eine Frau ansprach. In der Folgezeit habe ich dann als Jäger und Sammler sehr viel Kreativität entwickelt.

Was heißt das?

Nun, ich habe Frauen nie belästigt, oder gar »gestalkt«, wie man heute sagt. Meine Kommunikation mit ihnen war immer sehr lustig und witzig. Schon bald wunderte ich mich, dass so manche Frau bereit war, sich mir zu öffnen. Dabei bemerkte ich, dass sie selbst großen Spaß daran hatte. Und genau das war es, was mich getrieben hat.

Hatten Sie denn auch fürs Bett »etwas vorbereitet«, das heißt: Haben Sie auch mit den Frauen sexuell experimentiert?

Das ist doch klar. Wenn du solche Frauen kennenlernst, dann experimentieren die auch mit dir. Und du lernst die verschiedenen Formen der Sexualität kennen, und manchmal staunt man darüber. Ich hatte nur mit jenen Frauen sexuellen Kontakt, die ich auch geachtet habe. Deshalb habe ich es nie verstanden, wenn Männer damit angeben, mit der X oder Y im Bett gewesen zu sein – so etwas schien mir einfach nur primitiv. Gut, Witze kann man darüber machen – wie man über alles im Leben Witze machen kann. Dafür habe ich mir ja von der *Emma* mal die »Goldene Zitrone« eingehandelt. Doch intime Dinge ausplaudern oder damit angeben, das ist einfach nur unterste Schublade, das ist nicht mein Ding ...

... weil es auch oft nicht zutrifft?

Richtig. Da fällt mir die Geschichte aus dem Hörsaal E ein, wie die Cafeteria an der Kölner Universität hieß: Eine extrem gut aussehende Brünette, die gerade das Abitur gemacht hatte, saß häufig mit an unserem Tisch, als einige der Kommilitonen hinterher maliziös lächelnd zu verstehen gaben, bei ihr auch schon mal erfolgreich zugange gewesen zu sein. Wochen später lud mich die junge Frau dazu ein, sie zu Hause zu besuchen. Ich war ziemlich verblüfft über diese Einladung, denn sie war eine echte Schönheit. Und so fuhr ich erwartungsvoll mit der Linie 16 Richtung Bergisch Gladbach bis nach Thielenbruch zur Endhaltestelle, von wo aus es zu Fuß noch vier Kilometer waren, bis ich vor dem hochherrschaftlichen Anwesen stand. Meine Gastgeberin hatte alles wunderbar vorbereitet. Unten im Esszimmer hatte sie ein Candle-Light-Dinner aufgebaut, und erstklassiger Wein brachte uns allmählich in Stimmung. Auch das Schlafzimmer war entsprechend drapiert und stimmungsvoll beleuchtet. Bei dieser Gelegenheit stellte ich fest, dass die Angeber aus dem Hörsaal E damals nur dummes Zeug erzählten, das Mädchen war noch Jungfrau.

War das die einzige Feststellung während dieser Nacht?

Leider nein, denn die Eltern, die eigentlich das ganze Wochenende wegbleiben wollten, kamen gegen 2 Uhr unerwartet zurück. Dann musste ich den Weg in die Freiheit suchen, und dieser führte an der Außenwand herunter. Es war bitterkalt, und die vier Kilometer zur Straßenbahn schienen endlos. Vor Kälte bibbernd und wie zur Strafe musste ich noch drei Stunden auf die erste Straßenbahn warten ...

Eine schöne Episode – was aber hat Sie ganz besonders geprägt?

Da fallen mir nur die Pille und AIDS ein. Das eine war der unbeschwerte Umgang mit dem »Geschenk körperliche Liebe« und das andere dessen Gegenteil: extreme Vorsicht, dass man sich nicht ansteckte.

Bei der Pille war es so, dass man relativ schnell auf den Punkt kam, die Frauen wurden viel offener, heute ist das anders. Ich habe immer darauf geachtet, dass wir verhütet haben. Und wenn die Frau die Pille nahm – ich habe sie nie dazu animiert –, dann war ich noch verrückter.

Bei AIDS beschlich mich das fatale Gefühl, dass es nun mit dieser wunderschönen Epoche der freien Liebe vorbei sein könnte. In dem Augenblick, als ich im San Francisco Central Hospital die vielen AIDS-Kranken auf der Isolierstation sah, legte sich sozusagen bei mir der Schalter um. Diese Eindrücke haben mich sehr beeinflusst, zumal ich mich nicht zu denen zähle, die auf Kosten anderer ihr Plaisir haben wollten. Es war eine wahnsinnige Umstellung, und die Angst begleitete mich immer. Ich habe in den Jahren danach mindestens viermal einen AIDS-Test machen lassen – ebenso meine Partnerinnen –, denn ich konnte von heute auf morgen auf diese wilde Zeit einfach nicht verzichten – so viel Leidenschaft musste sein ...

Zu diesem Zeitpunkt waren Sie aber noch immer verheiratet ...

Ja, aber wir führten eine offene Ehe. Es waren Liaisons ohne Gewissensbisse, auch meine Frau hatte einen Freund. Das war alles in Ordnung. Wir hatten zwei getrennte Wohnungen im selben Haus, aber als ich dann eines Tages den Möbelwagen sah und ich mitbekam, dass sie jetzt ausziehen und zu ihrem Freund nach München ziehen würde, weinte ich – vielleicht weil mir erstmals bewusst wurde, dass ich der Bösewicht und Auslöser für diese Form des »Zusammenlebens« war. Ich habe meine Frau trotz allem sehr geliebt.

Inwieweit spielte später die Fernseh-Prominenz bei diesem Aspekt eine Rolle?
Klar, meine Präsenz auf der Mattscheibe hatte mittlerweile dazu geführt, dass ich plötzlich für einige Frauen besonders attraktiv zu sein schien – doch mit dieser Art von Begierde konnte ich nie etwas anfangen. Außerdem lebten wir in einer ganz besonderen Epoche, es waren die Nachwirkungen von Flower-Power und 68. Bei dieser Gelegenheit spürte ich schon bald, was ein freies Sexualleben für mich bedeutete: Meine Aggressionen nahmen deutlich ab. Ich wurde plötzlich ein friedlicher, humorvoller Mensch, und das Verklemmte war verschwunden. Als ich dann merkte, dass ich doch auf Frauen wirkte, wurde ich ziemlich locker. Wir lachten viel – auch im Bett – und versäumten darüber manchmal den Höhepunkt.

Das klingt alles nach einem freud- und lustvollen Privat- und Berufsleben ...
Ja, die Lust hat mich extrem getrieben – und entspannt! Letzteres traf vor allem dann zu, wenn die berufliche Anspannung besonders groß war.

Hat Sex darüber hinaus auch noch andere Vorteile?
Ich sagte gerade, dass körperliche Liebe und Aggressionsabbau so etwas wie Geschwister sind. Das gilt übrigens für alle Kulturen – auch für die Nordafrikaner. Wenn das Gegenteil der Fall ist, wenn also beispielweise junge Männer plötzlich aus der »verhüllten« in die »offene« Welt kommen, aus dieser prüden islamischen Machokultur, und dann vielleicht zum ersten Mal ein nacktes Frauenbein sehen, dann kann dies zwangsläufig zu Konflikten führen. Die glauben dann, diese Frauen seien »locker« und demzufolge »Freiwild«. Bei dieser Gelegenheit muss ich an meine eigene Geschichte denken: Auch ich kam aus einer religiös geprägten, prüden Umgebung, und ich weiß sehr gut, wie schwierig es für mich war, mich in einer neuen, freieren, liberalen Umgebung zu emanzipieren. In diesem Zusammenhang fällt mir eine wahnwitzige Expedition ein: Wissen Sie noch, wie in den späten 50er-Jahren die angeblich so

»geilen Schwedinnen« vergöttert wurden? Das hatte sich sogar bis zu uns nach Luxemburg herumgesprochen. Also machten mein Bruder Heinrich und ich uns auf dem Motorroller – Modell »Bella« von Zündapp – auf den Weg ins gelobte Land der blonden, angeblich so freizügigen Damen. Und siehe da: Nichts stimmte, von wegen grenzenlose Paarungsbereitschaft!

Habt Ihr danach über die Nordlandfahrt gesprochen?

Nein, in unserer Familie war es nicht üblich, über Intimes zu sprechen. Das Thema war wie mit einem Bann belegt. Meine Mutter war übrigens wegen meines Lebenslaufs mit seinen Trennungen und Scheidungen »not amused«.

Gab es auch Momente, wo es traurig wurde, in denen Jean Pütz vielleicht geweint hat?

Wenn ich traurig war oder wenn ich darniederlag – fast schon am Beginn einer Depression –, dann ging ich in die Diskothek, suchte mir eine Frau, und schon allein das Gespräch, ein Spielchen nicht ausgeschlossen, hatte einen therapeutischen Effekt.

Was heißt »Spielchen«?

Heute nennt man so etwas »flirten«.

Und dann ging es Ihnen wieder besser?

Na klar; das kann ich übrigens jedem empfehlen: Wenn man unten ist, ist Vertrautheit die beste Medizin. Und nicht nur das. Heute weiß ich, dass sich das extrem positiv auf meine Kreativität auswirkte.

Nach welchen Kriterien haben Sie die Frauen ausgesucht?

Sie mussten interessant und ästhetisch sein. Ich erinnere mich, dass ich einmal eine Phase hatte, in der ich glaubte, mich mit »statistischen Methoden« mit diesem Thema beschäftigen zu müssen: Dann saß ich in einem Café am Kaiser-Wilhelm-Ring und begutachtete die draußen vorbeigehenden Frauen und führte im Geiste eine Art Strichliste. Ergebnis: Höchstens ein Prozent von ihnen hätte mich interessiert.

Keine Angst vor einem Korb?

Natürlich habe ich auch Körbe bekommen. Solche Situationen beirrten mich jedoch nicht in meiner Art, auf das weibliche Geschlecht zuzugehen. Eines war mir dabei immer wichtig: Ich habe keine Leichen hinterlassen. Wenn aber die eine oder andere Frau in ihrem späteren Leben mit Problemen kämpfen musste, habe ich mich um sie gekümmert.

Hatten Sie nie an eine langjährige, dauerhafte Beziehung gedacht?

Doch, gleich zweimal, und zwar im zeitlichen Abstand von Jahrzehnten. Zuerst beeindruckte mich eine Frau, die ich als Abiturientin kennenlernte und mit der ich immerhin 25 Jahre lang zusammen war. Ich hatte sie eines Abends an der Straßenbahn-Haltestelle am Neumarkt angesprochen. Eigentlich war ich ziemlich groggy, denn ich hatte am selben Tag die letzte Folge der Sendereihe »Welt des Schalls« aufgezeichnet. Trotzdem fiel mir diese Frau auf, und das folgende Gespräch reanimierte mich. Wir sprachen über alles Mögliche. Dabei stellte sich heraus, dass sie gerade Abitur gemacht, aber keine Vorstellung davon hatte, was sie nach der Schule machen wollte.

Sie werden ihr dann wohl Tipps gegeben haben.

Genau. Es fiel mir auch leicht, denn sie schien mir ziemlich kreativ zu sein. Mein Beratertalent, gepaart mit Helfersyndrom, ließ mich nicht im Stich, und so fanden wir heraus, dass das Fach Textildesign das richtige Studienfach und die Fachhochschule Niederrhein in Mönchengladbach die richtige Ausbildungsstätte für sie seien. Am nächsten Tag kreuzten wir dort gemeinsam auf. Es reichte gerade noch für die Einschreibung in das beginnende Semester.

Und das war's dann schon, und der Lustmolch schlich sich weiter …

Nein, es entwickelte sich eine intensive Freundschaft, eine angemietete kleine Studentenbude in Rheydt war am Wochenende unser Liebesnest. Christine studierte ihre sechs Semester, und als es dann Richtung Diplomarbeit ging, stellte sich die Frage nach dem Thema. Ich schlug ihr »Die Rolle des Busens in der Geschichte« vor – ein Thema, das mich auch als Soziologe stark interessierte, denn von der kretisch-minoischen Kultur über das Rokoko und die Französische Revolution bis zu den Kreationen des Modeschöpfers Rudi Gernreich kam es immer wieder vor, dass Frauen sich für Oben-ohne begeisterten. Über das Thema war auch Christines Professor entzückt und benotete schließlich ihre Arbeit mit einer Eins.

Wenn ich Sie richtig verstanden habe, ging es Ihnen bei Ihren Eroberungen nicht nur ums Bett, sondern auch um die intellektuelle Herausforderung.

Bei Christine war ich mir dieser Sache absolut sicher. Sie nahm intensiv Anteil an dem, was ich tagsüber machte und begleitete mich auch auf vielen Rechercheereisen, die ich für die »Hobbythek« unternahm. Wir sprachen über alles, was uns beschäftigte. Als wir an einem Wochenende nach Gouda fuhren, wo uns eine niederländische Firma als einzige der Branche in die Geheimnisse der Kosmetikherstellung einweihen wollte, war sie mit dabei. Die Recherchen in Gouda waren Voraussetzung für die Produktion unserer Sendungen über Kosmetik.

Erst einige Zeit später, als Wolfgang Back ausgefallen war, bat ich sie, in der Sendung mitzuarbeiten. Sie wurde Co-Autorin und Moderatorin. Sie war eine hochbegabte, kreative junge Frau, die der »Hobbythek« im Laufe der Jahre viele wichtige Impulse, vor allem zu Kosmetikthemen, gab. Wir haben vielleicht zehn »Hobbythek«-Bücher zusammen geschrieben und circa 30 Sendungen gemeinsam gemacht.

Wie sehen Sie heute dieses Glück von damals?

Wir hatten eine freie und trotzdem unglaublich intensive Freundschaftsbeziehung. Wir haben vieles ausprobiert. Sie werden es nicht glauben: Mich hat das nicht nur als Liebhaber interessiert, sondern auch als Soziologe. Heute kann man immer fragen: Ja, warum haben Sie denn das gemacht? Jedenfalls habe ich dadurch sehr viel Lebenserfahrung gesammelt, und ich weiß heute auch, wie Frauen gestrickt sind, dass auch sie viel Fantasie besitzen und auch diese ausleben wollen. Ich habe mit dieser Frau den Traum von einem freien Leben wirklich gelebt und bin ihr heute noch sehr dankbar.

Man kann viel über Liebe und Gefühle theoretisieren, aber diese Zeit war so etwas wie eine Ära »duales System fürs Leben«, die Vereinigung von Praxis und Theorie. Ende der 80er-Jahre kam es dann zur Trennung. Heute ist Christine Inhaberin eines erfolgreichen Kosmetikunternehmens und lebt mit ihrem robusten Adligen, ihrem Ehemann, auf Teneriffa, von wo aus sie ihre kosmetischen Produkte online in alle Welt schickt.

Und wie ging es weiter?

Trotz allem hatte ich meine romantische Ader nicht verloren, und bald habe ich versucht, mich etwas fester zu binden. Es sind immer die Zufälle oder Glücksfälle des Lebens, die plötzlich am Wegesrand auftauchen. In diesem Fall war es eine Apothekerin, die ich in Bonn in einer Sauna in Uni-Nähe kennengelernt hatte. Ihre Schönheit und ihr Grips faszinierten mich. Ein Jahr lang dauerte diese hocherotische Beziehung. Dann stand plötzlich ihr Ehemann eines Abends unten vor meinem Haus.

Und dann?

Er hatte uns nicht in flagranti erwischt, und sie nahm den rückwärtigen Ausgang. Zwar suchte sie immer wieder den Kontakt zu mir, doch ich blockte alles ab. Mich hat das trotzdem sehr bedrückt, und die Wunde, dass sie mich verlassen hatte, saß ziemlich tief. Letztlich entschied sie sich dann doch endgültig für ihren Hunsrücker Großbauern, den sie während unseres Techtelmechtels geheiratet hatte.

War das die Frau, die Jean Pütz in seinem Leben nicht bekommen hat?

Absolut, das war sie! Jedenfalls zu diesem Zeitpunkt. Die Sache ist abgeschlossen, und damit Ende.

Das zweite Leben: Irgendwann kommt jedes wilde Leben einmal in ruhigen Gewässern an.

Diese Erfahrung machte ich auch, und es ist eine wunderbare Geschichte – eine Abbildung der menschlichen Evolution: Plötzlich war ich nicht mehr Sammler und Jäger, sondern wurde sesshaft, genauso, wie es der Menschheit einst erging, nachdem sie gelernt hatte, mit dem Feuer umzugehen, Vorräte anzulegen, sesshaft zu werden und Landwirtschaft zu betreiben.

Aber jetzt Butter bei die Fische – was meinen Sie damit?

Im September 1998 wurde ich von einem reichen Kölner Freund nach Sylt eingeladen. Der hatte sich dort, in Keitum, ein reetgedecktes Haus gebaut, das nun mit einer zünftigen Fete eingeweiht werden sollte. Über 200 Gäste – Rheinländer, Türken und andere – waren erschienen ...

Wieso Türken?

Die Frau des Freundes ist Türkin. Sie war 18 Jahre alt, als er sie nach langer Junggesellenzeit kennenlernte. Beide lebten glücklich zusammen und bekamen wider Erwarten, jedoch mit ganz viel Enthusiasmus, ein Töchterchen, das sich intellektuell wie optisch zu einer eindrucksvollen Persönlichkeit entwickelte. Der Altersunterschied dieses Paares – mein Freund war drei Jahre jünger als ich – und diese Liebe lieferten mir vielleicht unbewusst das Vorbild fürs eigene Leben. Da fast die Hälfte der Gäste Türken waren, hatte das Fest einen orientalischen Akzent. Doch zunächst stachen wir am frühen Morgen des für mich denkwürdigen Tages erst einmal in See und mit einem Fischkutter ging es zur berühmten Seehundbank. Champagner floss in Strömen, und auch den Kaviar verschmähten wir nicht. Anschließend, wieder im Lister Hafen, wurden wir nach Rantum kutschiert. Schon beschwingt zogen wir an den FKK-Strand. Dort stand eine Art »Strandkorb-Burg«: Herbert Seckler, der Wirt des berühmten Restaurants »Sansibar« hatte circa 50 Strandkörbe zu einem Oval zusammenstellen lassen. Viele Gäste waren schon leicht angesäuselt, und entsprechend locker war die Stimmung. Ich hatte mit einem Bekannten gerade an der Freiluftbar Platz genommen, als ein paar Meter entfernt eine unglaublich attraktive junge Frau eleganten Schrittes an uns vorüberschwebte. Es war wie eine Erleuchtung, und ich wollte ihr, wie in alten Zeiten, sofort nachstellen. Doch sie war wie vom Erdboden verschwunden.

Also doch wieder Jäger und Sammler!

Warten Sie es ab! Zuerst suchte ich nach etwas ganz anderem: Das Spiel hieß »Schatzsuche«, mit dem die überaus kreativen Gastgeber für einen kurzen, heiteren Zeitvertreib sorgten. Dann wühlten alle im Sand nach »Schätzen« – ich fand eine Flasche mit dänischem Schnaps, angesetzt mit angeblich gesundheitsfördernden Kräutern. Die Flasche ging reihum und war bald geleert.

War das alles?

Irgendwann ertönte aus einem Kassettenrecorder orientalische Musik, und ich traute meinen Augen nicht: Die Frau, die mich soeben so beeindruckt hatte, begann jetzt, nur ein paar Meter entfernt, inmitten des Ovals im blauen, faszinierend gestylten Bauchtanzkostüm zu tanzen. Das Kostüm verdeckte allerdings mehr, als mir lieb war. Dabei schwang sie im Rhythmus bunte Seidentücher elegant über ihren hübschen Kopf und war mit sich selbst so beschäftigt, dass sie keinen Blick für mich hatte, auch wenn ich wie gebannt zu ihr hinüberschaute. Mein Nachbar, der in der Regel jede Gelegenheit für einen Flirt wahrnahm, war so begeistert von ihr, dass er plötzlich aufstand und mittanzte.

Da haben Sie doch bestimmt auch mitgetanzt …

Nein, aber ich machte etwas anderes: Ich wusste um die exhibitionistische Ader meines Freundes, und da ich zudem befürchtete, dass er der jungen Frau in die Garderobe folgen könnte, überredete ich ihn kurzerhand erfolgreich zu einem kleinen Abkühlungsbad in der brausenden Nordsee. Wir legten unsere Kleidung ab, überwanden, nur mit der Prinz-Heinrich-Mütze bekleidet, die Tide und stürzten uns in die kühle Flut.

Die muss ja tatsächlich »kühl« gewesen sein, denn im September ist es doch schon eisig kalt im Meer …

Ja, mehr als zehn Grad hatte es nicht. Zum Glück hatten wir mit alkoholischen Getränken von innen vorgeheizt. Als wir wieder aus der brausenden See entstiegen, war unsere Kleidung verschwunden. Witzbolde hatten sich einen Scherz erlaubt und sie versteckt. Um uns abzutrocknen, mussten wir splitternackt – Handtücher waren ebenfalls nicht greifbar – mehrmals den Strand rauf- und runterjoggen. Unsere Scham verdeckten wir mit der kleinen dunkelblauen Mütze. Als wir nach geraumer Zeit unsere Kleidung wiederfanden, beglückte uns gerade der für das Fest engagierte Shanty-Chor aus Westerland mit

Seemannsliedern. Dessen Dirigent wartete am Ende mit einer Überraschung auf: Da es sehr ungewöhnlich sei, bei solchen Temperaturen ins Wasser zu gehen, hätten wir uns die »Goldene Sylt-Nadel« verdient. Mit großer Geste und viel Applaus heftete er sie uns ans Revers. Erschöpft fuhren wir anschließend ins Hotel zurück, um uns auf den Abend vorzubereiten.

Bis jetzt war es tatsächlich eine zünftige Einweihungsfeier!

Ja, bis in die Nacht hinein! Der »Sansibar«-Chef hatte für diesen Fall auf der Düne ein großes Zelt aufschlagen lassen. Für Essen und Trinken war natürlich bestens gesorgt und auch das übliche Sylter Rahmenprogramm mit Band, Wein, Weib und Gesang lief ab. Es dauerte nicht lange, bis es zu einem Wiedersehen mit meiner Entdeckung kam, die nun ihr großes Können präsentieren konnte – diesmal nicht wie am Nachmittag im Sand, sondern auf Holzplanken. Ihre Bewegungen schienen dadurch noch eleganter und erotischer. Es war einfach wunderbar, ihr zuzuschauen, und sie bezirzte mich erneut. Ich war so von ihrer Ausstrahlung fasziniert, dass ich mich nach ihrer Vorstellung diskret in Richtung Backstage begab.

Sie wollten wohl bei Ihrem Tête-à-Tête nicht entdeckt werden?

Richtig. Dennoch gelang es mir, in den Rückraum vorzudringen.

Und wie reagierte die Angebetete?

Sie war mit sich so beschäftigt, dass sie mich zunächst nicht wahrnahm. Später erfuhr ich, dass sie mich noch nie im Fernsehen gesehen und folglich auch noch nie von mir gehört hatte. Da kam mir ein Zufall zu Hilfe …

Was war passiert?

Sie schrie plötzlich ganz aufgeregt: »Da ist ja eine Maus! Die rennt hier rum, die hat sogar Pommes frites im Maul!« Ich erkannte sofort meine Chance, mich als Retter aufzuspielen, und so kam ein höchst interessantes und amüsantes Gespräch zustande. Dieses wurde schon bald dadurch gestört, weil meine damalige Ehefrau, die ich kurz zuvor in einer schwachen Minute geheiratet hatte, plötzlich eifersüchtig in der Tür stand.

Trotzdem werden Sie aber nicht locker gelassen haben, oder?

Stimmt. Denn ich hatte von diesem Augenblick an das Gefühl, dass sich meine Gesprächspartnerin für mich interessierte. Wie ein Höllenhund bewachte ich sie, denn mir war nicht entgangen, dass auch einige bekannte Kölner Casanovas, die zur Festgesellschaft gehörten, ein Auge auf sie geworfen hatten. Einige von ihnen wollten sie sogar später in die berühmt-berüchtigten Kampener Diskotheken schleppen, was ich ihr aber noch ausreden konnte. Der Zufall wollte es, dass wir im selben Hotel wohnten. Als ich sie am nächsten Morgen beim Frühstück sah, fiel mir fast das Herz in die Hose. In einem »unbewachten« Augenblick konnten wir die Visitenkarten tauschen.

Dann ging bestimmt alles Schlag auf Schlag.

Mit vielen Hindernissen! Pina lebte in Langenberg bei Velbert. Sie wusste nicht, dass ich verheiratet war, und ich wusste es von ihr ebenfalls nicht. Außerdem hatte ich ihre Adresse verloren. Ich wollte mich schon bei meinem Freund nach ihrer Telefonnummer erkundigen, da klingelte das Telefon. Am Hörer: Pina. Sie wollte sich nach mir erkundigen, und ich schlug ihr sofort ein Treffen in Köln vor. Wider Erwarten willigte sie ein. Wir trafen uns im »Maca-Ronni«, einem In-Restaurant in der Nähe des Rudolfplatzes, das ich sehr gut kannte. Das Maca-Ronni war aber auch eine Talentschmiede für junge Musiker und Sänger. Ronni, der Wirt, mochte italienische Chansons. Und was nun an die Tische herüberschmalzte, sorgte für eine gute Stimmung und erleichterte meiner Gesprächspartnerin das »Geständnis«: Sie sei keine Türkin, sondern Italienerin. Für viel Geld sei sie vor paar Wochen als »Türkin« für die Sylter Hochzeit engagiert worden, dafür habe sie aber nichts gekonnt. Außerdem habe sie zwei Kinder. Das faszinierte mich noch mehr an ihr, denn Italien war für mich frei nach Goethe »das Land, wo die Zitronen blühn«, und was ist betörender als der Duft, der aus blühenden Zitrusbäumen strömt?

Das klingt tatsächlich sehr romantisch.

Das war es auch! Denn es begann eine große Liebe, die ich in dieser Intensität noch nie erlebt hatte. Wir trafen uns, oft leider nur zweimal in der Woche, und der einzige Stressfaktor, den wir hatten, war, dass unsere Liaison nicht in die Öffentlichkeit getragen werden sollte.

Quälten Sie andere Zweifel?

Welche sollten das sein?

Zum Beispiel der Altersunterschied.

Mir war schon bewusst, dass sich ein Altersunterschied von 31 Jahren nicht wegdiskutieren ließ. Ich nahm mir meinen Kölner Freund, der einen ähnlichen Altersunterschied zu seiner türkischen Frau hatte, zum Vorbild. Bei ihm ging es gut, warum sollte es denn auch bei mir so sein? Außerdem ist es auch ganz entscheidend, wie man eine Ehe lebt. Es ist eine extrem aufgeladene Welt von Gefühlen, an der jeder Partner jeden Tag arbeiten muss. Also beschlossen wir zusammenzuziehen und waren uns schon bald darüber im Klaren, dass sich unsere Gene zu einem neuen Wesen vereinen sollten.

Das ging ja dann ziemlich fix. Genau neun Monate, oder?

Ja, wir hatten nicht viel Zeit, das alles vorzubereiten. Außerdem wurden wir durch unsere Ehepartner noch erheblich behindert. Aber, wie heißt es so schön: Wo ein Wille ist, ist auch ein Weg. Kurz vor der Geburt unseres gemeinsamen Kindes konnte ich in Langenberg ein Haus kaufen – Langenberg deshalb, weil Pina zwei Kinder hatte, die dort in den Kindergarten bzw. in die Hauptschule gingen. Wir waren also auf dem besten Weg zur Patchworkfamilie. Getreu der Familientradition erhielt unser gemeinsamer Sohn den Vornamen Jean. Luisa, Silvano und Jean trennen jeweils vier Jahre. Damit war auch eine Prophezeiung in Erfüllung gegangen, denn meinem 1959 geborenen professoralen Sohn Jörn hatte ich zuvor angekündigt: »Wenn du mich nicht zum Großvater machen willst, mache ich dich zum Bruder.« Und so erwischte ich doch noch das große Glück, von dem ich ein ganzes Leben lang geträumt hatte.

War das jetzt alles für Sie nicht noch eine zusätzliche Belastung – Sie waren über das klassische Familiengründungsalter schon hinaus und hatten auch einen kräftezehrenden Job?

Es stimmt, ich war beruflich noch sehr eingespannt, und eigentlich hätte ich nur wenig Zeit gehabt, mir über die Tragweite meines Tuns klar zu werden, doch es gibt tatsächlich Augenblicke, wo sich alle Zweifel und Missstände in Luft auflösen. Wenn Sie bei der Geburt Ihres Kindes dabei sind, Ihrer Frau beistehen und dann auch noch die Nabelschnur des Babys selbst durchtrennen, dann sind das Gefühle, die einen für immer prägen. Das Wort »Glück« ist da noch viel zu schwach.

Aber noch etwas anderes bestärkte mich in meiner Überzeugung, dass Pina für mich die Frau meines Lebens ist – ein Mensch mit großer Kraft, ein Naturmensch –, denn das ging so weit, dass wir noch am Tag ihrer Niederkunft abends in ein nahe gelegenes italienisches Restaurant in Essen-Werden gingen. Selig und mit mir und der Welt im Reinen brachte ich sie anschließend wieder in die Klinik zurück.

Hatten Sie und Ihre junge Familie nicht Angst, plötzlich in die Öffentlichkeit gezerrt zu werden?

Niemand – außer ein paar Freunden – bekam das mit. Unser Söhnchen war schon drei Monate auf der Welt, als der Kölner *Express* auf seiner Titelseite mit der Riesenschlagzeile kam: »Jean Pütz: Hurra, ich habe einen Sohn, aber nicht von meiner Frau!« Im Blattinnern stand dann ein längerer Bericht. Ich fand das nicht lustig – vor allem auch weil wir jetzt ein Informationsleck in unserer unmittelbaren Umgebung hatten –, aber das ist wohl der Preis, den man als Mitglied der B-Prominenz in der Mediengesellschaft zu zahlen hat.

Als Medienmensch wissen Sie aber, dass ungewöhnliche Fakten immer einen ganz besonderen Reiz ausüben.

Klar, ungewöhnlich ist es schon, wenn ein 62-Jähriger mit einer jungen Frau ein Kind in die Welt setzen kann, und natürlich gab es einige, die sich das Maul darüber zerrissen. Und erst recht, als ich mit 73 noch Vater eines wunderbaren Töchterchens wurde! Aber schon Schiller wusste »Es kann der Gute nicht in Frieden leben, wenn es dem bösen Nachbarn nicht gefällt«, und genauso scheint es hier. Offensichtlich ist für einige Zeitgenossen ein älterer Vater doch ein »Fall« – so oder so. Entweder wird man als Vorbild in die Medien gezerrt – kürzlich wurde ich sogar mit Mick Jagger verglichen –, oder man druckt wie der *Express* konfuses Zeug wie jene angebliche »Sexbeichte« von mir. Das ärgerte mich dermaßen, dass ich eine Klage androhte. Am Ende berappte das Boulevardblatt auf dem Weg des Vergleichs 15 000 Euro, die ich für wohltätige Zwecke spendete – 5 000 Euro gingen an ein lettisches Kinderkrankenhaus und 10 000 Euro an die WPK. Aber auch sonst gab es jede Menge »Fachkommentare« zum Thema. Dass ich jedoch genauso mit den Kindern herumtoben kann wie jeder jüngere Vater und dass ich viel mehr Zeit für sie habe als jeder berufstätige Vater, das schien nur wenige zu interessieren. Wir schufen für unsere Kinder ein kleines Paradies, wohnen in einem landschaftlich geschützten Gebiet in zwei 20 Meter voneinander entfernten Energieplus-Häusern und sind rundherum zufrieden.

Und die Heirat?

Natürlich sind wir verheiratet. Seit 2004. Standesamtlich.

Warum nicht kirchlich? Sie sind doch beide katholisch?

Gerade deshalb. Die Amtskirche spendet Geschiedenen dieses Sakrament nicht. Trotzdem haben wir bei diesem Fest etwas Spirituelles erlebt: Mir gelang es, den Standesbeamten aus seiner Amtsstube in die ehemalige calvinistische Kirche in Langenberg zu locken, wo er unmittelbar hinter dem Altar stand, um die Trauung zu vollziehen. Über 200 Gäste verfolgten gespannt das Ritual, bei dem Pina und ich bei der Frage nach dem Eheversprechen unter Beifall mit einem überzeugten »Ja!« antworteten. In diesem Augenblick spürten wir beide keinen großen Unterschied zu einer gottesdienstlichen Trauung. Dennoch haben wir den Draht zu unserer Kirche von uns aus niemals gekappt. 15 Jahre später segnete uns Dompropst Norbert Feldhoff heimlich während einer Karnevalsmesse mit der Ehrengarde der Stadt Köln im Kölner Dom, und auch unsere beiden gemeinsamen Kinder wurden dort getauft.

Für Ihr Töchterchen sind Sie ja noch älter. Was sagt denn Julie über einen so alten Papa?

Unser Nesthäkchen ist jetzt gerade sechs Jahre alt geworden und in die Schule gekommen. Julie scheint sehr zufrieden mit mir zu sein. Sie tobt, spielt und schwimmt mit mir wie eine Weltmeisterin, denn mittlerweile ist sie schon viel schneller als ich und kann auch viel besser tauchen. Bei so viel Freude und Glück vergisst man rasch manch gehässigen Kommentar.

Wieso?

Auch hier kam es ungefragt zum Einspruch. Eine sehr bekannte Kölner Benefiz-Lady meinte: »Jetzt ist der Jean Pütz in der Kölner Gesellschaft unten durch, das hätte er lieber nicht machen sollen.« – »Gnädige Frau, Sie werden es nicht glauben, selbst wenn dies so sein sollte, wäre es mir vollkommen egal – Hauptsache, das Kind war gesund.«

Julie ist ein wunderbares Mädchen. Sie verspürt wegen des Greisenalters ihres Vaters keinerlei Defizite und entwickelt sich – wie ihre Mutter – zu einem Naturkind. Es heißt, die Kleine gleiche mir immer mehr, wobei mir lieber wäre, sie käme optisch mehr auf ihre schöne Mutter. Ich habe Julie übrigens versprochen, mit ihr den Eröffnungswalzer beim Abiturball zu tanzen – das bedeutet aber nicht, dass ich damit den Wunsch verbinde, Julie möge Akademikerin werden. Sie soll nur glücklich werden.

Quintessenz: Ich nehme meine Rolle als Familienvater sehr ernst, und vor allen Dingen bin ich jetzt sesshaft geworden. Selbst die schönste Frau könnte mich nicht mehr locken. Asche auf das Haupt, wer anderes behauptet. Wer dem widersprechen will, sollte sich bitte melden.

Meine soziale ökologische Marktwirtschaft

Für einen Naturwissenschaftler muss die Wirtschaft mit ihren vielen Widersprüchen eine ständige Herausforderung sein. Arm/reich oder Ökonomie/Ökologie sind Begriffspaare, die 250 Jahre nach Erfindung der Dampfmaschine eigentlich ausgedient haben müssten.

Am Beispiel der Dampfmaschine von James Watt sieht man, wie die Moral durch die Technik bestimmt wird. Ohne diese Erfindung hätte man heute noch die Sklaverei, weil die menschliche Arbeit plötzlich teurer wurde als die Maschinenarbeit, die mit einem Mal für die

Kapitalisten lohnender wurde. Bis zur Dampfmaschine hatten ein paar Reiche und Adelige dem Volk ihre ausbeuterischen Vorstellungen aufgedrückt und ließen sich auch von der Religion kaum beeindrucken. Die Auswirkungen der Aufklärung waren noch meilenweit entfernt.

Hatte Sie das auch persönlich beeinflusst?

Ja, in meiner Jugend war ich, Sohn eines Arbeiters, ein glühender Marx-Anhänger. Seine Philosophie beeindruckte mich und den Spruch »Proletarier aller Länder, vereinigt euch!« hätte ich damals befürwortet. Denn meine Familie wäre bei den Underdogs und ich im Mittelalter vermutlich sogar Leibeigener.

Das klingt nach Klassenkampf!

Das war es auch, und ohne die Arbeit der Gewerkschaften hätten wir heute ganz andere, schlechtere, Bedingungen.

Sind Sie also ein Sozialist oder gar Kommunist?

Weit gefehlt! Weder das eine noch das andere. Denn diese Ideologie ist weit über das Ziel hinausgeschossen, als man glaubte, mit einer Funktionärsclique so etwas wie soziale Gerechtigkeit samt blühender Wirtschaft etablieren zu können. Sie meinten, alles planen zu können. Doch aus dieser Manie entstanden schreckliche, unverzeihliche Verbrechen. Damit meine ich unter anderem den Stalinismus, aber auch die Planwirtschaft à la Ostblock einschließlich DDR. Auch die Wirtschaftspolitik der Faschisten mit ihrer rüstungsgetriebenen Planung gehört in diese Rubrik. Aber zurück zur kommunistischen Ideologie: Ein klassisches Beispiel in diesem Zusammenhang lieferten die Kolchosen, die es trotz aller Sanktionen nie geschafft haben, das Volk ausreichend zu ernähren. Man enteignete die Bauern, schuf auf deren Rücken die industrielle Landwirtschaft, zerstörte damit eine komplette gewachsene soziale Infrastruktur, versagte aber völlig bei der Motivation der nun angestellten Arbeiter und Bauern.

Das ist ja schon alles lange her.

Von wegen! Schauen Sie mal, was sich gerade in Afrika und Teilen Südamerikas anbahnt. Dort werden große Ländereien ohne Rücksicht auf

Verluste und die gewachsenen Sozialstrukturen unter anderem von chinesischen Staatskonzernen, aber auch von kapitalistischen Multis aufgekauft. Es wiederholt sich gerade das, was schon vor und nach dem Zweiten Weltkrieg in Süd- und Mittelamerika abspielte, als sich die Diktatoren dort bereitwilligst in die Dienste großer Konzerne wie United Fruit Company stellten. Heute möchte der deutsche Bayer-Konzern, nachdem er das amerikanische Unternehmen Monsanto aufgekauft hat, gerne Marktführer in der Agroindustrie werden. Mit nichts anderem lässt sich der milliardenschwere Einstieg der Leverkusener bei Monsanto erklären. Die kleinen Bauern werden dann weggefegt und mit ihnen die gewachsenen Sozialstrukturen. Dann braucht man sich nicht zu wundern, wenn diese geschändeten Menschen eines Tages zum Beispiel als afrikanische Flüchtlinge Europa überschwemmen.

Sollte also jetzt die Politik an die Stelle der Wirtschaft treten?

Auf gar keinen Fall. Das System, mit Essensmarken die Ernährung eines ganzen Volkes zu garantieren, erwies sich vor dem Krieg und erst recht danach als Flop. Es blühten Schwarzmarkt und Korruption mit all ihren Begleiterscheinungen.

Nein, ich meine etwas ganz anderes, nämlich die völlig neue Wirtschaftsordnung, die auf den Trümmern der Katastrophe von 1945 entstand. Ich meine die soziale Marktwirtschaft. Anders als Marx, der auf die Revolution setzen musste, weil damals eine funktionierende Demokratie noch in weiter Ferne lag, waren die Voraussetzungen nach dem Zweiten Weltkrieg völlig anders, als es gelang, mithilfe der Amerikaner und Briten eine repräsentative Demokratie zu etablieren. Es war das Beste, was den Deutschen in ihrer Geschichte je widerfuhr – auch weil nun das Individuum und keine kollektive Zusammenrottung gleich welcher Couleur den Ausschlag gibt. Nur mit dieser Form von Demokratie konnte eine Marktwirtschaft aufgebaut werden, die dem Einzelnen Spielraum lässt und ihn so motiviert, dass er aktiv am Wirtschaftsgeschehen teilnehmen kann. Natürlich gibt es da noch viele Interessensgruppen, von den Arbeitgebern über die Gewerkschaften bis zu den NGOs, die aber alle insgesamt wichtig sind und für eine Machtbalance sorgen können.

Was sich heute als mehr oder weniger gut funktionierendes ökonomisches Modell herausstellt, war aber damals, kurz nach dem Krieg, noch längst nicht ausgemacht.

Richtig. Es hing an einem seidenen Faden, um genauer zu sein: an einer einzigen Stimme. Die brachte Konrad Adenauer mit, als er sich bei der Kanzlerwahl selbst wählte und damit für die entsprechende Weichenstellung sorgte.

Jetzt haben Sie aber immer noch nicht gesagt, weshalb Sie Marktwirtschaftler geworden sind.

Weil die individuelle Freiheit individuelle Kreativität fördert. Allerdings nicht so, wie man es in früheren Zeiten mit dem Manchester-Liberalismus erlebte, wo ausschließlich das Recht des Stärkeren galt und jeder seine Interessen brutal durchsetzen konnte. Mein bevorzugtes Modell orientiert sich vielmehr an den Bedürfnissen einer fortschrittlichen Gesellschaft, bei der das soziale Korrektiv – »soziale Marktwirtschaft« genannt – Auswüchse verhindern soll.

Soziales Korrektiv?

Das ist ebenjene Möglichkeit, dass sich die Preisbildung liberal gestaltet und, wenn sie zu unsozialen Härten führt, der Staat jederzeit eingreifen muss. Den starken Staat brauchte man auch, um der Gefahr zu begegnen, dass sich Monopole und Oligopole den Markt aneignen könnten, wo dann Korruption und mafiaähnliche Strukturen an der Tagesordnung sind. Deshalb wurde zum Glück das Bundeskartellamt geschaffen.

Seit wann hat sich bei Ihnen diese Idee gefestigt?

Während des Studiums. Das war die eher theoretische Seite – die praktische hatte ich schon während und nach dem Krieg in der Mangelwirtschaft kennengelernt. Bei den Theoretikern war es mein Kölner Soziologen-Dreigestirn König–Scheuch–Silbermann, zu dem noch der Volkswirtschaftler Müller-Armack kam. Auch bei Oswald von Nell-Breuning habe ich einiges gefunden. Der Jesuit, der die moderne katholische Soziallehre wesentlich prägte, zeigte mir, dass auch christliche Sozialwissenschaftler Vernünftiges in dieser Debatte beizutragen hatten – wobei es mir eigentlich lieber ist, wenn sich die Kirche aus der Politik heraushält.

Nell-Breuning würde sich heute bestimmt bei einigen Dingen verwundert die Augen reiben.

Das glaube ich auch, vor allem, wenn er sehen könnte, wie sich einige DAX-Konzerne im Sinne des Neokapitalismus benehmen – nicht nur, weil sie ihren Vorständen Gehälter und Boni in obszöner Höhe zuschanzen, sondern weil sie zum Teil auch rücksichtslos ihr Geschäft betreiben.

Könnten Sie bitte etwas konkreter werden?

Zum Beispiel RWE – ein Konzern, der über Jahrzehnte Milliardengewinne einfuhr und der seine Macht unter anderem dazu benutzte, den Leuten vorzugaukeln, dass Deutschland ohne Kernenergie wirtschaftlich ins Hintertreffen gerate. Als besonders pervers empfinde ich es, dass er einen großen Teil seiner Aktien an Kommunen vergab, womit es ihm gelang, die nach dem Aktiengesetz vorgesehene Kontrolle zu unterlaufen. Dass es anders geht, zeigt die heutige Praxis der dezentralen Energieversorgung. Auch wenn früher immer wieder behauptet wurde, dieses sei unmöglich, beweisen Zigtausende engagierte Bürger Tag für Tag das Gegenteil. Sie wurden zu Stromproduzenten, denn Solarthermie, Photovoltaik, Wärmepumpe und Kleinheizkraftwerk machen es möglich. Ich habe auch nichts dagegen, wenn sich in Form von Genossenschaften regenerative Energieparks bilden, doch wichtig ist, dass sich der ansässige Bürger daran beteiligen kann.

Nun ist Deutschland nicht allein – Stichwort Brüssel: Wie decken sich Ihre Vorstellungen mit der europäischen Realität?

Zum Glück gibt es die viel gescholtene EU, und es gibt den Europäischen Gerichtshof und die Europäische Kartellbehörde. Diese Institutionen stehen für ein inzwischen leidlich funktionierendes Kontrollsystem. Insofern sind Auswüchse, wie sie bei der deutschen Energiepolitik und deren Folgen festzustellen sind, im europäischen Rahmen anscheinend begrenzt. Die europäischen Institutionen leisten auch deshalb gute Arbeit, weil sie hochsensibel auf Monopolbestrebungen reagieren.

Das sieht jetzt aber aus wie ein Blankoscheck für Brüssel und die Monsterbürokratie ...

Natürlich sollte man sich dort nicht um jede Kleinigkeit kümmern und mehr das Prinzip der Selbstverantwortung und Selbstorganisation pflegen. Jede Bürokratie versucht immer wieder, sich zu verselbstständigen. Das ist auch der Grund dafür, weshalb ich für eine Stärkung des Europäischen Parlaments plädiere. Wenn uns dies nicht gelingt, werden wir ständig nationalistische Orgien erleben. Und wir werden nach wie vor von jenen Politikern genervt, die von ihren eigenen Unzulänglichkeiten ablenken, indem sie alles Mögliche der EU in die Schuhe schieben.

Die Europäische Union ist ein Friedensprojekt, dessen größte Leistung darin besteht, den einst in Blut getränkten Kontinent immerhin sieben Jahrzehnte lang weitgehend aus kriegerischen Konflikten untereinander herausgehalten zu haben. Wer die EU abschaffen will, versündigt sich an unseren Kindern und Kindeskindern!

Und die Finanzmarktkrise, die die Regierungen vor riesige Probleme stellt, ist auch noch nicht ausgestanden ...

Das ist richtig, und ich weiß auch nicht, wie sie sich beheben ließe. Die Europäische Zentralbank jedenfalls scheint mit dem Aufkauf maroder Staatsanleihen einen ziemlich riskanten Kurs zu fahren. Dass die Sparer wegen der Nullzinspolitik nun keine Erträge mehr bekommen, weil sie mit diesem Geld Haushalte in Südeuropa finanzieren müssen, ist vielleicht solidarisch, finanzpolitisch aber auf lange Sicht höchst problematisch, denn Ökonomie heißt auch »Vorsorgen«.

Können Sie uns denn die Bestandteile Ihrer sozialen ökologischen Marktwirtschaft nennen?

Es sind fünf Begriffe: Vernunft, Solidarität, Balance, Verantwortung und Eigeninitiative. Ich weiß, zu jedem ließe sich eine ganze Sendereihe produzieren. Um es abzukürzen: »Markt« bedeutet Freiheit bei der Bereitstellung von Waren nach dem Prinzip von Angebot und Nachfrage bei gleichen Chancen. Um dieses Prinzip herum gruppieren sich nun die anderen, eher ethischen, Begriffe. »Solidarität« und »Balance«

stehen für soziale Ausgewogenheit – auch gegenüber Volkswirtschaften etwa in Asien, Afrika, Mittel- und Südamerika (Stichworte: Kinderarbeit, fairer Handel) –, »Ökologie« für die Verpflichtung gegenüber den Nachkommen, während »Eigeninitiative« als Motor des Ganzen zu sehen ist, weil sie enorme Motivationsschübe und Kreativität auslöst. Da wir uns heute nicht mehr einfach so aus der Weltwirtschaft verabschieden können, plädiere ich für eine globale, ökologische, soziale Marktwirtschaftsordnung – und damit für ein neues Lebensgefühl.

Dazu passen aber exorbitante Gehälter und Boni nicht, und es klingt schon fast so, als wollten Sie jetzt den großen Hobel ansetzen?

Managergehälter kann man über die Betriebsausgaben steuern, indem man den Gesellschaften sagt: Ihr könnt denen so viel zahlen, wie ihr wollt, doch die Abschreibungsmöglichkeiten bei diesen Bonifikationen sollten pro Jahr beispielsweise auf 200 000 oder 500 000 Euro, je nach Höhe des Gehalts, begrenzt sein. Ich bin mir sicher, dass das zu einem Selbstregulativ führen wird.

Und was halten Sie vom deregulierten Kapitalmarkt?

Haben Sie keine angenehmeren Fragen? Mich ärgert es schon, wenn der globale Finanzmarkt zu einer Art Parallelgesellschaft verkommen ist, auf die selbst Politiker kaum noch Einfluss haben. Asche auf das Haupt von Maggie Thatcher und ihren Vasallen in Westminister, die seinerzeit dieses Konstrukt durchdrückten. Doch ich habe einen Vorschlag.

Welchen?

Er stammt nicht von mir, sondern er kursierte schon vor Jahren im Europäischen Parlament, wo er am Widerstand Schwedens und Großbritanniens scheiterte: die Einführung eines gemeinsamen Finanztransaktionssteuersystems. Bei diesem Regulativ reicht bereits ein minimaler Betrag von unter einem Prozent, um die wilden Spekulationen rund um die weltweiten, computergesteuerten, Finanzgeschäfte zu begrenzen.

Mit Ihren Forderungen liegen Sie gar nicht so weit von der Linken entfernt. Die will sogar den »grauen Kapitalmarkt an die Leine legen«.

Wenn Sie das meinen. Immerhin eröffnet der graue Markt dem Betrug Tür und Tor – vor allem bei kleinen Leuten und dem Mittelstand, der immer wieder auf die Versprechungen von Scharlatanen hereinfällt. Was nun Die Linke betrifft, hat sich an meinen Vorbehalten nichts geändert. Ihre Vorläufer-Genossen haben ja schon mal eindrucksvoll bewiesen, wo sie mit ihrer volkseigenen Volkswirtschaft gelandet sind. Dass nach wie vor den Menschen versprochen wird, die Sterne vom Himmel zu holen, ist schon fast eine Tragödie. Dabei glauben sie, alle Probleme mit »Umverteilung« lösen zu können, sprechen von »Gerechtigkeit« und verdecken dabei die extremen Folgen. Wie sehr ein ökonomisch ungebildetes Volk hinters Licht geführt werden kann, möchte ich mit folgendem fiktivem Beispiel illustrieren: Stellen Sie ich vor, Gerechtigkeitsfanatiker würden die Schwerkraft als Wurzel allen Übels ausmachen; man würde sie propagandistisch als unsozial und unfair brandmarken, weil sie verhindere, dass Menschen, die ein paar Kilo mehr auf den Rippen haben, Probleme beim Treppen- und Bergsteigen haben und daher mit Leichtgewichtigeren nicht mithalten können. Zur Bekämpfung dieser Ungerechtigkeit schlägt man nun vor, die Schwerkraft abzuschaffen, und ein geschickter Demagoge wird es der Mehrheit der Bevölkerung plausibel machen können. Dann wird nach den Spielregeln des Populismus eine Volksbefragung organisiert werden, deren Ergebnis sein kann, dass die Politik alles zu unternehmen habe, um die Schwerkraft abzuschaffen. Sie werden Nebenwirkungen und Risiken unter den Tisch kehren und damit deren Folgen ihren Nachfolgern in den nächsten Legislaturperioden auf die Nase binden.

Ich gebe zu, dass das eine Überzeichnung ist, aber auch in der Ökonomie sollten bestimmte Gesetze nicht außer Kraft gesetzt werden, zumal sie ähnlich funktionieren wie die in der Naturwissenschaft. Wenn gegen sie verstoßen wird, droht der Absturz – wenn auch nicht gleich.

Jetzt übertreiben Sie aber!

Überhaupt nicht! In der Geschichte wimmelt es von ähnlichen Beispielen, die nicht selten in den Terror münden. In diesem Zusammenhang fallen mir Stalin, Hitler und Mao Tse-tung ein. Ein besonders übler Geselle aus der jüngeren Zeit war Pol Pot, der mit seiner Roten Khmer in 40 Jahren die gesamte Bildungsschicht Kambodschas niedermetzelte – und zwar weil diese in der Lage war, die finsteren Machenschaften des Steinzeit-Kommunismus zu durchschauen. Weit über zwei Millionen Tote!

Apropos Kommunismus: Der behauptet, dass das Kapital die Wurzel allen Übels auf der Welt sei.

Der Begriff »Kapital« sollte endlich objektiv hinterfragt werden. Denn »Kapital« heißt ja nicht nur Geld. »Kapital« sind auch Maschinen, Infrastrukturen, Personal, Knowhow. Wichtig ist, dass die Macht über das Kapital beschränkt bleibt und dass politische Mandatsträger einzig und allein dem Volk und nicht einer kapitalstrotzenden Lobby verpflichtet sind. In den Staatskanzleien und Plenarsälen der Welt gibt es viel zu viele U-Boote und Oligarchen. Ich weiß, das sind wahrscheinlich fromme Wünsche, aber man darf doch mal laut nachdenken ...

Im Zusammenhang mit dem Begriff »Industrie 4.0« malen viele Experten ein düsteres Arbeitsplatzszenario. Schlagworte wie »Bedingungsloses Grundeinkommen« und »Recht auf Arbeit« machen die Runde. Wie vertragen sich diese Forderungen mit Ihrer ökologischen sozialen Marktwirtschaft?

»Industrie 4.0« ist wieder so ein Kampfbegriff, der missverstanden werden kann und missbraucht wird, um Ängste zu schüren. Das gilt insbesondere für die Forderung nach einem arbeitslosen Einkommen. Ich sehe nicht ein, weshalb Menschen, die ihren Händen die ewige Ruhe versprochen haben, dafür großzügig vom Staat belohnt werden sollen. Auch das »bedingungslose Grundeinkommen« ist nicht der richtige Weg, wie ein finnisches Experiment bereits bestätigte. Und was das »Recht auf Arbeit« betrifft – jeder, der guten Willens ist, sollte auch Arbeit bekommen. Die Voraussetzung dafür ist eine entsprechende Ausbildung. Sie ist das A und O, um nachher einem Beruf nachgehen zu können, der einen einigermaßen vernünftigen Lebensunterhalt ermöglicht. Dabei ist »soziale Gerechtigkeit« ein ganz wichtiges Element. Ich sehe nicht ein, weshalb Frauen für die gleiche Arbeit grundsätzlich weniger verdienen sollten als Männer. Ob man allerdings hier mit einer Geschlechterquote weiterkommt, glaube ich nicht: Man sollte immer die Beste oder den Besten nehmen. Auch finde ich es gut, dass der Mindestlohn eingeführt worden ist. Interessant in diesem Zusammenhang ist der Hinweis, dass in den erzkapitalistischen USA der Mindestlohn schon vor vielen Jahren eingeführt wurde und von Zeit zu Zeit der Marktentwicklung angepasst wird. Übrigens wurde der Mindestlohn bei uns jahrelang von der einschlägigen Lobby mit angeblichen wirtschaftstheoretischen Argumenten hintertrieben.

Sie haben in Ihrer Ausbildung nicht gerade den klassischen Weg genommen. Welche Empfehlungen würden Sie der Arbeitswelt geben?

Wir müssen uns von der ungerechtfertigten Überbewertung des Akademischen freimachen. Sie führt dazu, dass sich heute kaum noch jemand die Hände schmutzig machen will. Trotzdem habe ich die Hoffnung, dass sich das ändert. Das kann sich selbst regeln, denn der Facharbeitermangel ist in vielen Branchen schon so gravierend, dass die weitere wirtschaftliche Entwicklung gefährdet scheint. Auf lange Sicht könnte sich das Problem einstellen, wenn man diesen Arbeitnehmern höhere Gehälter zahlt und das Prinzip von Angebot und Nachfrage auch dort angewandt wird und nicht von billigen Arbeitskräften – Gastarbeitern oder Flüchtlingen – unterlaufen wird. Was spricht dagegen, dass ein Facharbeiter genauso viel verdient wie ein Abteilungsleiter in der Verwaltung? Von meinen luxemburgischen Landsleuten höre ich, dass es dort praktisch nur noch Banker, Beamte und Händler gibt. Dabei hatte dieses kleine Land noch zu meiner Zeit ganze Heerscharen hervorragender Arbeiter, Handwerker und Techniker. Nun werden diese »niederen Arbeiten« von Gastarbeitern erledigt. Im Übrigen – und das gilt vor allem für die deutsche Wirtschaft – hat die in erster Linie von der Wirtschaft initiierte Flutung des hiesigen Arbeitsmarktes durch ausländische Arbeitnehmer dazu geführt, dass hierzulande das untere Lohnniveau niedrig gehalten werden konnte. Damit wurde nicht nur ein Grund für die immer weiter auseinanderklaffende Schere zwischen Arm und Reich geliefert, sondern auch US-Präsident Trump dazu animiert, den deutschen Handelsbilanzüberschuss ins Visier zu nehmen, der angeblich die US-Wirtschaft beeinträchtige.

Sie haben doch hoffentlich nichts gegen Gastarbeiter?

Wie sollte ich? In meiner eigenen Familie gab es ja welche. Mein Vater war Gastarbeiter in Luxemburg und meine kölsche Uroma verbrachte fast ihr gesamtes Leben in Luxemburg; außerdem war der Vater meiner aus Apulien stammenden Ehefrau einer der ersten italienischen Gastarbeiter in Deutschland. Was ich meine, ist etwas ganz anderes: Man muss keine nationalistische Dumpfbacke sein, wenn man einige aktuelle Entwicklungen nicht gut findet.

Was meinen Sie damit?

Ich habe das Gefühl, dass die Integration gerade des muslimischen Teils nicht geglückt ist. Ich möchte keine radikalen religiösen Fanatiker oder Anhänger des osmanischen Kalifen Erdoğan, die unsere freie, liberale Gesellschaft für ihre Zwecke missbrauchen, um mich herum haben. Europa befindet sich nicht mehr im Mittelalter und hat die Aufklärung durchgemacht.

Das ist aber starker Tobak!

Mit dieser Auffassung stehe ich nicht allein da. Der von mir verehrte Exkanzler Helmut Schmidt dachte ähnlich. Seit 2004 hat er immer wieder seine Bedenken vorgebracht. Zuletzt im Jahr 2012, als er in einem TV-Interview sagte: »Zuwanderungen aus fremden Zivilisationen schaffen mehr Probleme, als es dem Arbeitsmarkt an positiven Fakten bringt.«

Abgesehen davon sollte sich die Bundesregierung endlich dazu aufraffen, ein Einwanderungsgesetz auf den Weg zu bringen, das es ermöglicht, qualifizierten, ausgebildeten und für die Wirtschaft notwendigen Fachkräfte die Einwanderung zu erleichtern. Das hat mit dem humanitären Angebot der gegenwärtigen Flüchtlingskrise nichts zu tun. In diesem Kontext sollte zwischen Wirtschaftsflüchtlingen und in Not geratenen Menschen, die um Leib und Leben fürchten, unterschieden werden.

Über Ruhestand und Unruhestand – Tipps für ein spannendes, entspanntes Altern

Als Ruheständler kann man Sie ja nicht gerade bezeichnen.

Das stimmt, das war ich auch nie. Ich kann weder etwas mit diesem Wort anfangen noch mit den landläufigen Umständen, die sich dahinter verbergen. Man muss gerade als alter Mensch neugierig bleiben. Ich finde es prima, wenn man sich dann auch in dieser Phase noch weiterbildet, sei es, dass man eine Fremdsprache erlernt oder Vorlesungen besucht. Das verhindert geistiges Altern. Was mich betrifft: Ich arbeite regelmäßig an meiner Homepage, fahre zu meiner »Pützmunter-Show« und sitze in einigen Beiräten. Gerade jetzt bin ich auch als Schauspieler für ZDFneo unterwegs.

Trotzdem könnten Sie jetzt doch bequem drei Gänge zurückschalten.

Weil ich weiß, dass mir so etwas nicht guttun würde, lass ich es lieber.

Also volles Programm wie seit 50 Jahren?

Ja, aber anders. Die Zeiten haben sich geändert – auch in einer großen Rundfunkanstalt wie dem WDR. Ich bin mir nicht sicher, ob mir das heute noch so viel Spaß bereiten würde wie in den großartigen Jahren im letzten Drittel des vergangenen Jahrhunderts. Aber so etwas gibt es in anderen Berufen und in anderen Branchen auch. In meinem Fall war es so, dass ich noch drei Jahre lang als freier Mitarbeiter im Sender weitermachen konnte. Danach war ich noch zwei Jahre beim ZDF (»Volle Kanne«). Für mich hatten beide »Engagements« den großen Vorteil, dass ich aus der Pflicht in die Kür wechseln konnte, um nur noch das zu machen, was mir Spaß machte. Ähnliches empfand ich auch bei meinen Jobs als Synchronsprecher (»Findet Nemo« und »Nachts im Museum, Teil II«), wo ich den »Lehrer Rochen« bzw. die »Wackelkopf-Einsteins« sprechen durfte. Deshalb lieben mich auch heute noch Kinder, die mich nie im Fernsehen erlebt haben. Später wurde ich sogar zum Zugpferd in der Werbebranche. Dadurch konnte ich mir finanziell einiges leisten, wovon ich früher nur träumen konnte. Bis weit über mein 75. Lebensjahr hinaus war ich sozusagen voll beschäftigt.

Mit derart abwechslungsreichen Anschlussbeschäftigungen kann aber ein Beschäftigter vom Ordnungsamt in Solingen-Ohligs nicht aufwarten. Der muss spätestens an seinem 65. Geburtstag den Schreibtisch räumen, obwohl er vielleicht noch voll leistungsfähig ist.

Trotzdem kann er etwas tun. Er sollte sich auf keinen Fall zur Ruhe setzen und sich langweilen. Denn das ist eine Art persönliches Todesurteil. Nebenbei bemerkt: Der abrupte Wechsel in den »Ruhestand«, der im buchstäblichen Sinne des Wortes verstanden und mit »Ruhe« und »stehen« übersetzt wird, ist auch der Grund für die relativ hohe Zahl von plötzlichen Todesfällen in diesem Lebensabschnitt.

Ist diese nicht gerade berauschende Aussicht der einzige Grund, um weiter aktiv zu sein?

Da gibt es noch Dutzende anderer Möglichkeiten. Wenn es nicht die Briefmarkensammlung oder der Kegelclub ist, könnten es ja auch Arbeiten in der unmittelbaren Umgebung, wie etwa am Haus, sein. Ich habe zum Beispiel mein Wohnhaus kernsaniert und alles eingebaut, was ein Energieplushaus braucht. Damit ist meine Behausung CO_2-frei. Außerdem habe ich das Gelände drum herum gestaltet, Fischteich und unterirdische Zisterne inklusive. Außerdem landen bei mir noch immer Einladungen und Anfragen auf dem Schreibtisch, die mit meiner WDR-Zeit zu tun haben. Neben der geistigen Beschäftigung ist die sportliche Betätigung fast noch wichtiger, nicht zuletzt auch deshalb, weil sie eine mögliche Demenzerkrankung hinauszögert.

Zum Beispiel?

In meiner »Pützmunter-Show« experimentiere ich, assistiert von Horst Minge, vor meist jungen Zuhörern. Das ist ein »Physikalisch-chemisches Kabarett« mit bis zu 100 Experimenten, bei denen Lachen erwünscht ist. Man kann es auch als eine Art »Miniatur-Wanderzirkus zur Klärung naturwissenschaftlicher Phänomene« bezeichnen. Es geht um Wissenschaft zum Begreifen mit Unterhaltungseffekt. Bis zu 20-mal im Jahr treten wir auf – in Kindergärten, wo ich dann den Zauberer spiele, von Basel und Göttingen. Selbst in Stockholm waren wir, als dort die deutsche Versicherung BHW verdiente Mitarbeiter eingeladen hatte. Einen ganz besonderen Höhepunkt erlebten wir mit der »Pützmunter-Show« im Deutschen Museum in München anlässlich der Einweihung der Nano-Halle. In Heidelberg engagierte uns die Mathematische Fakultät der Universität ins große Auditorium des Deutschen Krebsforschungszentrums, und in Berlin-Adlershof, wo sich inzwischen ein erfolgreicher Technologiepark etabliert hat, wurde ich an meinen missglückten Kontaktversuch zu den Funktionären des DDR-Fernsehens erinnert, den auch ein charmanter Gregor Gysi nicht weglächeln konnte. Mit ihm diskutierte ich über »Polytechnischer Unterricht, heute und morgen« – ein Thema, bei dem es in Deutschland noch immer gewaltig hapert.

Das ist ja wirklich ein Wanderzirkus …

Moment, ich bin noch nicht fertig. Eine weitere Aufgabe fand ich darin, dafür zu sorgen, dass meine früheren Zuschauer, die sich auf die »Hobbythek«-Tipps verlassen hatten, auch weiterhin die Rohstoffe beziehen können, um die vielen Rezepte zu realisieren, die wir damals in den Sendungen präsentierten. Leider entsprachen die nach dem Einstellen der »Hobbythek« noch existierenden unabhängigen Läden nicht mehr meinen Qualitätserwartungen, sodass es erforderlich wurde, einen Onlineshop zu unterstützen, der unter meinem Namen, aber ohne finanzielle Interessen, diese Lieferungen garantiert. Das Einzige, was von diesem Unternehmen kommt, ist die (überschaubare) Finanzierung meiner Homepage. Die Homepage www.jean-puetz.de ist mir ein großes Anliegen, denn schon als Vorsitzender der WPK (Die Wissenschaftsjournalisten e.V.) wollte ich mich intensiv darum bemühen, glaubhafte Nachrichten zu vermitteln.

Wie viele Stunden am Tag sitzt der Pensionär Jean Pütz, 81, vor dem Computer?

Ungefähr drei, vier Stunden – hauptsächlich um meine Homepage zu füttern. Mittlerweile hat sich das so eingespielt, dass mich alle relevanten Informationsquellen mit Aktuellem beliefern. Dann wähle ich die News aus, redigiere und kommentiere sie, mache sie für jedermann lesbar und konsultiere, falls es erforderlich sein sollte, Experten. Danach gebe ich sie gratis – getreu meinem Motto »Wissenschaft darf niemals Herrschaftswissen sein« – in einem eigenen Abodienst weiter. Unter dem Button »Lexikon der Wissenschaft« haben sich inzwischen über 40 000 glaubhafte Berichte angesammelt. Außerdem, wenn mich wieder mal der Schuh drückt und ich das Gefühl habe, etwas zu einem aktuellen Vorgang, egal ob aus Wissenschaft oder Politik, sagen zu müssen, kommentiere ich dieses als persönliches Statement via Facebook. Das ist mein Beitrag als Verbündeter der Aufklärung in diesem »postfaktischen Zeitalter« mit seinen »Fake News«. Das Einzige, was mich beim Ablauf stören könnte, wäre Applaus von der falschen Seite. Und so möchte ich auch meine Botschaft an alle Mit-Alten verstanden wissen: Mischt euch ein, auch wenn ihr nicht immer Zustimmung bekommt: Haltet nie den Mund! Gebt nicht auf!

Gilt Letzteres auch für den privatesten Bereich?

Natürlich! Der Mensch braucht Tuchfühlung. Ich brauche die Nähe zu meiner Frau. Aber auch die offene Auseinandersetzung mit anderen auf Augenhöhe und ohne Lug und Trug.

Themenwechsel: Sie werden jetzt aber nicht immer den ganzen Tag im Büro sitzen. Sie sind doch immer so gerne verreist ...

Das mache ich nach wie vor: Nach Apulien, in den Geburtsort meiner Ehefrau, nach St. Paul de Vence ins südfranzösische Feriendomizil meines Freundes Pierre Federspiel – auch um zu schauen, was sich für meine kleine Kunstsammlung eignet – oder mit Kölner Freunden an den Wörthersee. Hinzu kommen übers Jahr drei Dutzend Einladungen zu allen möglichen Events. Am meisten habe ich mich in letzter Zeit über den Auftrag des WDR für Luxemburg gefreut, wo ich als Insider, Autor und Co-Moderator eine Folge aus der TV-Serie »Wunderschön ...« mitgestaltet habe. Das war herrlich! Ich konnte meinen Heimatort Remich zeigen, aber auch das ganze Land. Dabei wurde ich an jeder Ecke von der Vergangenheit eingeholt: viele Naturschönheiten, die Stadt – von den Kasematten bis zur »The Family of Man«, der weltweit größten

Fotoausstellung –, meine frühere Stahlhütte Esch-Belval, heute ein Uni-Campus und UNESCO-Weltkulturerbe. Dann bin ich nach wie vor für die Wissenschaftspressekonferenz (www.wpk.org) unterwegs, für die ich zu wissenschaftlichen Instituten in ganz Europa fahre und darüber auf meiner Homepage und auf Facebook berichte.

Und was kann man dabei erfahren?

Als ich kürzlich in Stuttgart war und in der Wilhelma das Affengehege besichtigte, erfuhren wir vieles über unsere »Vettern« – zum Beispiel, dass Affen dem Menschen viel ähnlicher sind, als man landläufig weiß. So wäre, die richtige Blutgruppe vorausgesetzt, theoretisch eine Bluttransfusion ohne Weiteres gegenseitig möglich. Außerdem haben sie, wenn man so will, auch völlig »menschliche« Eigenschaften. Das ist zum Beispiel der Fall, wenn die Bonobos, eine kleine Schimpansenart, Konflikte mit Sex lösen. Dann gehen die Weibchen zwischen die streitenden Männer und halten nach dem Motto »Make love, not war« ihre schöne Seite hin.

Derartige Erfahrungen werden aber wohl nicht das Einzige sein, was Jean Pütz, den Wissenschaftsjournalisten im Unruhestand, begleitet.

Das stimmt. Ich habe auch noch viele Ehrenämter. So bin ich beispielsweise Pate der Nordrhein-Westfalen-Stiftung – zu Beginn gemeinsam mit dem verstorbenen Kabarettisten Hanns-Dieter Hüsch und seinem Kollegen Wendelin Haverkamp. Mein Part waren zwei große Narzissentäler in der Eifel; ich bin Pate der Gesamtschule Heiligenhaus, der Kinderherz-Stiftung, im Beirat der nordrhein-westfälischen Freiwilligen Feuerwehr und nehme noch circa 20 weitere Ehrenämter wahr. Vielleicht sollte ich noch sagen, dass ich diese Ehrenämter gerne ausübe, nicht zuletzt aus Dankbarkeit für das Glück, in der Demokratie leben zu dürfen. Und was meine Reisen betrifft – sie sind jetzt insgesamt eine Mixtur aus Privattourismus, Befriedigung professioneller Neugier und ehrenamtlichen Pflichten. Wie gesagt, die Kür.

Wie schaffen Sie das alles?

Ich habe eine unbezahlbare Stütze in meiner Mitarbeiterin Christel Bora. Seit 40 Jahren sind wir ein Tandem. Schon im WDR hatte sie für mich gearbeitet. Denn eigentlich bin ich ein ziemlicher Chaot und Antibürokrat. Christel Bora bringt alles in Form und ist meine engste Vertraute. Sie hat auch einen erheblichen Beitrag an meinem Erfolg. Wir haben so viel Respekt voreinander, dass wir uns noch immer siezen. Danke, liebe Frau Bora!

Und der private Tagesablauf?

Nun ja, Selbstständigkeit und Neugier sind die entscheidenden Säulen. Mehr brauche ich eigentlich nicht zu sagen – es sind ja auch keine Geheimnisse. Meine Aktivitäten, da bin ich mir sicher, schützen darüber hinaus auch vor Altersdemenz.

Die Selbstständigkeit bedeutet mir sehr viel. Eine gewisse Trennung von Mann und Frau ist Nahrung für die Seele. Man muss ja nicht immer aufeinanderglucken. Das würde Einfalt statt Vielfalt produzieren. Natürlich kommt es in der Familie zu gemeinsamen Mahlzeiten. Dieses geschieht aber aus sozialen Gründen und soll nicht zur Gewohnheit werden. So kommt es durchaus vor, dass wir uns gegenseitig bekochen – auch wenn meine italienische Frau, die die mediterrane Kost mit ihren vielen Pastagerichten vorzieht, nicht immer von meinen Kochkünsten begeistert ist. Manchmal gelingt es mir, sie zu überzeugen, doch sind das nur punktuelle Erfolge. Das verblüfft vielleicht den einen oder anderen, der mich vom Bildschirm her kennt. Früher wurde ich oft als »Fernsehkoch« bezeichnet, weil ich mich um gesunde Ernährung kümmerte. Auch dass ich mit dem Sternekoch Dieter Müller ein Kochbuch über traditionelle Gemüse und Kräuter geschrieben habe, scheint einigen noch präsent zu sein. Sei's drum: Selbst der hochdotierte erste Preis, den ich beim »Promi-Dinner« des TV-Senders VOX einheimste, konnte Pina nicht überzeugen. Möglicherweise waren es bei dieser lukullischen Performance die Umstände, die mir zumindest die familiäre Anerkennung versagten: Es begann mit der Molekularküche – inklusive des flüssigen Stickstoffs – und endete als Fünf-Gänge-Menü am Monjayaki, der geselligen japanischen Variante an der heißen Tischplatte, wo ich die Mitstreiter dazu brachte, ihr Essen selbst zuzubereiten. Für die Mitbewerberin Gaby Baginsky war das allerdings ein Grund, mir einen Punkt abzuziehen, was jedoch meinen »Triumph« nicht schmälerte. Dennoch hatte das Menü einen leicht faden Beigeschmack, weil die Veranstaltung bei einem Privatsender lief und es sich für mich, als ehemaligen »Öffentlich-Rechtlichen«, nicht schickte, dort mitzurühren. Wie auch immer: Das Preisgeld habe ich dem Kinderschutzbund gestiftet.

Welchen Stellenwert hat für Sie das Materielle?

Der Tanz ums Goldene Kalb fand immer ohne mich statt. Und das ist auch gut so. Ich weiß, vielen meiner Altersgenossen geht es nicht gut, denen reicht oft die Rente kaum. Es ist nicht zynisch gemeint, wenn ich sage, dass jeder – unabhängig von seiner jeweiligen persönlichen Situation – überlegen sollte, was er noch tun kann oder will, wenn er das Rentenalter, das ja kein Greisenalter ist, erreicht hat. Es gibt so viel Bedarf an Erfahrung, Qualifikation und sozialer Kompetenz, dass ich mich weigere, mir vorzustellen, dass mit 65 von heute auf morgen Schluss sein sollte. Das gilt auch fürs Einkommen. Da müssten Tarifparteien und Staat noch viel flexibler sein. Abgesehen davon werden wir schon bald auch aus demografischen Gründen um eine Verlängerung der Lebensarbeitszeit nicht herumkommen.

Der Bruder des Alters ist die Beschwernis. Wird Altwerden künftig »leichter« – oder, anders gefragt: Können Sie uns vielleicht ein paar wichtige Tipps geben?

Erstens: Man muss sein Alter überlisten – und dazu stehen.

Wie geht das?

Man muss sich fragen: Was habe ich für einen Biorhythmus? Ich habe immer in der Nacht gearbeitet, also stehe ich etwas später auf. Dann sollte man den Tag strukturieren. Wichtig ist auch, dass die Menschen, falls sie nachts wach werden, was bei vielen der Fall ist, ins Grübeln kommen. Sie haben alle ziemlich viel erlebt, und nun spült das Unterbewusstsein alles nach oben. Ich lasse gute Informationssender wie den Deutschlandfunk oder WDR 5 die ganze Nacht über ganz leise laufen. Wenn ich zwischendurch wach werde, höre ich mir das an und schlafe dann irgendwann mal wieder ein.

Zweitens: Vorbeugen ist besser als heilen. Es gehört dazu, alle Möglichkeiten der modernen Medizin zu nutzen und sich zu informieren.

Das Internet macht's möglich. Dann sollte man sich zum Beispiel regelmäßig gegen Grippe impfen lassen. Und weil auch Bronchien und Lunge nicht jünger werden, empfehle ich außerdem Impfungen gegen Pneumokokken. Auch frühere Impfungen, wie etwa gegen Tetanus, sollten aufgefrischt werden. Übrigens: Jede Impfung stärkt das Immunsystem. Darüber klärte mich schon vor Jahren der Kölner Immunologe und Freund Professor Gerhard Uhlenbruck auf und belegte dies eindrucksvoll mit Zahlen.

Drittens: Bewegung. Sie stärkt ebenfalls das Immunsystem. Sich auf die faule Haut zu legen – das verzeiht der Körper nicht lange. Jeder Muskel, jedes Organ, das vernachlässigt wird, signalisiert dem Körper, dass es nicht gebraucht wird und baut daher rasch ab. Die Quintessenz von allem: Regelmäßiger Sport macht das Leben leichter. Der beste Sport, den es für das Alter gibt, ist Radfahren. Deshalb habe ich mir E-Bikes zugelegt. Ich spüre an mir: Wenn ich nicht Rad fahre, werden keine Muskeln gefordert. Auch hier funktioniert das ökonomische Prinzip: Was nicht gefordert wird – wie in diesem Fall der Muskel –, wird abgebaut. Das Gleiche gilt für das Gehirn. Übrigens, ein kleiner Hinweis: Solange man noch gut riechen kann, bekommt man auch kein Alzheimer. Und noch ein Tipp: Lasst euch nicht aus der Gegenwart verbannen, indem ihr euch nicht für neue Techniken interessiert. Das gehört auch zum Leben, und wenn man daran teilnehmen kann, wird man alt. Dann muss natürlich auch der Staat die Voraussetzungen dafür schaffen, indem er den Rentnern, wenn sie noch ein paar Euro verdienen wollen, nicht hemmungslos in die Tasche greift. Altwerden kann teuer werden – oder will man noch mehr Antragsteller auf den Sozialämtern?

Bei so viel Herrschaftswissen dürften Sie ja eigentlich keine großen gesundheitlichen Probleme haben.

Natürlich hat der Zahn der Zeit auch an mir genagt. Das begann schon mit 35 Jahren, als ich plötzlich extremen Bluthochdruck feststellte – Ergebnis von beruflichem Stress. Ich sah mich schon im Sarg, weil es mir über ein halbes Jahr lang nicht gelang, die Werte zu senken. Erst ein Calcium-Antagonist sorgte für Abhilfe.

Gab das vielleicht auch den Ausschlag für Ihre Karriere als »Ratgeber der Nation«?

Nicht unmittelbar. Ich glaube, es hat sich mit der Zeit so ergeben. Die Rezepte, die ich dann entwickelt habe, halfen offensichtlich auch mir. Nicht anders erkläre ich mir meine Fitness als noch geistig und körperlich aktiver Wissenschaftler und Tüftler.

Irgendwann, verzeihen Sie bitte diesen krassen Schwenk, schlägt auch für Jean Pütz die letzte Stunde. Wir würden uns jetzt nicht wundern, falls Sie auch für diese, leider unausweichliche Situation, »etwas vorbereitet« hätten …

Nicht viel mehr als das, was die meisten anderen Menschen auch tun: die üblichen Formalitäten halt. Aber wenn es mich schon erwischen soll, dann wäre es mir lieb, dass es mich dann in voller Aktion treffen soll. Und so sollte auch mein Begräbnis fröhlich sein. Ich wünsche mir kölsche Lieder wie »Niemand geht so ganz allein« und »Ich möch ze Fooß noh Kölle jonn«.

Wird das nun in Köln oder in Remich sein?

In Köln, wenn möglich auf Melaten, wo schon viele meiner Freunde liegen. Dann wird dort auch auf meinem Grabstein ein kleines Emaille-Schildchen mit einem QR-Code angebracht sein.

Und, was wird draufstehen?

Es wird meine letzte Moderation sein, die ich, wenn ich spüre, dass es zu Ende geht, noch machen werde: »Ich liege jetzt hier unten, glaubt mir, es war ein wunderbares Leben. Ihr seid jetzt noch oben und ich wünsche euch dafür viel, viel Glück.«

PERSONENREGISTER

Tesla

W. Bernard Carlson

Nikola Teslas Forschungen revolutionierten das Verständnis von Elektrizität. Seine Erfindungen setzten völlig neue Maßstäbe für die weltweite Energieversorgung und ermöglichten erst das moderne Leben, wie wir es heute kennen. Nicht umsonst trägt das weltweit beste Elektroauto, von Silicon-Valley-Star Elon Musk, den Namen Tesla. Doch nicht nur für seine 112 angemeldeten Patente ist Nikola Tesla bekannt, auch sein extravaganter Lebensstil und sein Hang zur exzessiven Selbstdarstellung machten ihn berühmt.
W. Bernard Carlson blickt mit seiner mehrfach ausgezeichneten Biografie tief in die Psyche des Genies: Eindrucksvoll zeigt er, wie nah Genie und Exzentrik beieinanderliegen und was das Ausnahmetalent antrieb. Zusätzlich fließen Hunderte Originalquellen ein, die zeigen, wie es Tesla möglich war, Innovationen wie am Fließband zu produzieren, und welche Business-Strategien auch heute noch gültig sind.

688 Seiten | Hardcover | 26,99 € (D) | ISBN 978-3-95972-007-6

Shoe Dog

Phil Knight

Als junger, abenteuerlustiger Business-School-Absolvent auf der Suche nach einer Herausforderung lieh Phil Knight sich von seinem Vater 50 Dollar und gründete eine Firma mit einer klaren Mission: qualitativ hochwertige, aber preiswerte Laufschuhe aus Japan importieren. In jenem ersten Jahr, 1963, verkaufte Knight Laufschuhe aus dem Kofferraum seines Plymouth Valiant heraus und erzielte einen Umsatz von 8000 Dollar. Heute liegen die Jahresumsätze von Nike bei über 30 Milliarden Dollar. In unserem Zeitalter der Start-ups hat sich Knights Firma Nike als Maßstab aller Dinge etabliert und sein »Swoosh« ist längst mehr als nur ein Logo. Es ist ein Symbol von Geschmeidigkeit und Größe, eines der wenigen Icons, die in jedem Winkel unseres Erdballs sofort wiedererkannt werden. Aber Knight selbst, der Mann hinter dem Swoosh, ist immer ein Geheimnis geblieben. Jetzt erzählt er endlich seine Geschichte. Seine Memoiren sind überraschend, bescheiden, ungeschönt, humorvoll und handwerklich meisterhaft.

448 Seiten | Hardcover mit Schutzumschlag | 19,99 € (D) | ISBN 978-3-89879-992-8

Elon Musk

Ashlee Vance, Elon Musk

Dies ist die persönliche Geschichte hinter einem der größten Unternehmer seit Thomas Edison, Henry Ford oder Howard Hughes. Das Buch erzählt seinen kometenhaften Aufstieg von seiner Flucht aus Südafrika mit 17 Jahren bis heute. Elon Musk gilt als der »Real Iron Man« – in Anlehnung an einen der erfolgreichsten Comichelden der Welt. Es ist die gleichsam inspirierende, persönliche und spannende Geschichte eines der erfolgreichsten Querdenker der Welt. In einem Umfang wie noch kein Journalist zuvor hatte Ashlee Vance für diese Biografie exklusiven und direkten Zugang zu Elon Musk, seinem familiären Umfeld und persönlichen Freunden.

368 Seiten | Hardcover mit Schutzumschlag | 19,99 € (D) | ISBN 978-3-89879-906-5

Der reichste Mann der Weltgeschichte

Greg Steinmetz

Jakob Fugger ist der reichste Mann, der (nicht nur in Mythen) jemals gelebt hat. 1459 als Enkel eines Bauern geboren, häufte er ein unvorstellbares Vermögen an, das selbst den legendären J. D. Rockefeller oder heutige Superreiche wie Bill Gates in den Schatten stellt. In einer Zeit, in der die Macht von Königen schier unbegrenzt war, legte Jakob Fugger den Grundstein für seinen unglaublichen Reichtum. Innovative Ideen, Verhandlungsgeschick und vor allem Nervenstärke zeichneten den Bankier aus, der dem Papst die Erlaubnis für Zinsgeschäfte abrang. Greg Steinmetz enthüllt, mit welchen Methoden Fugger sein gigantisches Imperium aufbaute, Fürsten- und Königshäuser in die Abhängigkeit drängte und die europäische Politik maßgeblich mitprägte.

Lebenserinnerungen

Werner von Siemens

Werner von Siemens – erfolgreicher Unternehmer, begnadeter Ingenieur und kreativer Erfinder. Ohne seine Erfindungen wäre die Welt heute eine ganz andere. Mit seinen Entdeckungen legte er den Grundstein der modernen Starkstromtechnik und ermöglichte den Bau elektrischer Lokomotiven, Straßenbahnen und Aufzüge. Mit der Telegraphen Bau-Anstalt von Siemens & Halske vernetzte er Deutschland, Europa und die Welt. Seine Telegrafenverbindungen von London nach Kalkutta und durch den Atlantik nach Nordamerika sind nicht nur Meilensteine der Technik, sondern waren zugleich auch Voraussetzung für die beginnende Globalisierung. Mit dieser Ausgabe liegen Werner von Siemens' *Lebenserinnerungen* endlich wieder als hochwertiges Taschenbuch vor. Spannend geschrieben, erhält der Leser einen informativen Einblick in die einzigartige Persönlichkeit eines genialen Erfinders, Ausnahme-Unternehmers und sozial engagierten Bürgers des Deutschen Kaiserreiches.

320 Seiten | Broschur | 9,99 € (D) | ISBN 978-3-95972-001-4